数学模型在生态学的应用及研究(30)

The Application and Research of Mathematical Model in Ecology(30)

杨东方　王凤友　编著

海洋出版社

2015年 · 北京

内 容 提 要

通过阐述数学模型在生态学的应用和研究,定量化的展示生态系统中环境因子和生物因子的变化过程,揭示生态系统的规律和机制,以及其稳定性、连续性的变化,使生态数学模型在生态系统中发挥巨大作用。在科学技术迅猛发展的今天,通过该书的学习,可以帮助读者了解生态数学模型的应用、发展和研究的过程;分析不同领域、不同学科的各种各样生态数学模型;探索采取何种数学模型应用于何种生态领域的研究;掌握建立数学模型的方法和技巧。此外,该书还有助于加深对生态系统的量化理解,培养定量化研究生态系统的思维。

本书主要内容为:介绍各种各样的数学模型在生态学不同领域的应用,如在地理、地貌、水文和水动力,以及环境变化、生物变化和生态变化等领域的应用。详细阐述了数学模型建立的背景、数学模型的组成和结构以及其数学模型应用的意义。

本书适合气象学、地质学、海洋学、环境学、生物学、生物地球化学、生态学、陆地生态学、海洋生态学和海湾生态学等有关领域的科学工作者和相关学科的专家参阅,也适合高等院校师生作为教学和科研的参考

图书在版编目(CIP)数据

数学模型在生态学的应用及研究.30/杨东方,王凤友编著. —北京:海洋出版社,2015.5
ISBN 978 – 7 – 5027 – 8947 – 3

Ⅰ. ①数… Ⅱ. ①杨… ②王… Ⅲ. ①数学模型 – 应用 – 生态学 – 研究 Ⅳ. ①Q14

中国版本图书馆 CIP 数据核字(2014)第 207697 号

责任编辑:鹿 源
责任印制:赵麟苏

海洋出版社 **出版发行**

http://www.oceanpress.com.cn
北京市海淀区大慧寺路 8 号 邮编:100081
北京华正印刷有限公司印刷 新华书店北京发行所经销
2015 年 5 月第 1 版 2015 年 5 月第 1 次印刷
开本:787 mm×1092 mm 1/16 印张:20
字数:480 千字 定价:60.00 元
发行部:62132549 邮购部:68038093 总编室:62114335
海洋版图书印、装错误可随时退换

数学是结果量化的工具

数学是思维方法的应用

数学是研究创新的钥匙

数学是科学发展的基础

杨东方

要想了解动态的生态系统的基本过程和动力学机制，尽可从建立数学模型为出发点，以数学为工具，以生物为基础，以物理、化学、地质为辅助，对生态现象、生态环境、生态过程进行探讨。

生态数学模型体现了在定性描述与定量处理之间的关系，使研究展现了许多妙不可言的启示，使研究进入更深的层次，开创了新的领域。

杨东方

摘自《生态数学模型及其在海洋生态学应用》

海洋科学(2000),24(6):21-24.

前　言

细大尽力,莫敢怠荒,远迩辟隐,专务肃庄,端直敦忠,事业有常。

——《史记·秦始皇本纪》

数学模型研究可以分为两大方面:定性和定量的,要定性地研究,提出的问题是:"发生了什么? 或者发生了没有",要定量地研究,提出的问题是"发生了多少? 或者它如何发生的"。前者是对问题的动态周期、特征和趋势进行了定性的描述,而后者是对问题的机制、原理、起因进行了定量化的解释。然而,生物学中有许多实验问题与建立模型并不是直接有关的。于是,通过分析、比较、计算和应用各种数学方法,建立反映实际的且具有意义的仿真模型。

生态数学模型的特点为:(1)综合考虑各种生态因子的影响。(2) 定量化描述生态过程,阐明生态机制和规律。(3) 能够动态地模拟和预测自然发展状况。

生态数学模模型的功能为:(1) 建造模型的尝试常有助于精确判定所缺乏的知识和数据,对于生物和环境有进一步定量了解。(2)模型的建立过程能产生新的想法和实验方法,并缩减实验的数量,对选择假设有所取舍,完善实验设计。(3)与传统的方法相比,模型常能更好地使用越来越精确的数据,从生态的不同方面所取得材料集中在一起,得出统一的概念。

模型研究要特别注意:(1) 模型的适用范围:时间尺度、空间距离、海域大小、参数范围。例如,不能用每月的个别发生的生态现象来检测 1 年跨度的调查数据所做的模型。又如用不常发生的赤潮的赤潮模型来解释经常发生的一般生态现象。因此,模型的适用范围一定要清楚。(2) 模型的形式是非常重要的,它揭示内在的性质、本质的规律,来解释生态现象的机制、生态环境的内在联系。因此,重要的是要研究模型的形式,而不是参数,参数是说明尺度、大小、范围而已。(3) 模型的可靠性,由于模型的参数一般是从实测数据得到的,它的可靠性非常重要,这是通过统计学来检测。只有可靠性得到保证,才能用模型说明实际的生态问题。(4) 解决生态问题时,所提出的观点,不仅从数学模型支持这一观点,还要从生态现象、生态环境等各方面的事实来支持这一观点。

本书以生态数学模型的应用和发展为研究主题,介绍数学模型在生态学不同领域的应用,如在地理、地貌、气象、水文和水动力以及环境变化、生物变化和生态变化等领域的应用。详细阐述了数学模型建立的背景、数学模型的组成和结构以及其数学模型应用的意义。认真掌握生态数学模型的特点和功能以及注意事项。生态数学模型展示了生态系统的演化过程和预测了自然资源可持续利用。通过本书的学习和研究,促进自然资源、环境的开发与保护,推进生态经济的健康发展,加强生态保护和环境恢复。

本书获得贵州民族大学出版基金、"贵州喀斯特湿地资源及特征研究"(TZJF - 2011 年 - 44 号)项目、"喀斯特湿地生态监测研究重点实验室"(黔教全 KY 字[2012]003 号)项目、教育部新世纪优秀人才支持计划项目(NCET - 12 - 0659)项目、"西南喀斯特地区人工湿地植物形态与生理的响应机制研究"(黔省专合字[2012]71 号)项目、"复合垂直流人工湿地处理医药工业废水的关键技术研究"(筑科合同[2012205]号)项目、水库水面漂浮物智能监控系统开发(黔教科[2011]039 号)项目、基于场景知识的交通目标行为智能描述(黔科合字[2011]2206 号)项目、水面污染智能监控系统的研发(TZJF - 2011 年 - 46 号)项目、基于视觉的贵阳市智能交通管理系统研究项目、水面污染智能监控系统的研发项目、贵阳市水面污染智能监控系统的研发项目、基于信息融合的贵州水资源质量智能监控平台研究项目以及浙江海洋学院出版基金、浙江海洋学院承担的"舟山渔场渔业生态环境研究与污染控制技术开发"、海洋渔业科学与技术(浙江省"重中之重"建设学科)和"近海水域预防环境污染养殖模型"项目、海洋公益性行业科研专项——浙江近岸海域海洋生态环境动态监测与服务平台技术研究及应用示范(201305012)项目、国家海洋局北海环境监测中心主任科研基金——长江口、胶州湾、莱州湾及其附近海域的生态变化过程(05EMC16)的共同资助下完成。

此书得以完成应该感谢北海环境监测中心崔文林主任、上海海洋大学的李家乐院长、浙江海洋学院校长吴常文和贵州民族大学校长张学立;还要感谢刘瑞玉院士、冯士筰院士、胡敦欣院士、唐启升院士、汪品先院士、丁德文院士和张经院士。诸位专家和领导给予的大力支持,提供良好的研究环境,成为我们科研事业发展的动力引擎。在此书付梓之际,我们诚挚感谢给予许多热心指点和有益传授的其他老师和同仁。

本书内容新颖丰富,层次分明,由浅入深,结构清晰,布局合理,语言简练,实用性和指导性强。由于作者水平有限,书中难免有疏漏之处,望广大读者批评指正。

沧海桑田,日月穿梭。抬眼望,千里尽收,祖国在心间。

杨东方　王凤友

2015 年 4 月 6 日

目　次

温室盆栽一品红生长发育模型

1 背景

鉴于适合不同季节上市的温室盆栽一品红生长发育模型的研究,国内外均鲜有报道。张红菊等[1]通过不同定植期和不同摆放密度处理的栽培试验,定量分析光合有效辐射、光周期、温度和摆放密度对温室盆栽一品红生长发育的影响,以生理辐热积(Physiological product of thermal effectiveness and PAR,PTEP)为尺度,建立了温室盆栽一品红生育期模拟子模型;以冠层吸收的生理辐热积(Canopy intercepted PTEP, PTEP$_{int}$)为尺度,建立了温室盆栽一品红干物质生产和分配模拟子模型;综合生育期模拟子模型与干物质生产和分配模拟子模型,建立了温室盆栽一品红生长发育模拟模型,并用独立的试验数据对模型进行了检验。为温室盆栽一品红生产中的光温精准调控提供理论依据与决策支持。

2 公式

2.1 生育期模拟子模型的构建

一品红发育速率主要由温度热效应、光合有效辐射和光周期共同决定。本研究采用文献[2]中提出的生理辐热积 PTEP 来作为衡量一品红发育的指标。

$$PTEP = \begin{cases} TEP & PTEP \leqslant PTEP_{SD} \\ TEP \times RPE & PTEP_{SD} < PTEP < PTEP_{FVB} \\ TEP & PTEP \geqslant PTEP_{FVB} \end{cases} \quad (1)$$

$$TEP(i) = \sum_{i=m}^{n} DTEP(i) \quad (2)$$

$$DTEP(i) = \{[\sum RTE(i,j)]/24\} \times PAR(i) \quad (j = 1,2,\cdots,24) \quad (3)$$

式中:PTEP 为一品红不同发育阶段的生理辐热积,MJ/m^2;TEP(i) 为一品红从第 m 天到第 n 天的累积辐热积,MJ/m^2;DTEP(i) 为第 i 天的日总辐热积,MJ/(m^2·d);RTE(i,j) 为第 i 天内第 j 小时内的相对热效应,根据一品红生长所需的三基点温度和温室内气温实际观测值来计算,一品红各时期的生长三基点温度见表1;PAR(i) 为第 i 天日总光合有效辐射,MJ/(m^2·d);RPE 为每日光周期效应,具体计算方法如文献[3],一品红的临界日长为 12.5 h,最适日长为 9 h[4];PTEPSD 为摘心到短日处理所需的累积生理辐热积;PTEPFVB 为摘心到

1

单蕾所需的累积生理辐热积,确定方法见文献[1]。

表1 一品红各生育时期的三基点温度   单位:℃

生育期		最低温度	最适下限~最适上限	最高温度
定植到短日处理	白天	5	21~27	32
	夜间	5	16~21	32
短日处理到单苞	白天	5	22~23	28
	夜间	5	19~20	23
单苞到开花	白天	5	22~23	28
	夜间	5	19~20	23

注:表1数据来源于参考文献[5]~[9]。

2.2 干物质生产和分配模拟子模型的构建

2.2.1 冠层吸收的生理辐热积的计算

在其他栽培条件相同条件下,不同摆放密度的盆栽一品红生长的差异主要是由于冠层大小的不同,导致冠层吸收的光合有效辐射量不同,因此本文引用冠层吸收的生理辐热积[10]($PTEP_{int}$)的概念来模拟不同密度一品红群体的生长,计算冠层吸收的生理辐热积只需将式(3)中的$PAR(i)$替换为各摆放密度的盆栽一品红冠层吸收的光合有效辐射PAR_{int}即可。PAR_{int}的计算方法如下:

$$PAR_{int}(i) = PAR(i) \times \{1 - \exp[-k \times KAI(i-1)]\} \tag{4}$$

式中:$PAR_{int}(i)$为第i天冠层吸收的光合有效辐射,$MJ/(m^2 \cdot d)$;k为冠层消光系数,根据本研究的试验观测,k为0.77;$LAI(i-1)$为一品红定植后第$i-1$天的叶面积指数,定义$LAI(0)$为定植时一品红的叶面积指数,是模型的输入参数,根据试验的观测数据,16.0株/m^2,11.1株/m^2,8.2株/m^2 3个密度处理的$LAI(0)$分别取值为0.24,0.15,0.08。

2.2.2 叶面积指数的模拟

根据试验的叶面积指数、温度和PAR观测数据,利用式(1)~式(4)计算出定植后冠层吸收的生理辐热积$PTEP_{int}$,得到不同摆放密度的叶面积指数与冠层累积吸收的生理辐热积的关系(图1)均可用公式(5)描述:

$$LAI = 5.31 - 5.23 \times \exp(-PTEP_{int}/26.50)$$
$$n = 54, R^2 = 0.99, SE = 0.15 \tag{5}$$

式中:SE为标准差。

2.2.3 干物质生产的模拟

利用试验的数据,各密度处理单位面积总干质量与定植后冠层累积吸收的生理辐热积关系如图2所示。

2

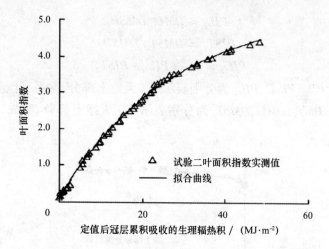

图 1   叶面积指数与定植后冠层累积吸收的生理辐热积的关系

$$DMT = 256.62 \times \exp(PTEP_{int}/98.22) - 250.53$$
$$R^2 = 0.99, SE = 17.25g/m^2, n = 15 \tag{6}$$

式中:DMT 为单位面积植株总干质量;$PTEP_{int}$ 为定植后冠层累积吸收的生理辐热积。

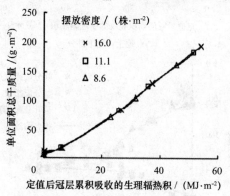

图 2   单位面积植株总干质量与定植后
冠层累积吸收的生理辐热积的关系

2.2.4   干物质分配指数模拟

在干物质分配的研究中,假定干物质首先在地上部分与地下部分之间进行分配,然后地上部分干物质再向茎、叶、苞叶中分配,各器官干物质分配指数按式(7)~式(11)计算[11]。

$$PISH_i = DMSH_i/DMT_i \tag{7}$$
$$PIR_i = 1 - PISH_i \tag{8}$$

3

$$PIL_i = DML_i/DMSH_i \qquad (9)$$

$$PIST_i = DMST_i/DMSH_i \qquad (10)$$

$$PIC_i = 1 - (PIL_i + PIST_i) \qquad (11)$$

式中：$PISH_i$、PIR_i、PIL_i、$PIST_i$、PIC_i 为分别表示第 i 天地上部分、根系、叶、茎、苞叶的干物质分配指数；$DMSH_i$、DMT_i、DML_i、$DMST_i$ 为分别表示第 i 天地上部分、整株、叶和茎的干质量（g/m²）。

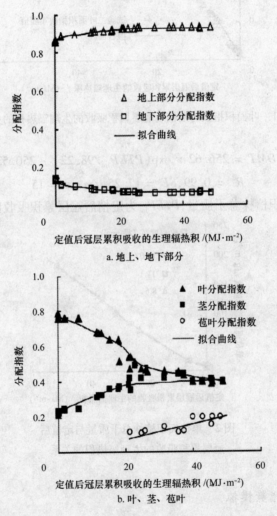

图3　地上部分和地下部分分配指数及叶、茎、苞叶分配指数与
定植后冠层累积吸收的生理辐热积的关系

　　用试验的数据按式（7）～式（11）计算得到一品红地上部分（图3a）、叶、茎和苞叶（图3b）的干物质分配指数，其拟合方程分别为：

$$PISH = 0.93 - 0.07 \times \exp(-PTEP_{int}/3.21)$$

$$n = 15, R^2 = 0.99, SE = 0.004 \qquad (12)$$

$$PIL = 0.40 + 0.37/\{1 + \exp[(PTEP_{int} - 19.61)/4.98]\}$$

$$n = 15, R^2 = 0.99, SE = 0.08 \qquad (13)$$

$$PIST = 0.41 - 0.19 \times \exp(-PTEP_{int}/10.9)$$

$$n = 15, R^2 = 0.98, SE = 0.028 \qquad (14)$$

式中: $PISH$、PIL、$PIST$ 为分别表示地上部分、叶和茎的分配指数; $PTEP_{int}$ 为定植后冠层累积吸收的生理辐热积, MJ/m^2。

2.2.5 器官干质量的模拟

根据分配指数概念, 利用总干质量和分配指数可计算地上、地下部分及地上部分各器官的干质量[11], 各器官干物质预测值用式(15) ~ 式(19)计算

$$DMSH = DMT \times PISH \qquad (15)$$

$$DMR = DMT \times (1 - PISH) \qquad (16)$$

$$DML = DMSH \times PIL \qquad (17)$$

$$DMST = DMSH \times PIST \qquad (18)$$

$$DMC = DMSH \times (1 - PIL - PIST) \qquad (19)$$

式中: DMT、$DMSH$、DMR、DML、$DMST$、DMC 为植株总干质量、地上部分干质量、根系干质量、叶干质量、茎干质量和苞叶干质量(g/m^2), 因为一品红花蕾很小, 所以本研究将其干质量归到苞叶干质量。

2.3 模型的检验

用回归估计标准误(root mean squared error, RMSE)对预测值和观测值之间的符合度进行统计分析[11]。

$$RMSE = \sqrt{\frac{\sum_{i=1}^{n}(OBS_i - SIM_i)^2}{n}} \qquad (20)$$

式中: OBS_i 为实际观测值; SIM_i 为模型预测值; n 为样本容量。

3 意义

温室盆栽一品红生长发育模型对从摘心到短日处理、单苞、单蕾、多蕾和开花期的模拟预测值与实测值的符合度较好。模拟值与实测值基于1:1线的决定系数 R^2 为0.99, 回归估计标准误差 $RMSE$ 分别为0.7 d、3 d、3.5 d、0.7 d 和2 d, 预测精度明显高于以有效积温为尺度的发育模型。模型对单位面积总干质量、叶干质量、茎干质量和苞叶干质量的模拟值与实测值基于1:1线的 R^2 和 $RMSE$ 分别为0.98、0.97、0.91、0.95以及7.12 g/m^2 和7.49

g/m^2、$3.89\ g/m^2$ 和 $2.48\ g/m^2$。模型对一品红单位面积总干质量的预测精度明显高于基于光合作用驱动的生长模型。该研究建立的模型能够较准确地预测温室盆栽一品红各生育期出现时间、干物质生产和各个器官干质量的动态,模型的预测精度较高、参数少且易获取、实用性较强。

参考文献

[1] 张红菊,戴剑锋,罗卫红,等. 温室盆栽一品红生长发育模拟模型. 农业工程学报,2009,25(11): 241 – 247.

[2] 杨再强,罗卫红,陈发棣,等.温室标准切花菊发育模拟与收获期预测模型研究.中国农业科学,2007, 40(6):1229 – 1235.

[3] 袁昌梅,罗卫红,张生飞,等.温室网纹甜瓜发育模拟模型研究.园艺学报,2005,32(2):262 – 267.

[4] 江明艳.遮荫和光质对一品红生长发育的影响研究.雅安:四川农业大学,2004.

[5] Liu B,Heins R D. Photothermal ratio affects plant quality in' Freedom'poinsettia. Journal of the America Society for Horticultural Science, 2002,127(1):20 – 26.

[6] Hagen P,Moe R. Effect of temperature and light on lateral branching in poinsettia(Euphorbia pulcherrima Willd.). Acta Horticulturae, 1981, 128:47 – 51.

[7] 夏春森,朱义君,夏志卉,等.名新花卉标准化栽培.北京:中国农业科学出版社,2005.

[8] Whipker B,Jones R,Baker J,et al Poinsettia problem diagnostic key:Physiological disorders of poinsettias. Online. North Carolina State University,Dep. of Hort Sci. ,1990.

[9] 鲁涤非.花卉学.北京:中国农业出版社,1997.

[10] 杨再强,戴剑锋,罗卫红,等.单位面积杆数对温室标准切花菊品质影响的预测模型.应用生态学报. 2008,19(3):575 – 582.

[11] 倪纪恒,罗卫红,李永秀,等.温室番茄叶面积与干物质生产的模拟.中国农业科学,2005,38(8): 1629 – 1635.

底聚型的盐分剖面模型

1 背景

针对长江河口地区存在的盐渍化问题,张同娟等[1]以对该地区存在潜在盐渍化危害的底聚型盐分剖面为研究对象,利用电磁感应仪 EM38 对盐分剖面的分布特征进行解译,建立了电磁感应仪测量值和土壤电导率间的经典回归模型,在分析土壤盐分剖面分布特征的基础上提出了更为简便的 Logistic 模型,运用该模型对盐分剖面进行了参数的优化拟合,并将 Logistic 模型和回归模型的预测精度进行了统计比较与分析。

2 公式

2.1 研究方法的确定

2.1.1 线性回归模型

回归模型是研究土壤剖面盐分与磁感式表观电导率关系的经典方法,前人已做过大量的研究[2-4],其基本表达式为:

$$EC = aEM_h + bEM_v + c \tag{1}$$

式中:EC 为土壤电导率(1:5 土水比);a、b、c 为分别为相应的参数。

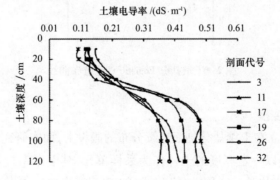

图1 典型土壤盐分剖面分布特征

2.1.2 Logistic 模型

由于回归模型所需的待测参数过多(每层均需要3个参数),且回归模型把不同深度的土壤含盐量视作是独立的个体,这就导致了各土层所建立的回归模型也是独立的,但事实上同一剖面不同层次及相邻剖面的土壤含盐量之间是不可能无关联的,鉴于这些问题,根据本研究采样点的盐分剖面特征(反曲线,图1)和前人的研究成果[2],我们提出了在生物统计学和生态学中常用的模型,即 Logistic 模型对各个盐分剖面进行拟合[5]。模型的基本形式为:

$$y = \begin{cases} a_1 + \dfrac{a_2}{1 + \exp[a_4(a_3 - x)]} \\ a_1 + \dfrac{a_2}{a} \quad x = a_3 \end{cases} \tag{2}$$

$$a_4 = \dfrac{4}{a_2} \dfrac{\mathrm{d}y}{\mathrm{d}x}\bigg|_{x = a_3} \tag{3}$$

式中:y 为土壤电导率(EC);x 为土壤深度;a_1 为土壤电导率的理论最低值;a_2 为土壤电导率的理论最高值;a_3 为曲线最低值和最高值中心点所对应的土壤深度;a_4 为与 a_3 所对应的曲线上点的斜率有关,无固定位置,具体的理论模型如图2[6]所示。

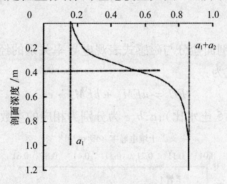

图2　土壤盐分 Logistic 理论分布曲线

2.2 Logistic 模型的变换

Logistic 模型是建立在土壤盐分剖面连续分布的假设上,而本研究中土壤样品的采集采用了分层采样法,它是以一定厚度的土体作为采样单元,其电导率代表的土壤含盐量反映的是一定厚度土体的平均盐分。因此,方程式(2)并不能直接来对所有标定点的土壤盐分剖面进行模拟,需要经过一定的变换。

假设 $x_1, x_2, \cdots, x_i$ 分别表示实际田间采样深度,在本研究中分别为 0.1 m、0.2 m、0.4 m、0.6 m、0.8 m、1.0 m 和 1.2 m;$x_i - x_{i-1}$ 表示田间采集土样的厚度;s_i 反映的是土壤样

品在该厚度上的平均含盐量。

令 $f(x) = \iint\left\{a_1 + \dfrac{a_2}{1 + \exp[a_4(a_3 - x)]}\right\}\mathrm{d}x$ ，则：

$$\begin{cases} f(x_1) - f(0) = x_1 s_1 \\ f(x_2) - f(0) = x_1 s_1 + (x_2 - x_1) s_2 \\ \vdots \\ f(x_i) - f(0) = x_1 s_1 + (x_2 - x_1) s_2 + \cdots + (x_i - x_{i-1}) s_i \end{cases} \tag{4}$$

由图 2 可知，a_1 表示土壤电导率最低值的无限逼近值，a_2 表示土壤电导率稳定值的无限逼近值，a_3 为最低值渐近线和稳定值渐近线之间距离一半时所对应的土壤深度。由于各标定点的土壤盐分特征较为一致，因此 a_3 可作为常数，则 a_4 也为常数[6]。以 EM_h 和 EM_v 作为自变量代入式(2)，得：

$$y_{kj} = (\theta_1 EM_{h,k} + \beta_1 EM_{v,k} + \gamma_1) + \dfrac{(\theta_2 EM_{h,k} + \beta_2 EM_{v,k} + \gamma_2)}{1 + \exp[\theta_4(\theta_3 - x_j)]} \tag{5}$$

式中：k 为不同盐分剖面；j 为不同土层深度。

由方程式(4)分别计算出各盐分剖面不同深度土壤盐分的积分值，每个剖面可以获得 7 个方程，共得到 210 个方程，将 a_1、a_2、a_3 和 a_4 分别代入方程式(4)中，利用 DAT-AFIT8.1 软件[4,7]的自定义模型对所有方程进行优化拟合求解，得到 8 个参数的最优估值。得到方程式(6)：

$$y = (1.8018 EM_h - 0.8308 EM_v - 0.3403) +$$
$$\dfrac{(-0.1391 EM_h + 0.3803 EM_v + 0.4651)}{1 + \exp[1.2013(0.4021 - x)]}$$
$$(R^2 = 0.9203, F = 333) \tag{6}$$

2.3 预测模型精度比较

方程(6)表示剖面土壤电导率的连续变化，不能用于预测结果的检验，需通过方程式(4)计算出实际采样土层的电导率大小，即将方程式(6)中的 a_1、a_2、a_3 和 a_4 代入方程式(4)中，计算出各土层电导率的大小，其结果再与验证剖面的实测各土层电导率进行比较。选取 31 ~ 36 共 6 个剖面作为验证点，各剖面两种模型的实测值与预测值间的均方误差(MSEP)的计算公式为：

$$MSEP_m = \dfrac{1}{7}\sum_{n=1}^{7}(EC_{mn} - \hat{EC}_{mn})^2 \tag{7}$$

式中：EC_{mn} 为土壤电导率实测值；$\hat{EC}_{mn}$ 为土壤电导率预测值；m 为剖面点；n 为土壤深度。

3 意义

底聚型的盐分剖面模型表明，磁感式表观电导率水平读数和垂直读数呈极显著线性相关,回归模型和 Logistic 模型均具有很好的预测效果。通过模型精度检验,二者的预测精度差异不显著,但 Logistic 模型所需参数少,表明所提出的 Logistic 模型不仅能降低待估参数数量,同时还具有较高的预测精度。该研究结果为利用电磁感应仪快速、精确地进行土壤盐分预测及土壤次生盐渍化的防控提供了一定的理论参考。

参考文献

［1］ 张同娟,杨劲松,刘广明,等.基于电磁感应仪的河口地区底聚型盐分剖面特征的解译.农业工程学报,2009,25(11):109 - 113.

［2］ Triantafilis J,Laslett G M,Mcbratney A B. Calibrating an electromagnetic induction instrument to measure salinity in soil under irrigated cotton. Soil Sci Soc AM J,2000,64:1009 - 1017.

［3］ Bennett D L,George R J. Using the EM38 to measure the effect of soil salinity on eucalyptus globulus in southwestern australia. Agricultural Water Management,1995,27:69 - 86.

［4］ 杨劲松,姚荣江.基于电磁感应仪的表聚型土壤盐渍剖面特征解译研究.水文地质工程地质,2007,(5):67 - 72.

［5］ 王济川,郭志刚. Logistic 回归模型——方法与应用.北京:高等教育出版社,2001.

［6］ Corwin D L,Rhoades J D. Measurement of inverted electrical conductivity profiles using electromagnetic induction. Soil Science Society of America,1984,48:288 - 291.

内燃式水泵的三缸动力模型

1 背景

内燃式水泵(internal combustion water pump,简称 ICWP)是 HCPE 的一个类型,是在往复式内燃机的基础上与水泵集成,只输出液压能的一种动力装置[1]。霍炜等[2]阐述了三缸 ICWP 的工作原理,建立了系统的动力学模型,在此基础上,对系统燃油消耗率进行了仿真,以期得到系统的最佳经济工作区,为 ICWP 的应用提供理论指导。

2 公式

系统主体部分(其中一缸)的受力情况如图 1 所示,进出口单向阀的受力情况见图 2。图 1 中,p_a 为工质压力,由燃烧过程热力学模拟得到,随燃烧和发动机边界条件而变化[3];a 为活塞的加速度;v 为活塞的速度;F_w 为液压作用力,计算时要考虑吸程、扬程及配流阀的力学特性;$F_{\mu 1}$ 为活塞环与缸套之间的摩擦力;$F_{\mu 2}$ 为活塞 – 柱塞组件与导套之间的摩擦力;F_c 为活塞 – 柱塞组件对导套的侧向力;T_m 为机械损失转矩,包括曲轴与轴瓦摩擦损失转矩

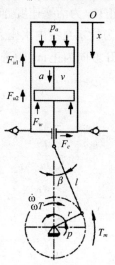

图 1 ICWP 受力简图

以及附件驱动转矩;r 为曲柄半径;l 为连杆长度;T 为连杆作用力对曲轴的转矩;ω 为曲轴角速度;$\dot{\omega}$ 为曲轴转动角加速度;ϕ 为曲轴转角,起始位置为作功冲程的上止点;β 为连杆摆角。图 2 中,r_1 为进水口半径;r_2 为进水阀阀盘半径;r_3 为出水口半径;r_4 为出水阀阀盘半径;m_s 为进水阀盘质量;m_c 为出水阀盘质量;m_{ks} 为进水阀弹簧质量;m_{kc} 为出水阀弹簧质量;k_s 为进水阀弹簧刚度;k_c 为出水阀弹簧刚度;λ_{ns} 为吸入液体黏滞系数;λ_{nc} 为排出液体黏滞系数;R_{0s} 为进水阀弹簧预压力;R_{0c} 为出水阀弹簧预压力;p_s 为进水管内水压;p_c 为出水管内水压(输出压力);p_1 为柱塞腔内的压力。

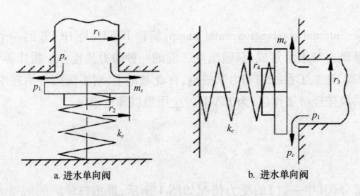

图 2　出水与进水单向阀动力分析简图

　　针对第 1 缸取系统状态变量 x_1、x_2、x_3、x_4、x_5、x_6、x_7、x_8、x_9 进行研究,第 2、3 缸的相应状态量相继滞后 240° 曲轴转角。现针对第 1 缸讨论,整机性能对 3 缸叠加后分析。其中,x_1 为活塞位移,零点为上止点,向下为正;x_2 为活塞速度,向下为正;x_3 为曲轴转角,$x_3 = \phi$,逆时针方向为正;x_4 为飞轮角速度;x_5 为柱塞泵室内水压力,x_5 等于 p_1;x_6 为出水阀阀片位移,打开为正;x_7 为出水阀阀片速度,打开方向为正;x_8 为进水阀阀片位移,打开为正;x_9 为进水阀阀片速度,打开方向为正。

　　系统工作的动力微分方程为:

$$\dot{x}_1 = x_2 \tag{1}$$

$$\dot{x}_2 = \frac{F_j}{m_j} \tag{2}$$

$$\dot{x}_3 = x_4 \tag{3}$$

$$\dot{x}_4 = \frac{T - T_m}{I_0} \tag{4}$$

$$\dot{x}_5 = \begin{cases} \dfrac{\mu_s\varepsilon_s\pi d_s x_6\sqrt{\dfrac{2|p_s-x_5|}{\rho_{xs}}}\rho_{xs}+\rho f_s x_7 - F_p\rho x_2}{[F_p(x_{0s}+x_1)-f_s x_6]\dfrac{\mathrm{d}\rho}{\mathrm{d}x_5}} & (\text{入口阀打开}) \\[4ex] \dfrac{\mu_c\varepsilon_c\pi d_c x_8\sqrt{\dfrac{2|p_c-x_5|}{\rho_{xs}}}\rho_{xc}+\rho f_c x_9 - F_p\rho x_2}{[F_p(x_{0c}+x_1)-f_s x_8]\dfrac{\mathrm{d}\rho}{\mathrm{d}x_5}} & (\text{出口阀打开}) \end{cases} \tag{5}$$

$$\dot{x}_6 = x_7 \tag{6}$$

$$\dot{x}_7 = \frac{(p_s-x_5)f_s+m_s g-(R_{0s}+k_s x_6)-\lambda_{ns}x_7}{m_s+0.5m_{ks}} \tag{7}$$

$$\dot{x}_8 = x_9 \tag{8}$$

$$\dot{x}_9 = \frac{(x_5-p_c)f_c-(R_{0c}+k_c x_8)-\lambda_{nc}x_9}{m_s+0.5m_{kc}} \tag{9}$$

初值条件为:

$x_1|_{t=0}=0$,$x_2|_{t=0}=0$,$x_3|_{t=0}=0$,$x_4|_{t=0}=\pi n/30$,$x_5|_{t=t_{os}}=p_{os}$,$x_6|_{t=t_{os}}=0$,$x_7|_{t=t_{os}}=0$,$x_5|_{t=t_{0c}}=p_{oc}$,$x_8|_{t=t_{oc}}=0$,$x_9|_{t=t_{oc}}=0$

其中,$T=F_t r$,$d_c=2r_4$,$f_c=\pi d_c^2/4$,$d_s=2r_2$,$f_s=\pi d_c^2/4$。

式中:m_j为活塞－柱塞组件往复运动的等效质量;F_j为活塞－柱塞组件往复惯性力;I_0为曲轴飞轮组的转动惯量;F_t为连杆对曲柄销产生的切向力;μ_s、μ_c为分别为进、出水阀流量系数;x_{os}、x_{oc}为分别为进、出水阀打开且柱塞在下止点时,阀盘与柱塞下端面之间容积折合的余隙长度,$x_{oc}=x_{os}$;ε_s、ε_c为系数,$\varepsilon_s=\pm1$,当$p_s-x_5\geq0$,$\varepsilon_s=1$,$\rho_{xs}=\rho$(流质在p_s下的密度),当$p_s-p_1<0$时,$\varepsilon_s=-1$,$\rho_{xs}=\rho$(流质在x_5下的密度);$\varepsilon c=\pm1$,当$p-p_c\geq0$时,$\varepsilon_c=-1$,$\rho_{xc}=\rho$(流质在压力x_5下的密度),否则,$\varepsilon_s=1$,$\rho_{xc}=\rho_c$(流质在压力p_c下的密度);n为曲轴转速;F_p为柱塞的横截面积;t_{os}、t_{oc}为分别为进、出水阀打开时刻。

模型可行性验证

为了验证仿真结果的正确性,对三缸 ICWP 样机的燃油消耗率进行了试验研究,选取油门开度分别为 40% 和 60% 时对三缸 ICWP 的燃油消耗率进行模拟仿真。

燃油消耗率 b_e 是指单位有效功率的耗油量,采用下式计算:

$$b_e = \frac{3600B}{pQ} \tag{10}$$

式中:b_e 为系统的燃油消耗率,g/(kW·h);B 为每小时耗油量,kg/h;p 为输出压力,MPa;Q 为输出流量,m³/h。

根据此公式计算 ICWP 燃油消耗率并做等高线(图3),可见三缸 ICWP 在油门开度大于 35%,转速在 1 600 ~ 1 800 r/min 之间变化时,系统的燃油消耗率处于最低区域,约为

228.23 ~ 259.512 g/(kW·h),可确定为系统的最佳经济工作区。

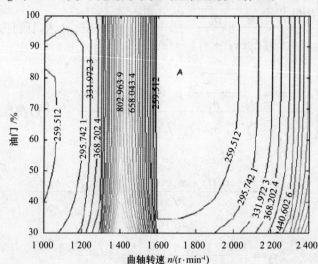

图3 三缸 ICWP 燃油消耗率等高线

3 意义

实验阐述了三缸 ICWP 的工作原理,建立了系统的动力学模型,在此基础上,对系统燃油消耗率进行了仿真,得到了系统的最佳经济工作区,该区域油门开度大于35%,转速为1 600 ~ 1 800 r/min。计算结果经过试验验证,证明计算模型合理可行。该模型的建立为三缸 ICWP 结构的进一步研究奠定了基础。

参考文献

[1] Zhang Hongxin, Zhang Tiezhu, Wang Weichao. Influence of valve's characteristic on total performance of three cylinders internal combustion water pump. Chinese Journal of Mechanical Engineering,2009,22(1): 91 – 96.

[2] 霍炜,张铁柱,张洪信,等.三缸内燃式水泵的最佳经济工作区.农业工程学报,2009,25(11): 152 – 157.

[3] 许思传,张建华,孙济美.柴油机燃油喷雾和燃烧过程的数值模拟.农业机械学报,2000,31(4):6 – 9.

车辆功率的分流耦合模式

1 背景

为实现机电混合动力车辆功率分流耦合机构的优选与工作模式的优化,崔星和项昌乐[1]对单行星排无级调速装置的联接形式进行了归类分析,建立了具有普适性的分流功率表达式,相对分流功率的计算结果表明输入分流形式的无级变速装置适于机电复合无级传动。针对发动机工作特性设计了分流耦合系统多种工作模式,计算了各模式的功率分配状态和系统效率。

2 公式

2.1 行星轮系分流耦合系统公式

对于采用单行星排的机电混合无级变速系统,按行星排的功用分为:分矩汇速式(output split)和分速汇矩式(input split)两大类。分矩汇速式采用定轴齿轮副进行功率分流、行星差速机构进行功率汇流;分速汇矩式采用行星差速机构进行功率分流、定轴齿轮副进行功率汇流。两种结构形式见图1,各子图均简化了定轴齿轮副机构。

对于单行星排结构,规定3个构件端口如图2所示,分别为A、B、C,并定义相对转速、相对转矩系数K_1、K_2。

$$K_1 = \frac{n_B - n_A}{n_C - n_A}$$

$$K_2 = \frac{T_B}{T_A} \tag{1}$$

式中:n_A为A端口转速,r/min;n_B为B端口转速,r/min;n_C为C端口转速,r/min;T_A为A端口所连接部件的转矩,N·m;T_B为B端口所连接部件的转矩,N·m。

由图1a及图2可知:

$$\begin{cases} n_{vo} = n_B \\ n_i = n_{vi} = n_A \\ n_o = n_C \end{cases} \tag{2}$$

式中:n_{vo}为无级调速分路输出端转速,r/min;n_i为系统输入端转速,r/min;n_{vi}为无级调速分

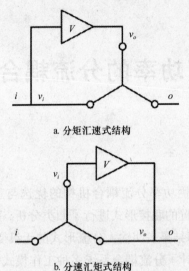

a. 分矩汇速式结构

b. 分速汇矩式结构

V 为电力无级调速分路; i 为系统输入端; o 为系统输出端; v_i 为无级调速
分路输入端; v_o 为无级调速分路输出端

图1 分流耦合结构

路输入端转速, r/min; n_o 为系统输出端转速, r/min。

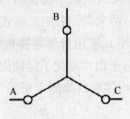

图2 单行星排端口

继而由式(1)可求得图1a分矩汇速式结构无级调速分流输出端转速 n_{vo}、转矩 T_{vo} 分别为:

$$n_{vo} = [K_1(I-1)+1]n_i$$

$$T_{vo} = \frac{K_2}{1+K_2[K_1(I-1)+1]}T_i \tag{3}$$

式中: T_i 为系统输入端所连接部件的转矩, N·m; $I = n_o/n_i$, 为系统输出—输入速比。同样, 可求得图1b分速汇矩式结构无级调速分流输入端转速 n_{vi}、转矩 T_{vi} 分别为:

$$n_{vi} = [K_1(I-1)+1]n_i$$

$$T_{vi} = K_2 T_i \tag{4}$$

16

从而可求得分矩汇速式、分速汇矩式结构的电力分流相对功率分别为：

$$\frac{P_v}{P_i} = \begin{cases} \dfrac{1}{1 + K_2 \left[K_1 (I - 1) + 1 \right]} - 1 & \text{（分矩汇速式）} \\ K_2 \left[K_1 (I - 1)^{\cdot} + 1 \right] & \text{（分速汇矩式）} \end{cases} \tag{5}$$

式中：P_v 为电力无级调速分路分流功率，kW；P_i 为系统总输入功率，kW。按系统各端口与行星排构件的联接关系，分矩汇速式与分速汇矩式传动方案各有 6 种不同的结构。

2.2 分流耦合机构工作模式分析公式

文献[2]~[5]分别基于各自的混合动力分流耦合装置进行了模式分析，但该"模式"是车辆的工作模式，而并没有针对分流耦合装置自身的特性进行专门的研究。实验设计的混联式机电混合驱动系统如图 3 所示，机械结构包括：第一、第二行星排；Z_1 制动器；Z_2 制动器；C_1 离合器。

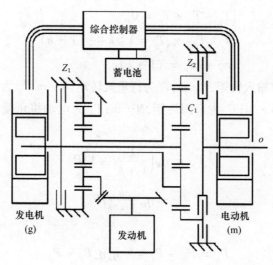

图 3   混联式机电混合驱动系统

左侧第一行星排齿圈固定，仅起到固定速比变速的作用，由于行星排具有 2 个自由度，所以与后续传动系统相联的齿圈转速由行星架和太阳轮共同决定，各元件转速关系为：

$$\begin{cases} n_t + k n_q = (1 + k) n_j \\ n_j = 2 n_e, \quad n_t = n_g \end{cases} \tag{6}$$

式中：n_t 为太阳轮转速，r/min；n_q 为齿圈转速，r/min；n_j 为行星架转速，r/min；n_e 为发动机转速，r/min；n_g 为发电机转速，r/min；k 为分流行星排特性参数，$k = 2.52$。

受发动机、发电机转速范围限制，分流行星排行星架、太阳轮转速范围分别为：

$$n_j \in [2200, 4200], \quad n_t \in [0, 5500] \tag{7}$$

在以发动机为单一动力源的情况下，若假定系统内无功率损失，则齿圈输出功率 $P_q =$

17

$P_e - P_g$。其中,P_e 为发动机输出功率,kW;P_g 为发电机分流功率,kW。

由式(5)可得发电机分流电力功率为:

$$P_g = \frac{k}{1+k}\frac{n_q}{n_j} - 1 \tag{8}$$

2.3 各工作模式性能计算

实验所研究分流耦合机构在设计工作范围内,限定了发电机的转速范围,不存在电机反转状态。η_g、η_m 分别为发电机、电动机的功率转换效率,η_M 为行星排机械系统效率。

由发电机、电动机电功率平衡可得:

$$P_g \eta_g + P_m/\eta_m = 0 \tag{9}$$

又由行星排各构件转矩、转速关系可得

$$\begin{cases} T_i + T_j = 0, T_g + T = 0 \\ T_q + T_m + T_o = 0 \\ T_t : T_q : \eta_M T_j = 1 : k : -(1+k) \\ n_g + kn_o = (1+k)n_i \end{cases} \tag{10}$$

式中:T_i 为分流耦合排输入转矩,N·m;T_j 为行星架转矩,N·m;T_g 为发电机承受转矩,N·m;T_t 为太阳轮转矩,N·m;T_q 为齿圈转矩,N·m;T_m 为电动机承受转矩,N·m。从而可求得:

$$P_g = \eta_M \left(\frac{k}{1+k}I - 1 \right) P_i$$

$$P_q = \eta_M \frac{k}{1+k}IP_i \tag{11}$$

系统输出功率:

$$P_o = P_m + P_q = -\eta_g \eta_m P_g + P_q \tag{12}$$

所以系统效率:

$$\eta_{sys} = \eta_M \left[\frac{k}{1+k}I - \eta_g \eta_m \left(\frac{k}{1+k}I - 1 \right) \right] \tag{13}$$

3 意义

3 种工作模式对比表明:分速汇矩式传动方案的电力功率分流特性适合机电混合无级传动的要求;通过控制行星差速无级变速系统的发电机分流功率,可以优化发动机工作状态,其中,最大转矩模式具有最优的总体效率,适于改善车辆燃油经济性能;最大功率模式具有最佳的输出转矩特性,适于提高车辆动力性能。

参考文献

[1] 崔星,项昌乐.混合动力系统分流耦合机构工作模式分析.农业工程学报,2009,25(11):158－163.

[2] Yimin Gao,Mehrdad Ehsan. A torque and speed coupling hybrid drivetrain－architecture,control,and simulation. IEEE Transactions on Power Electronics,2006,21(3):741－748.

[3] 邹乃威,刘金刚,周云山,等.混合动力汽车行星机构动力耦合器控制策略仿真.农业机械学报,2008,39(3):5－9.

[4] 喻伟雄,余群明,钟志华,等.混合动力汽车功率分配装置的功率传动分析.汽车工程,2008,30(1):26－29,35.

[5] 秦大同,游国平,胡建军.新型功率分流式混合动力传动系统工作模式分析与参数设计.机械工程学报,2009,45(2):184－191.

糖渍加应子的热风干燥模型

1 背景

李汁生等[1]以糖渍加应子(prunum)为样品,探讨不同温度(40~100℃)下加应子的热风干燥特性,通过对国外研究学者的 13 种薄层干燥模型进行选择性拟合验证,确立了适宜于加应子样品热风干燥的数学模型,可预测不同温度热风干燥过程加应子的水分变化特性,为加应子及广式凉果热风工业化干燥提供技术依据。

2 公式

2.1 水分测定

湿基含水率按照 GB 11860 - 1989[2]方法进行,将果肉和果核含水率分开测定,按式(1)计算整果湿基含水率,按式(2)将湿基含水率换算为干基含水率。

$$W = \frac{(W_1 \times X_1 + W_2 \times X_2)}{(X_1 + X_2)} \tag{1}$$

$$M = \frac{W}{(1 - W)} \tag{2}$$

式中:W、W_1、W_2 为整果、果肉、果核的湿基含水率,%;X_1、X_2 为果肉、果核的湿质量,g;M 为整果干基含水率,%。

干燥速率按照 Falade 的方法[3]计算,如下式:

$$v_i = \frac{(M_i - M_t)}{(t - i)} \tag{3}$$

式中:v_i 为 i 时刻样品干燥速率,10^{-2}g/(g·h);M_i、M_t 为 i、t 时刻样品含水率,%;t,i 为 i 时刻段的终了和起始时间,h;$(t - i)$ 为 t,i 时刻段的干燥时间,h。

水分比用于表示一定干燥条件下物料的剩余水分率,如下式计算:

$$MR = \frac{(M_t - M_e)}{(M_0 - M_e)} \tag{4}$$

式中:MR 为水分比,无因次量;M_e 为样品的平衡含水率,%;M_0 为样品的初始含水率,%。

2.2 模型建立

从表 1 可知,随温度升高,k 值逐渐增加,n 值变化则没有明显规律。Page 模型中 k 代表

20

干燥常数,是热导性、热扩散性、水分扩散性、界面热和多重扩散系数的综合表征,k 值逐渐增加,说明样品传质传热效果提高,干燥速率加快;n 代表产品常数,表示样品的性质差异对干燥特性的影响,模型中 n 值对干燥过程影响不明显,即 $40 \sim 80℃$ 干燥温度范围下模型中 n 值对预测结果影响不显著($P > 0.05$)。

表1　$40 \sim 80℃$ 干燥环境下 Page 模型的参数值

温度 $T/℃$	温度 $RH/\%$	k	n	$X^2/(\times 10^{-4})$	R^2
40	22.79	0.108 8	0.766 0	0.9	0.998 0
50	17.27	0.190 2	0.747 8	0.9	0.998 2
60	15.31	0.194 9	0.716 1	0.9	0.998 2
70	12.78	0.274 4	0.816 5	0.4	0.999 1
80	10.26	0.303 3	0.749 5	0.8	0.998 2

对从 $40 \sim 80℃$ Page 模型下的 k,n 值,以温度和湿度为变量,用最小二乘法进行回归分析,方程和结果如下所示:

$$k = a + b \times T + c \times T^2 + d \times RH + e \times RH^2 + f \times T \times RH \tag{5}$$

$$n = a + b \times T + c \times T^2 + d \times RH + e \times RH^2 + f \times T \times RH \tag{6}$$

所以加应子在 V 等于 1.5 m/s 下的干燥模型为:

$$MR = \exp(-k \cdot t^n) \tag{7}$$

其中,

$$k = -4.06 \times 10^{-2} + 1.36 \times 10^{-2} \times T - 1.02 \times 10^{-4} \times T^2 - 1.36 \times 10^{-2} \times RH + 1.28 \times 10^{-4} \times RH^2 - 4.73 \times 10^{-6} \times T \times RH \tag{8}$$

$$n = -2.33 \times 10^{-2} + 8.50 \times 10^{-3} \times T - 9.36 \times 10^{-6} \times T^2 + 2.54 \times 10^{-2} \times RH - 5.66 \times 10^{-5} \times RH^2 - 9.78 \times 10^{-5} \times T \times RH \tag{9}$$

式中:T 为干燥环境的平均温度,℃;RH 为干燥环境的平均相对湿度,%。

2.3　模型推导

将热风干燥模型中的水分比 MR 转换为含水率,并对模型进行变形[式(9)],求导,即可求出 $40 \sim 80℃$ 下样品干燥速率随时间变化方程[式(10)]。

$$M_t = (M_0 - M_e) \cdot \exp(-k \cdot t^n) + M_e \tag{10}$$

$$v_t = -\frac{dM_t}{dt} = (M_0 - M_e) \cdot k \cdot n \cdot t^{(n-1)} \exp(-k \cdot t^n) \tag{11}$$

式中:v_t 为 t 时刻样品干燥速率,10^{-2} g/(g·h);M_t 为 t 时刻样品含水率,%;M_0 为初始含水率,%;M_e 为平衡含水率,%。

为验证改模型,随机选择 T 为 53.8℃,RH 为 17% 下的试验值和模拟值进行验证(图1)。结果表明 Page 模型的模拟值和试验值拟合度很高,R^2 达到 0.9986。即在 V 为 1.5 m/s 时,当温度和湿度可知时,可用以上模型预测糖渍加应子干燥过程中任意时刻的含水率。

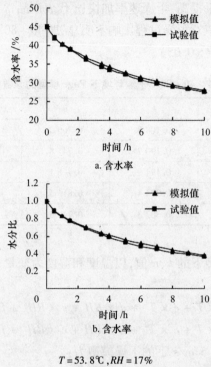

$$T = 53.8℃, RH = 17\%$$

图1 试验值和模拟值比较

3 意义

糖渍加应子的热风干燥模型表明,加应子热风干燥是内部水分扩散控制的降速干燥过程,$40 \sim 80℃$ 范围内,温度对干燥速率有显著影响($P < 0.05$),温度越高,干燥速率越快,$80 \sim 100℃$ 范围内,样品表面出现结壳硬化现象,温度对干燥速率影响减弱($P > 0.05$)。Page 模型适合对加应子干燥过程进行描述和预测;Page 模型变形求导得出加应子干燥速率模型,模型拟合度高,可为其干燥工艺的控制提供技术依据。

参考文献

[1] 李汴生,刘伟涛,李丹丹,等.糖渍加应子的热风干燥特性及其表达模型.农业工程学报,2009,25(11):330-335.

[2] GB/T 11860-1989,蜜饯食品理化检验方法.

[3] Falade K O, Abbo E S. Air-drying and rehydration characteristics of date palm(Phoenix dactylifera L.)fruits. Journal of Food Engineering,2007,79(2):724-730.

农业机器人的视觉导航算法

1　背景

完成作物行的行走作业是农业机器人视觉导航系统的一个基础功能,但是由于田间环境的复杂性,比如阴影的存在和天气的恶劣变化等外界因素的影响使导航参数的提取变得困难。安秋等[1]研究针对农业机器人视觉导航中存在的阴影干扰问题,采用基于光照无关图的方法去除导航图像中的阴影,然后采用增强的最大类间方差法进行图像分割和优化的Hough 变换提取作物行中心线,最终通过坐标转换获得导航参数。

2　公式

2.1　光照无关图的获取

Finlayson 等[2]人提出了基于单个像素的颜色恒常性算法,并采用该算法实现了去除阴影后的彩色图像的恢复。这里,我们只对这种算法的第 1 步感兴趣,即如何获取光照无关图。

图像中每个像素点的 RGB 分量,由下式决定:

$$p_k = \int_\omega E(\lambda)S(\lambda)R_k(\lambda)\mathrm{d}\lambda\,(k = R,G,B) \tag{1}$$

式中:λ 为波长;p_k 为 R,G,B 的传感器响应;E 为光照;S 为表面反射率;R_k 为传感器灵敏度函数;λ 在可见光范围 ω 内。

对于具有窄带响应的摄像机,即 $R_k(\lambda) = \delta(\lambda - \lambda_k)$,那么式(1)可变为:

$$p_k = \int_\omega E(\lambda)S(\lambda)\delta(\lambda - \lambda_k)\mathrm{d}\lambda = E(\lambda_k)S(\lambda_k) \tag{2}$$

自然光照可以用黑体辐射表示,其简化的普朗克方程为:

$$E(\lambda,T) = Ic_1\lambda^{-5}\exp\left(-\frac{c_2}{T\lambda}\right) \tag{3}$$

式中:$c_1 = 3.741\,83 \times 10^{-16}\mathrm{Wm}^2$,$c_2 = 1.438\,8 \times 10^{-2}\mathrm{mK}$;$T$ 为黑体辐射体的色温;I 为光源强度。

于是,单像素的颜色值为:

$$p_k = Ic_1\lambda_k^{-5}\exp\left(-\frac{c_2}{T\lambda_k}\right)S(\lambda_k) \tag{4}$$

23

对式(4)两边取对数,并分为3个部分:

$$\ln p_k = \ln I + \ln\left[S(\lambda_k)\lambda_k^{-5}c_1\right] - \frac{c_2}{T\lambda_k} \tag{5}$$

式(5)中,对于3通道彩色摄像机,p_k 为 R,G,B,可得到3个相同结构的关系式。传感器响应的对数包括3个部分的和:$\ln I$ 依赖于光照强度且独立于表面几何和光照颜色,$\ln\left[S(\lambda_k)\lambda_k^{-5}c_1\right]$ 依赖于表面反射率不依赖于光照,$-c_2/T\lambda_k$ 依赖于光照颜色不依赖于表面反射率。

为了消除式(5)中的第一项(光照强度的影响),可采用2个不同通道间(比如 R 与 G 和 B 与 G)的差值来实现。于是可得到2个独立于光照强度但依赖于光照颜色的新关系式。

令 $S_k = \ln\left[S(\lambda_k)\lambda_k^{-5}c_1\right]$ 和 $E_k = -\dfrac{c_2}{\lambda_k}(k = R,G,B)$,可得:

$$\begin{cases} \rho_{RG} = \ln p_R - \ln p_G = S_R - S_G + \dfrac{1}{T}(E_R - E_G) \\[2mm] \rho_{BG} = \ln p_B - \ln p_G = S_B - S_G + \dfrac{1}{T}(E_B - E_G) \end{cases} \tag{6}$$

将式(6)的两个方程记作向量方程的形式,其中 $\rho(\rho_{RG},\rho_{BG})$,$s(S_R - S_G, S_B - S_G)$,$e(E_R - E_G, E_B - E_G)$。于是式(6)的向量形式为:

$$\rho = s + \frac{1}{T}e \tag{7}$$

式中:s 和 e 为二维向量。s 与物体的表面反射特性和摄像机的频率响应函数有关,而与光照条件无关。

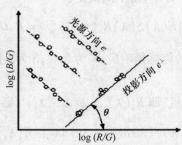

图1 获取光照无关图的投影方向

如图1所示,这些相互平行直线的方向与向量 $e(E_R - E_G, E_B - E_G)$ 的方向是一致的,只与摄像机相关,与光照条件无关。将垂直于 e 的向量记为 $e^{\perp}$,即 $(E_B - E_G, E_R - E_G)^T$,其与横坐标轴的角度为 θ。如果将这些不同的向量在 $e^{\perp}$(不失一般性,设 $e^{\perp}$ 为单位向量)方向投影,则可得到一个固定的标量值,由于该标量只与摄像机和物体的表面反射特性有关,因此,同一物体表面可投影得到同一标量值。投影处理可表示如下:

$$\rho \cdot e^{\perp} = \begin{bmatrix} \rho_{RG} & \rho_{BG} \end{bmatrix} \begin{bmatrix} E_B - E_G \\ -(E_R - E_G) \end{bmatrix}$$

$$= (E_B - E_G)(S_R - S_G) - (E_R - E_G)(S_B - S_G) \tag{8}$$

若对图像中的每一像素点进行如上投影处理,再求其指数,可得到一幅与光照条件无关的灰度图,即:

$$G = \exp^{(\rho \cdot e^{\perp})} \tag{9}$$

式中:G 称为光照无关图,其中 $e^{\perp} = (\cos \theta, \sin \theta)$,$\theta$ 称为光照无关角。

上述算法中,光照无关角 θ 为需要知道的未知参数。采取传统的方法求取该参数需要大量的测量统计,极为麻烦。Finlayson 等[3]引入一种无需测量的最小熵的方法,这种方法只需对实际图像进行分析,即可准确求取值 θ。

"熵"是信息学领域用来度量信息传输中平均信息量的一个重要指标,其计算公式为:

$$\eta = - \sum_g p(g) \ln p(g) \tag{10}$$

式中:$p(g)$ 为信号出现的概率;η 为所有信号的平均信息,称为"熵"。

2.2 增强的最大类间方差法图像分割

针对前景与背景灰度差较小的问题,可以首先对光照无关图进行对比度增强处理,然后再利用最大类间方差法分割。这里选择简单的线性拉伸增强方法[4]。

若原图像的灰度级为 X,期望处理后的图像灰度级为 Y,原始图像和期望图像的灰度级的分布范围分别为 $[X_{\min}, X_{\max}]$ 和 $[Y_{\min}, Y_{\max}]$。为了变换前后的图像对比度保持线性关系,即满足下式:

$$\frac{Y - Y_{\min}}{Y_{\max} - Y_{\min}} = \frac{X - X_{\min}}{X_{\max} - X_{\min}} \tag{11}$$

则与原图像灰度级 X 对应的期望图像的灰度级 Y 为:

$$Y = \frac{Y_{\max} - Y_{\min}}{X_{\max} - X_{\min}} X - \frac{Y_{\max} X_{\min} - X_{\max} Y_{\min}}{X_{\max} - X_{\min}} \tag{12}$$

令:

$$a = \frac{Y_{\max} - Y_{\min}}{X_{\max} - X_{\min}}, \quad b = \frac{X_{\max} Y_{\min} - Y_{\max} X_{\min}}{X_{\max} - X_{\min}} \tag{13}$$

则线性拉伸后的简单数学表示为:

$$Y = aX + b \tag{14}$$

2.3 导航参数的获取

图 2 表示了图像坐标系与作物生长世界坐标系之间的转换关系。假设在图像坐标系里检测到直线 AB,它的顶点 A(与图像顶边的交点)的坐标为 $A(x_A, y_A)$,顶点 B(与图像底边的交点)的坐标为 $B(x_B, y_B)$。在作物生长坐标系里,与它们相对应的点分别是 $A'(X_{A'}, Y_{A'})$ 和 $B'(X_{B'}, Y_{B'})$,那么它们的横坐标转换公式为:

$$X_{A'} = \frac{L_1}{W}\left(x_A - \frac{W}{2}\right), \quad X_{B'} = \frac{L_2}{W}\left(x_B - \frac{W}{2}\right) \tag{15}$$

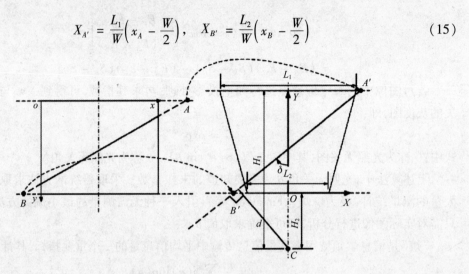

图2　图像坐标系与世界坐标系的转换

纵坐标为:

$$Y_{A'} = H_1 - H_2, \quad Y_{B'} = 0 \tag{16}$$

式中:L_1 和 L_2 为分别为世界坐标系下图像区域对应的视野区域顶边和底边的长度;H_1 和 H_2 为分别为摄像机投影点到视野区域顶边和底边的长度;W 为图像的宽度。

3　意义

农业机器人的视觉导航算法表明,基于光照无关图的阴影去除方法不仅满足了导航实时性的要求,而且使农业机器人在光照变化的情况下导航参数提取的鲁棒性有了更大的提高。采用上述视觉导航算法进行了作物行跟踪试验,结果表明,农业机器人可以精确地沿作物行行走,满足了田间视觉导航实时性和鲁棒性的要求。

参考文献

[1] 安秋,李志臣,姬长英,等. 基于光照无关图的农业机器人视觉导航算法. 农业工程学报,2009,25 (11):208 – 212.

[2] Finlayson G D,Hordley S,Lu C,et al. On the removal of shadows from images. IEEE Trans. on Pattern Analysis and Machine Intelligence,2006,28(1):59 – 68.

[3] Finlayson G D,Drew M S,Lu C. Intrinsic images by entropy minimization. In Proceedings of the 8th European Conference on Computer Vision,Prague,Czech Republic,2004.

[4] 章毓晋. 图像分割. 北京:清华大学出版社,1999.

滴灌土壤的水分均匀度计算

1 背景

灌水均匀度是评价灌水质量的重要指标,灌水后的土壤水分分布均匀度是灌水均匀与否的最终体现。宰松梅等[1]以在新疆地下滴灌棉田实测的土壤水分状况为例,分析取样点数目对灌水均匀度评价的影响,以确定适宜的取样点数目。并利用所得结论,对新疆棉田地下滴灌的灌水均匀度进行了评价,以期为指导地下滴灌的运行和管理提供技术支持。

2 公式

2.1 地下滴灌土壤水分分布均匀度

灌溉的目的是为作物生长提供必要的水分条件。灌溉水大多需以土壤水作为媒介,即灌溉水先转化为土壤水,再由作物根系从土壤中吸收,才能供作物利用。因而,土壤水分的分布均匀性,是评价灌溉质量好坏的一个重要标准。

土壤水分的分布均匀度通常采用克里斯琴森(Christiansen)均匀系数(C_u)来表示,即:

$$C_u = 1 - \frac{\overline{\Delta\theta}}{\overline{\theta}} \tag{1}$$

$$\overline{\Delta\theta} = \frac{\sum\limits_1^N |\theta_i - \overline{\theta}|}{N} \tag{2}$$

式中:C_u 为均匀系数;$\overline{\theta}$ 为平均土壤含水率;$\overline{\Delta\theta}$ 为每个取样点的实际土壤含水率与平均值之差的绝对值的平均值,即平均差;θ_i 为每个取样点的实际土壤含水率;N 为取样点个数。

利用式(1)、式(2),计算不同土层的水分分布均匀系数。以 5 cm 和 30 cm 土层的均匀系数为例,对应的均匀系数随样本数变化情况如图 1 所示。可以看出,随样本数的增加,对应的均匀系数 C_u 的变幅缩小,并向其均值集中。说明该条件下土壤水分样本符合正态分布,且样本分布是相对均匀的。

2.2 灌水均匀度与配水均匀度

如前所述,评价灌水均匀度的方法有多种。除了用克里斯琴森均匀系数来表示外,灌溉水在田间实际分布的均匀状态还可用配水均匀度(D_u)来评价。参照文献[2]指出,配水均匀度是将所有取样按其值的大小进行排列后,用其占总取样数目 1/4 的低值部分的平均

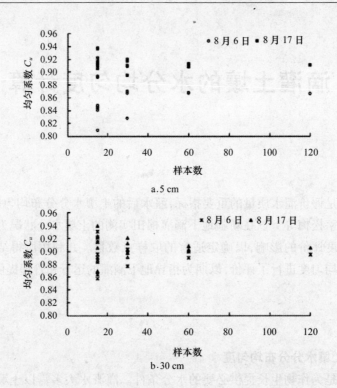

图1　5 cm 和 30 cm 土层的土壤水分均匀系数 C_u 随样本数变化

值占所有取样平均值的百分数来表示均匀度,即:

$$D_u = 100 \times (占取样数目1/4的低值平均数 \div 取样平均数) \tag{3}$$

　　从定义上看,灌水均匀度是设计时拟定的值,而配水均匀度才是灌溉系统的后验值,且配水均匀度更加重视最不利灌水处土壤水分分布状况的评价,对作物生长的影响更大,对农业生产活动的意义也更明显,为此,对两种均匀度进行对比和分析。为保证灌水质量,灌溉要求达到一定的均匀度。对于一个良好的灌溉系统,现行的《节水灌溉技术规范》中明确要求 C_u 大于70%。上述 C_u 分析结果表明,取样数据是以均值为中心的正态分布。按照文献[2]中 D_u 的定义,可将 C_u 改写为:

$$C_u \approx 100 \times (占取样数目1/2的低值平均数 \div 取样平均数) \tag{4}$$

　　利用这一关系,文献[2]将 D_u 和 C_u 间的关系近似表示为:

$$C_u = 100 - 0.63(100 - D_u) \tag{5}$$

或

$$D_u = 100 - 1.59(100 - C_u) \tag{6}$$

　　为了验证上述分析的可靠性,假定式(5)、式(6)的系数未知,分别称之为均匀度折算系数 x 和 y,则式(5)、式(6)改写成:

28

$$x = (100 - C_u)/(100 - D_u) \tag{7}$$

或

$$y = (100 - D_u)/(100 - C_u) \tag{8}$$

根据分组取样的计算结果,对不同深度的 D_u 进行计算。在计算 D_u 过程中,对于低 1/4 样本数为非整数时,采用内差法确定对应的值。如当样本数为 30 时,低 1/4 的样本数 7.5,即为样本值由低到高排序后前 7 个样本均值与前 8 个样本均值的加权平均值。再利用式 (7)、式(8),计算均匀度折算系数 x 和 y,结果如图 2 和图 3 所示。

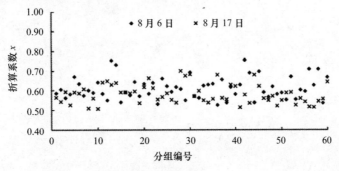

图 2   均匀度折算系数 x

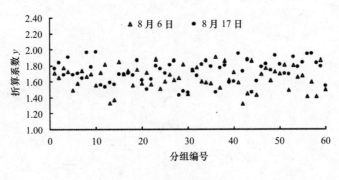

图 3   均匀度折算系数 y

3   意义

滴灌土壤的水分均匀度计算表明,随样本数的增加,对应的土壤水分布均匀系数(克里斯琴森均匀系数 C_u)的变幅缩小,并向其均值集中。C_u 和配水均匀度(D_u)之间存在较好的相关性,但用实测结果得出的系数与相关手册的推荐值之间存在一定的偏差,互算时需加以考虑。地下滴灌条件下,毛管附近的土层土壤含水率变幅最大;与上、下土层相比,灌水前毛管附近(20 ~ 40 cm)处的土壤水分均匀度较低,灌水后其均匀度大幅提高。

参考文献

[1] 宰松梅,仵峰,温季,等.大田地下滴灌土壤水分分布均匀度评价方法.农业工程学报,2009,25(12):51-57.

[2] 水利部国际合作司,水利部农村水利司,中国灌排技术开发公司,等.美国国家灌溉工程手册.北京:中国水利水电出版社,1998.

区域水量的优化调配模型

1 背景

为了解决旱情紧急情况下关中西部各灌区(图1)和各用水部门之间的用水矛盾,王双银等[1]以大系统递阶理论为基础,采用动态规划方法建立了以总用水量最大为目标的区域水量优化调配模型,根据需水与来水的不同频率组合,拟定了3种一级备选配水方案,通过对各方案调度结果分析,并考虑实际调度运行的可操作性。

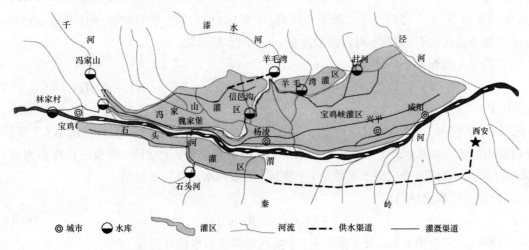

图1 关中西部4灌区位置示意图

2 公式

2.1 数学模型

把供水水源(水库)的整个调度期,按旬划分为 n 个时段,作为时段变量,以水库的蓄水量 V 或蓄水位 Z 作为状态变量,以水库放水量 W 作为决策变量,以水库水量平衡条件作为状态转移方程,再考虑必要的约束条件,按用水量最大(或缺水量最小)作为目标函数建立多阶段确定性动态规划数学模型[2-5]。

2.1.1 目标函数

考虑到系统的主要功能是灌溉,因此用水量最大(或缺水量最小)便成为系统优化调度的目标,目标函数可表示为：

$$W = \max \sum_{t=1}^{n} \sum_{i=1}^{p} \sum_{j=1}^{l} W(i,j,t) \tag{1}$$

式中：$W(i,j,t)$ 为第 i 个二级子系统第 j 个灌区第 t 时段的用水量；n、p、l 为调节时段总数、二级子系统总数、三级子系统总数。

2.1.2 约束条件

1) 水量平衡约束

(1) 供需水平衡条件。

$$W(i,j,t) - \sum_{k=1}^{m} WX(i,j,k,t) = WU(i,j,t) \tag{2}$$

式中：$WX(i,j,k,t)$ 为第 i 个二级子系统第 j 个灌区 t 时段第 k 项需水量；$WU(i,j,t)$ 为第 i 个二级子系统第 j 个灌区 t 时段的缺水量；m 为用水项总数。

(2) 水库水量平衡条件。

$$V(i,j,t+1) = V(i,j,t) + WL(i,j,t) - W(i,j,t) - WQ(i,j,t) - WSH(i,j,t) \tag{3}$$

式中：$V(i,j,t+1)$ 为第 i 个二级子系统第 j 个灌区 t 时段末水库蓄水量；$V(i,j,t)$ 为第 i 个二级子系统第 j 个灌区 t 时段初水库蓄水量；$WL(i,j,t)$ 为第 i 个二级子系统第 j 个灌区 t 时段内的水库来水量；$WQ(i,j,t)$ 为第 i 个二级子系统第 j 个灌区 t 时段内水库弃水量；$WSH(i,j,t)$ 为第 i 个二级子系统第 j 个灌区 t 时段内水库蒸发渗漏量。

2) 渠首引水流量约束

$$W(i,j,t) \leqslant WS(i,j) \tag{4}$$

式中：$WS(i,j)$ 为第 i 个二级子系统第 j 个灌区的渠首引水设计流量。

3) 水库蓄水约束

汛期：
$$VSQ(i,j) \leqslant V(i,j,t) \leqslant VSN(i,j) \tag{5}$$

非汛期：
$$VSQ(i,j) \leqslant V(i,j,t) \leqslant VS(i,j) \tag{6}$$

式中：$VSQ(i,j)$ 为第 i 个二级子系统第 j 个灌区水库的死库容；$VSN(i,j)$ 为第 i 个二级子系统第 j 个灌区水库汛限水位以下的库容；$VS(i,j)$ 为第 i 个二级子系统第 j 个灌区水库正常蓄水位以下的库容。

4) 渠首引水及水库充库含沙量约束

如 $QR(i,j,t)$ 小于 $QRO(i,j,t)$,则可从河道或水库引水；如 $QR(i,j,t)$ 不小于 $QRO(i,j,t)$,则 $W(i,j,t)$ 为 0(超沙限时供水为 0)。

其中,$QR(i,j,t)$ 为第 i 个二级子系统第 j 个灌区 t 时段河源来水的含沙量；$QRO(i,j,t)$ 为表示引水、充库的允许含沙量。

2.2　模型参数确定

（1）按旬划分阶段，对方案 1、方案 2 分别划分为 360 个阶段，对方案 3 划分为 36 个阶段。

（2）对水库工程，备选方案中的初始库容为：

$$V(i,j,1) = VSQ(i,j) + \frac{2[VS(i,j) - VSQ(i,j)]}{3} \tag{7}$$

（3）对水库工程，其时段蒸发渗漏损失为：

$$WSH(i,j,t) = \frac{V(i,j,t+1) + V(i,j,t)}{2} \times 3\% \tag{8}$$

3　意义

实验以全系统用水量最大作为目标函数，以水库的蓄水量作为状态变量，以水库放水量作为决策变量，以水库水量平衡条件作为状态转移方程建立了多阶段确定性动态规划数学模型。通过对模型求解、归类合并，最终形成了整个系统在发生旱情时的 11 种调水方案。该调水方案在 2005—2007 年的实际使用中，取得了很好的效果，对该区域的抗旱应急调水提供了科学依据。

参考文献

［1］　王双银，曹红霞，朱晓群. 基于大系统递阶理论的区域抗旱应急调水方案. 农业工程学报，2009，25（12）:1 - 5.

［2］　Gal S. Optimal management of a multi - reservoir water supply system. Water Resources Research，1979，15（4）: 737 - 749.

［3］　Yakowitz S. Dynamic programming applications in water resources. Water Resources Research，1982，18（4）: 673 - 696.

［4］　黄强，沈晋. 水库联合调度的多目标多模型及分解协调算法. 系统工程理论与实践，1997，17（1）: 75 - 82.

［5］　梅亚东，熊莹，陈立华. 梯级水库综合利用调度的动态规划方法研究. 水力发电学报，2007，26（2）:1 - 4.

生物质直燃的减排效益公式

1 背景

生物质直燃 CDM(清洁发展机制)项目的可持续发展评价需要对系统的经济、社会和环境效益等方面进行定量分析。罗玉和和丁力行[1]应用能值理论,对生物质直燃发电 CDM 项目进行了能值分析,建立了能表明其功能特征的能值可持续性评价指标,从环境—经济价值角度,对生物质直燃发电技术进行了分析评价。

2 公式

2.1 减排效益计算方法

生物质直燃发电 CDM 项目减排计算采用经批准的并网型生物质发电整合基准线方法学(ACM0006)[2]。项目主要通过由生物质可再生能源电力代替传统化石燃料电厂产生的电网电力,从而达到 GHG 减排效果。项目在某年份 y 的核准减排量(以 CO_2 计)为:

$$CERs_y = BE_y - PE_y - L_y \tag{1}$$

式中: $CERs_y$ 为某年份 y 的核准减排量,t/a; BE_y 为基准线排放量,t/a; PE_y 为项目本身排放量,t/a; L_y 为由泄漏引起的排放,t/a。

则 CDM 项目减排效益为:

$$F_{CDM} = CERs_y \times P_{CERs} \tag{2}$$

式中: F_{CDM} 为 CDM 项目减排效益,美元/a; P_{CERs} 为 CERs 的合同价格,美元/t。

2.1.1 基准线排放

基准线排放的计算公式为:

$$BE_y = EG_y \times EF_y \tag{3}$$

式中: EG_y 为该项目活动供给电网的电量,kWh/a; EF_y 为该区域电网的基准线排放因子,t/(kWh)。

本项目发电规模大于 15 MW,基准线排放因子 EF_y 应采用 ACM0002 方法学中的组合边际来计算电网的排放因子。即:

$$EF_y = \omega_{OM} \times EF_{OM,y} + \omega_{BM} \times EF_{BM,y} \tag{4}$$

式中: $EF_{OM,y}$ 为电量边际排放因子,t/(kWh); $EF_{BM,y}$ 为容量边际排放因子,t/(kWh); ω_{OM}、

ω_{BM}为权重值。

2.1.2　项目本身排放

生物质能源利用过程中,CO_2的净排放量为零。因此,项目自身排放量的计算公式为:

$$PE_y = PET_y + PEFF_y + PE_{\mathrm{EC},y} \tag{5}$$

$$PET_y = N_y \times AVD_y \times EF_{km,\mathrm{CO}_2,y} \tag{6}$$

式中:PET_y为生物质运输过程排放,t/a;$PEFF_y$为项目本身所消耗的化石燃料排放,t/a;$PE_{\mathrm{EC},y}$为项目消耗电力所产生的CO_2排放,t/a;N_y为年份y中车辆运输生物质燃料的次数,$1/a$;AVD_y为每次平均运输距离,km;$EF_{km,\mathrm{CO}_2,y}$为车辆行驶$1\ km$平均CO_2排放因子,t/km。

根据式(1)~式(6),25 MW 生物质直燃发电 CDM 项目的 GHG 减排计算见表1。

表1　25 MW 生物质直燃发电 GHG 减排量　　　　　　　　　　单位:$10^4\ t/a$

基准线排放量 BE_y	项目本身排放量 PE_y	泄露引起的排放量 L_y	某年份 y 的核准减排量 $CERs_y$
16.89	0.14	0	16.75

2.2　生物质直燃发电能值可持续性评价指标的建立

图 1 为生物质直燃发电系统的能值系统图。$R_i(i=1,2,3)$为系统投入的本地可再生资源 i 的能值,sej/a;F 为从社会经济系统投入或反馈的货币能值(如场地、设备、原料、技术、劳动等投资与服务),sej/a;Y 为系统输出的能值,sej/a。

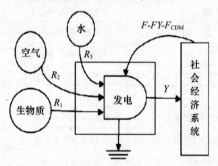

图 1　生物质直燃发电的能值系统图

定义生物质直燃发电 CDM 项目能值评价指标如下。

(1)能值转换率(Tr):单位能量、物质或服务所含的太阳能值量,单位可为 sej/J、sej/kg 或 $sej/$美元等。不同的能量、物质或服务具有不同的 Tr,它随着能量等级的提高而增加。一般而言,处于自然生态系统和社会经济系统较高层次的产品或生产过程具有较大的 Tr。

图 1 所示生物质直燃发电系统输出电能的 Tr_Y 为:

$$Tr_Y = Y/E_Y = (N + \sum R_i + F - F_Y - F_{\mathrm{CDM}})/E_Y \tag{7}$$

式中:E_Y 为系统产出的电能,J;N 为系统投入的本地不可再生资源,生物质直燃发电过程中,此项投入可忽略不计。

(2)能值产出率:生产该产品总的能值投入与从社会输入的净货币能值的比值,可表示为:

$$\varepsilon_{EYR} = (N + \sum R_i + F - F_Y - F_{CDM})/(F - F_Y - F_{CDM}) \tag{8}$$

ε_{EYR} 值越大,意味着在一定能值投入的情况下能值产出量越高,生产效率越高,相应的经济效益也将越高,它体现系统所具有的竞争力。

(3)环境负载率:不可再生资源能值与社会投入的净货币能值之和与可再生资源能值的比值,可表示为:

$$\varepsilon_{ELR} = (N + F - F_Y - F_{CDM})/\sum R_i \tag{9}$$

ε_{ELR} 表征系统开发过程对环境造成压力的大小。外界大量的货币能值输入以及使用过多的不可再生资源,是引起环境系统恶化的主要原因。

按照能值分析的基本步骤和方法,对 25 MW 生物质直燃发电系统进行能值分析,结果见表2。

表2 生物质直燃发电系统能值分析

项目	消耗定额	能值转换率	太阳能值/(sej·a^{-1})
系统输入			
棉花秆 R_1	2.12×10^{15} J/a	1.90×10^4 sej/J	4.02×10^{19}
冷却水 R_2	3.35×10^{14} J/a	1.90×10^4 sej/J	6.36×10^{18}
空气 R_3	5.31×10^8 m^3/a	6.68×10^{10} sej/m^3	3.55×10^{19}
投资、运行、维护 F	1.88×10^7 美元/a	3.46×10^{12} sej/美元	6.51×10^{19}
系统输出			
电价补贴 F_Y	4.96×10^6 美元/a	3.46×10^{12} sej/美元	1.72×10^{19}
GHG 减排效益 F_{CDM}	2.51×10^6 美元/a	3.46×10^{12} sej/美元	8.69×10^{18}
电 Y(不考虑 F_{CDM})	4.86×10^{14} J/a	2.67×10^5 sej/J	1.30×10^{20}
电 Y(考虑 F_{CDM})	4.86×10^{14} J/a	2.49×10^5 sej/J	1.21×10^{20}

能值可持续指标为能值产出率与环境负载率的比值,可表示为:

$$\varepsilon_{ESI} = \varepsilon_{EYR}/\varepsilon_{ELR} \tag{10}$$

ε_{ESI} 较高,意味着在一定条件下,系统所产生的经济效益较高,同时环境负荷相对较小,显示出较好的可持续发展性。

3　意义

生物质直燃的减排效益公式表明:该 CDM 项目每年获得的 2.51×10^6 美元温室气体减排效益,不仅可有效增大系统的能值产出率,降低环境负荷,使生物质直燃发电系统更具有竞争力;还能使系统能值可持续指标提高到 6.45,使之富有活力和发展潜力,可维持较长时间内的可持续发展。

参考文献

[1]　罗玉和,丁力行. 生物质直燃发电 CDM 项目可持续性的能值评价. 农业工程学报,2009,25(12): 224 - 227.

[2]　United Nations Framework Convention on Climate Change. ACM0006:Consolidated methodology for electricity generation from biomass residues(Version 08)[EB/OL].[2009 - 04 - 08] http:/ cdm. Unfccc. Int / methodologies.

灌水的效率计算

1 背景

王康等[1]研究不同土质、灌水量和灌水方法情况下的入渗模式、灌水效率,并探讨不同灌水条件下溶质分布和水流运动模式之间的关系。根据碘–淀粉显色原理示踪水流运动和溶质迁移,分别在壤土和黏土条件下,开展了重力灌溉和微灌方式下的 12 组入渗试验(图 1),采用适用效率、深层渗漏损失率、有效储水率和均匀度对灌水效率进行综合评价。

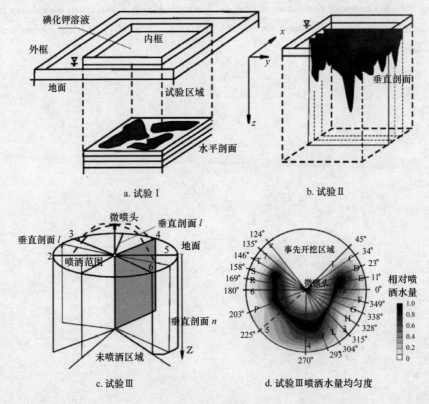

图 1 试验示意图

2 公式

分别采用适用效率[2]、深层渗透损失率[3]、有效储水率[4]作为灌水效率[5]指标,与灌水均匀度[6]综合对灌水质量进行评价。根系层储水变化量占田间灌水量的比例称为适用效率。

$$E_a = W_s/W_f \times 100\% \tag{1}$$

式中:E_a 为适用效率,%;W_f 为田间灌水量,mm;W_s 为根系层储水变化量,mm。深层渗漏水量(根系活动层以下水量)占田间灌水量的比例为深层渗透损失率。

$$D_p = W_p/W_f \times 100\% \tag{2}$$

式中:W_p 为根系层以下的渗透水量,mm;D_p 为深层渗透损失率,%。

储水效率对应于根系层中有效储水量,定义为:

$$E_s = W_s/W_n \times 100\% \tag{3}$$

式中:E_s 为储水效率,%;W_n 为灌水前根系层所需要补充的灌水量,mm;W_s 为根系层储水变化量,mm。可知,储水效率与田间水利用效率概念一致。

根据各剖面水流实际运动和分布状况对入渗后的均匀度进行分析,综合考虑流动模式的不均匀性以及湿润区土壤含水率的变化,入渗后水量分布的均匀度表示为:

$$C_u = 1 - \frac{\overline{\Delta X}}{\overline{X}} \tag{4}$$

其中,

$$\overline{X} = \sum_{i=1}^{N} \left(\sum_{j=1}^{n} \Delta h_j \Delta \theta_j f_j \right)/N \tag{5}$$

$$\overline{\Delta X} = \sum_{i=1}^{N} \left(\sum_{j=1}^{n} | \Delta h_j \Delta \theta_j f_j - \overline{X} | \right)/N \tag{6}$$

式中:$\overline{X}$ 为入渗后水量分布平均值;$\overline{\Delta X}$ 为入渗后水量分布标准差;N 为测量剖面数;n 为在剖面垂直方向的分层数(试验 I 按水平剖面位置进行分层,试验 II 和试验 III 进行 10 cm 等距分层);Δh_j、$\Delta \theta_j$ 和 f_j 为分别为分层厚度,分层内湿润区土壤含水率的平均变化量和湿润区域面积比例。

3 意义

灌水的效率计算表明,入渗水再分布主要受到湿润模式的影响,有效储水率和均匀度随着灌水量的增加而提高,然而深层渗漏损失率也明显增大。溶质分布的均匀程度和深层渗漏损失率均小于水量分布的均匀程度和损失率,根据入渗后水分和溶质的再分布情况对灌水效率进行评价更为直接和全面。

参考文献

[1] 王康,张仁铎,周祖昊. 灌水效率碘 - 淀粉显色示踪试验. 农业工程学报,2009,25(12):38 - 44.

[2] Bakker D M, Plunkett G, Sherrard J. Application efficiencies and furrow infiltration functions of irrigations in sugar cane in the Ord River Irrigation Area of North Western Australia and the scope for improvement. Agriculture Water Management,2006,83,162 - 172.

[3] Walker W W, Skogerboe G V. Surface Irrigation Theory and Practice. Englewood Cliff N J: Prentice - Hall,1987.

[4] Wang Z, Zerihun D, Feyen J. General irrigation efficiency management for field water. Agriculture Water Management, 1996,30:123 - 132.

[5] 安養寺久男. スプリンクラー灌漑のローテーションロックの用水の利用効率. 農業土木工学会誌, 2003,223:127 - 132.

[6] Christiansen J E. Irrigation by Sprinkling. Berkeley:California Agric Exp Sta Bull University of California,1942.

多普勒频移的生物识别模型

1 背景

为了解决人员误入工作中的灭菌室被紫外线照射的问题,姜涛等[1]设计了一种基于多普勒频移原理的紫外线灭菌室智能监控系统。根据生物的生命体行为特征,提出一种新的生物识别方法,并建立了多普勒频移数学模型。制作了生物识别模块,采用SPCE061A单片机为控制核心搭建验证平台,进行了生物识别试验。以解决紫外线灭菌室工作人员保护方面的问题。

2 公式

设超声波发生器与运动目标的距离为R,则在超声波到达目标并且返回的双程路径中,波长λ的总数为$2R/\lambda$,每个波长对应2π的相位变化,双程传播路径的总相位变化为:

$$\varphi = 2\pi \times \frac{2R}{\lambda} = 4\pi R/\lambda \tag{1}$$

式中:φ为相位变化的角度;λ为波长;R为超声波传感器与被测物体的直线距离。

如果目标相对于超声波传感器运动,R和相位都会随时间发生变化。求公式(1)关于时间的导数,可得到相位随时间的变化率,即角频率为:

$$\omega_d = \frac{\mathrm{d}\varphi}{\mathrm{d}t} = \frac{4\pi}{\lambda} \frac{\mathrm{d}R}{\mathrm{d}t} = \frac{4\pi v_r}{\lambda} = 2\pi f_d \tag{2}$$

式中:$v_r = \mathrm{d}R/\mathrm{d}t$为径向速度,m/s,或者距离随时间的变化率。

如图1所示,如果目标的速度矢量与超声波发生器和目标间的视线夹角为θ,那么$v_r = v\cos\theta$,这里v是速度或者速度矢量的幅度。相位φ随时间的变化率是角频率$\omega_d = 2\pi f_d$,这里f_d是多普勒频移,从公式(2)可得:

$$f_d = \frac{2v_r}{\lambda} = \frac{2f_t v_r}{c} \tag{3}$$

式中:$f_t = c/\lambda$为超声波频率;c为声速。

目标静止时f_d为0,输出信号为常数。当探测系统工作时,其测量的数据是固定的,仅在测量误差范围内波动。有人或动物进入后,测量数据产生大幅度波动,即认为有人或动物误入。

为了适应数字化处理,根据多普勒频移理论可得:

$$f_d = f_t - \frac{n}{t} \qquad (4)$$

式中:n 为系统设定接收回波脉冲的个数;t 为识别模块接收 n 个回波脉冲所用时间。

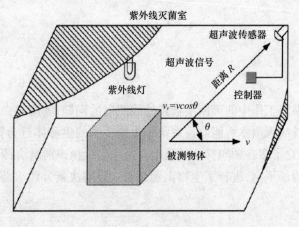

图 1   识别系统原理

3   意义

多普勒频移的生物识别模型表明,系统最高识别率为 99.58%,位移距离为 1 cm 时识别率为 86.47%,平均识别率为 95.55%,其识别精度满足工作要求。系统在养殖场紫外线灭菌室中应用,防止了工作人员误入灭菌室被紫外线灯照射的情况发生。通过这种方法,达到监测紫外线灭菌室中是否存在生物(人或动物)的目的。为相关领域应用提供借鉴。

参考文献

[1] 姜涛,张云伟,何芳. 基于多普勒频移原理的紫外线灭菌室智能监控系统. 农业工程学报,2009,25(12):156 – 160.

降雨的坡地入渗公式

1 背景

李新虎等[1]引入一种新的算法——自由搜索算法(free search,FS)[2],利用自由搜索算法来优化 BP 网络的初始权重来增加其速率和稳定性,通过利用自由搜索算法和人工神经网络相结合对自然降雨条件下的坡地入渗规律进行预测,选择降雨量、最大降雨强度、降雨历时、土壤初始含水率、土壤体积质量、通气孔度和下垫面状况 7 项指标作为网络输入,土壤入渗量单项指标作为网络输出。为自然降雨条件下坡地入渗规律的进一步研究提供参考。

2 公式

2.1 FS 算法

FS 是 Kalin Penev 和 Guy Littlefair 提出的一种新算法[2],该算法原理简单,需要用户确定的参数不多,操作也很简便,是一种基于群体的优化方法。

FS 适用于解决实数空间的优化问题,在求解机制上采用的是一种具有个体意识的、自由的、不确定的个体行为方式。通过初始化、探查和终止 3 个步骤,来确定目标函数(优化函数)的最优值(最大值或最小值)。具体算法结构如下:

1)初始化

$$x_{0ji} = X_{\text{min}i} + (X_{\text{max}i} - X_{\text{min}i})random_{ji}(0,1) \tag{1}$$

式中:$j = 1,2,\cdots,m$;$i = 1,2,\cdots,n$;x_{0ji} 为动物个体的初始位置分量;$X_{\text{min}i}$,$X_{\text{max}i}$ 为搜索空间边界;$random_{ji(0,1)}$ 为一介于 $[0,1]$ 之间的随机数。

2)探查

首先,通过下式探查行走,更新动物个体位置。

$$x_{tji} = x_{0ji} - \Delta x_{tji} + 2\Delta x_{tij}random_{tji}(0,1) \tag{2}$$

中:x_{tji} 为更新后的动物个体位置分量;t 为当前步伐,$t = 1,2,\cdots,T$,T 为每次行走的限制步伐数;$random_{tji}(0,1)$ 为介于 $[0,1]$ 之间的随机数。

在自由搜索算法模型中,个体移动一个搜索步,每个搜索步包含 T 小步,个体在多维空间做小步移动,其目的是发现目标函数更好的解。

修改策略为:

$$\Delta x_{tji} = R_{ji}(X_{maxi} - X_{mini})random_{tji}(0,1) \tag{3}$$

式中:R_{ij}为邻域距离;$R_{ij} \in [R_{min}, R_{max}]$。

邻域距离是改变个体搜索范围的工具,邻域距离反映了个体的灵活性,它没有严格的定义,仅受到整个搜索空间的约束。

在探查行走过程中,动物个体行为可表示为:

$$f_{tj} = f(x_{tij}) , \quad f_j = \max(f_{tj}) \tag{4}$$

信息素 PH_j 按下式更新:

$$PH_j = f_j/\max(f_j) \tag{5}$$

信息素大小和目标函数解的质量成正比,完成 1 个搜索步后,信息素将完全更新。

敏感性 SE_j 按下式更新:

$$SE_j = SE_{min} + \Delta SE_j \tag{6}$$

式中:$\Delta SE_j = (SE_{max} - SE_{min})random_j(0,1)$,$SE_{min} = PH_{min}$,$SE_{max} = PH_{max}$;$random_j(0,1)$为介于$[0,1]$之间的随机数,与式(1),式(2)意义相同,下标表示各自的计算变量。

敏感性是自由搜索算法的一个重要参数,个体可以搜索任何区域,可以在其自身的当前最佳值邻域周围,也可在其他个体或群体发现的当前最佳值邻域周围。增大敏感性,个体将趋近整个群体的当前最佳值,局部搜索。减小敏感性,个体可以在其他邻域进行搜索,全局搜索。敏感性是自由搜索算法中的一个创新,在其他算法中没有类似的概念。

最后,选择下一次探查行走的开始位置:

$$x'_{0ji} = x_{ij}(PH_k \geq SE_j) \quad k = 1,2,\cdots,m \tag{7}$$

3)结束

算法接受的结束准则如下。

(1)寻优准则:

$$f_{max} \geq f_{opt} \tag{8}$$

(2)迭代准则:

$$g \geq G \tag{9}$$

(3)复合准则:

$$(f_{max} \geq f_{opt}) \| (g \geq G) \tag{10}$$

式中:f_{max}为寻优结果;f_{opt}为可接受的函数值;G为迭代限制条件数值;g为当前迭代状态的数值。

2.2 模型构建

按神经网络生成初始权重的常规办法来生成网络的权重,任一组完整的神经网络权重 $W_i(i=1,2,\cdots,m)$,相当于 1 个动物个体,这样的个体有 m 个,即群体大小。

优化目标函数即为均方误差函数:

$$E = \frac{1}{N} \sum_{i=1}^{N} (y_i^d - y_i)^2 \tag{11}$$

式中:E为均方误差;N为样本数;y_i^d为第 i 个理想输出值;y_i为第 i 个实际输出值。

通过优化使均方误差最小,即通过 FS 算法搜索使网络误差平方和最小的网络权重,即获得该函数的最小值(最优值),得到最优解即为对应的权重,网络参数优化流程见图1。

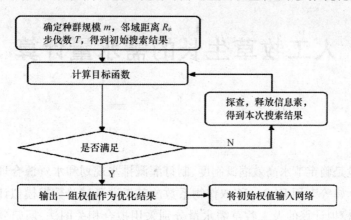

确定种群规模 m,邻域距离 R_μ
步伐数 T,得到初始搜索结果

计算目标函数

探查,释放信息素,
得到本次搜索结果

是否满足   N

Y

输出一组权值作为优化结果   将初始权值输入网络

图1   基于自由搜索算法的网络参数优化流程

根据分析采用3层前馈型网络:

$$Y = logsig[w_2 \times \tan sig(w_1 \times p_n + B_1) + B_2] \tag{12}$$

式中:Y 为输出变量;$logsig$ 为隐含层到输出层的传递函数;w_1 为输入层到隐含层的连接权重;w_2 为隐含层到输出层的连接权重;p_n 为网络输入变量;B_1 为输入层到隐含层的连接阈值;B_2 为隐含层到输出层的阈值;$\tan sig$ 为输入层到隐含层的传递函数。

3   意义

降雨的坡地入渗公式表明,基于自由搜索算法的 BP 网络模型可以有效地预测自然降雨条件下不同处理措施坡地入渗规律,预测的平均相对误差为 11.08% ,经 t 检验和回归分析表明预测值和实测值相差不大,具有较好的一致性,决定系数为 0.9715,并和传统的 BP 网络进行了比较,结果显示基于自由搜索算法的 BP 网络预测优于传统的 BP 网络,模型具有较高的精度和稳定性。

参考文献

[1]   李新虎,张展羽,杨洁,等.基于自由搜索人工神经网络的坡地入渗量预测.农业工程学报,2009,25(12):193-197.

[2]   Kalin P,Guy L. Free search – a comparative analysis. Information Science,2005,172(1/2):173-193.

人工牧草生长的需水量计算

1 背景

作物需水量是确定节水高效灌溉制度、制订灌溉排水规划和水资源合理配置必不可少的重要参数。于婵等[1]用 FAO‒56 双作物系数法基于灌溉试验数据模拟计算了人工牧草的需水量,并对模拟计算的人工牧草需水量分别采用拟合相关图法、回归分析法和残差估计误差指示法定性定量地分析需水量模拟值与实测值之间的一致性。

2 公式

2.1 试验观测公式

对试验牧草,用 CI‒110 型叶面指数仪每 5 d 观测 1 次叶面指数(LAI)。从每个处理的 3 个重复中分别选出高、中、低的牧草各 1 株,每 5~10 d(不同牧草不同灌溉处理的观测周期不等)中的晴天,从 6:00~19:00 用光合作用仪(TPS‒1 型)按 Δt_i(一般等于 1 h)时间间隔观测叶片蒸腾速率[mmol/(m² · s)]。取该 3 株牧草叶片蒸腾速率第 i 个 Δt_i 间隔观测值的均值为牧草叶片蒸腾速率的第 i 个观测值,记作 $TR_{leaf,i}$。人工牧草生育期任意观测日冠层尺度蒸腾量(TR_{cn},mm/d)由这一天 Δt_i 间隔所观测的叶片蒸腾速率 $TR_{leaf,i}$ 按下式转换计算得到[2‒4]:

$$TR_{cn} = 2.24 \times 10^{-2} \left(\sum_{i=1}^{n} TR_{leaf,i} \times \Delta t_i \right) \times 2 \times LAI \tag{1}$$

式中:n 为观测日的观测次数;2.24×10^{-2} 为单位间的转换系数。

2.2 模拟计算人工牧草需水量的 FAO‒56 双作物系数法

FAO‒56 双作物系数法:

$$\begin{aligned} ET_{c,j} &= K_{c,act,i} ET_o \\ &= (K_{s,i} K_{cb,i} + K_{c,i}) ET_{o,i} \\ &= E_{c,i} + E_{s,i} \end{aligned} \tag{2}$$

式中:$K_{c,act,i}$、$K_{cb,i}$、$K_{e,i}$ 为分别为第 i 天的实际作物系数、基本作物系数和土壤蒸发系数;$ET_{o,i}$、$ET_{c,i}$ 为分别为第 i 天的参考作物蒸散量、作物需水量,mm/d;$E_{c,i}$、$E_{s,i}$ 为分别为第 i 天的人工牧草冠层蒸腾、土壤蒸发速率,mm/d。$K_{s,i}$($0 \leq K_{s,i} \leq 1$)是反映第 i 天水分胁迫影响程度的水分胁迫系数,有水分胁迫时 $K_{s,i}$ 小于 1,无水分胁迫时 $K_{s,i}$ 为 1。

　　灌溉试验对这三试验处理的需水量模拟值(ETc)的日变化过程(图1)。表1给出2004年、2005年生育期各灌溉处理的老芒麦、冰草模拟计算的需水量。

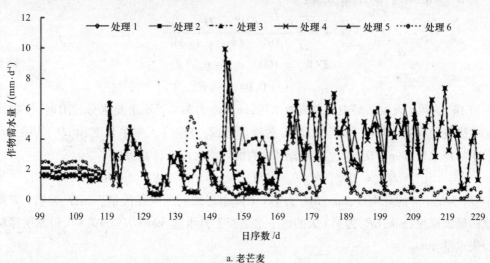

a. 老芒麦

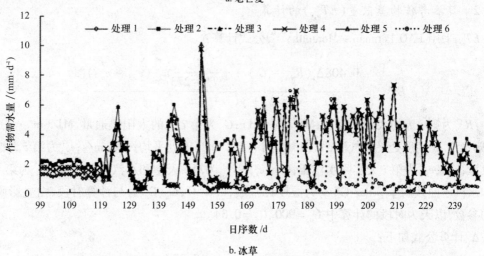

b. 冰草

图1　2004年生育期内老芒麦、冰草各试验处理的需水量模拟值(ETc)的日变化过程

表1　老芒麦、冰草需水量模拟计算结果

单位:mm

人工牧草	年份	处理1	处理2	处理3	处理4	处理5	处理6
老芒麦	2004	317.59	448.75	387.31	375.98	369.53	210.00
	2005	277.84	452.23	378.69	342.85	333.62	259.65
冰草	2004	340.04	507.79	430.34	394.00	358.35	219.41
	2005	259.23	434.42	383.51	344.22	325.88	256.36

2.2.1 水分胁迫系数 $K_{s,i}$

当 $D_{r,i} > RAW$ 时,$K_{s,i}$ 计算式为:

$$K_{s,i} = \frac{TAW_i - D_{r,i}}{TAW_i - (1 - p_i)TAW_i} \tag{3}$$

$$TAW_i = 1000(\theta_{FC} - \theta_{WP})Z_{r,i} \tag{4}$$

$$p_i = p_s + 0.04(5 - ET_{o,i}) \tag{5}$$

式中:TAW_i 为第 i 天根系层中的总有效水量,mm;p_i 为第 i 天不遭受水分胁迫时,作物从根系层中吸收的有效水量与 TAW_i 之比;p_s 为推荐值;$Z_{r,i}$ 为第 i 天根系长度,m;$D_{r,i}$ 为第 i 天根系层中的释水量,mm。$D_{r,i}$ 通过以天为时段的根系层水均衡计算得出[5-6]。

$$D_{r,i} = D_{r,i-1} = (P_i - RO_i) - I_i - CR_i + ET_{c,i} + DP_i \tag{6}$$

式中:P_i 为第 i 天的降雨量,mm;RO_i 为第 i 天降雨形成的地表径流量,mm;I_i 为第 i 天渗入土壤的灌溉深度,mm;CR_i 为第 i 天的地下水毛管上升水量,mm;DP_i 为第 i 天根系层深层渗漏损失水量,mm。

2.2.2 日参考作物蒸散量($ET_{o,i}$)的计算

$ET_{o,i}$ 采用 FAO Penman - Monteith[5-9] 公式计算:

$$ET_{o,i} = \frac{0.408\Delta_i(R_{n,i} - G_i) + \gamma \dfrac{C_n}{T_i + 273}u_{2,i}(e_{s,i} - e_{a,i})}{\Delta_i + \gamma(1 + C_d u_{2,i})} \tag{7}$$

式中:$R_{n,i}$ 为第 i 天的太阳净辐射,$MJ/(m^2 \cdot d)$;G_i 为第 i 天的太阳热通量,$MJ/(m^2 \cdot d)$;T_i 为第 i 天 2 m 高度处平均气温,℃;$u_{2,i}$ 为第 i 天 2 m 高度处平均风速,m/s;$e_{s,i}$ 为第 i 天饱和水汽压,kPa;$e_{a,i}$ 为第 i 天实际水汽压,kPa;$e_{s,i} - e_{a,i}$ 为第 i 天饱和水汽压差,kPa;Δ_i 为第 i 天饱和水汽压曲线斜率,kPa/℃;γ 为湿度计常数,kPa/℃;C_n、C_d 为与计算时段、白昼影响有关的参数,以天为时段的计算中 $C_n = 900$、$C_d = 0.34$。

Δ_i 计算公式如下:

$$\Delta_i = \frac{4098\left[0.6108exp\left(\dfrac{17.27T_i}{T_i + 237.3}\right)\right]}{(T_i + 237.3)^2} \tag{8}$$

2.3 不同灌溉试验年各生长阶段基本作物系数 K_{cb}

由于双作物系数法逐日模拟计算蒸散速率,因此 K_{cb} 要按天计算,下面给出按天计算 K_{cb} 的公式。

2.3.1 初始生长阶段基本作物系数 $K_{cb,ini}$

由于初始生长阶段的地表被作物覆盖程度不足 10%,Allen 等[5]令 $K_{cb,ini}$ 为 0.15。实验认为多年生人工牧草 $K_{cb,ini}$ 在 $K_{cb,ini}^{start}$ 和初始生长阶段结束那一天基本作物系数 $K_{cb,ini}^{end}$ 间线性

变化。$K_{cb,ini}^{end}$ 的计算式为：

$$K_{cb,ini}^{end} = TR_{cn,ini}^{end}/ET_{o,ini}^{end} \tag{9}$$

式中：$TR_{cb,ini}^{end}$ 为初始生长阶段结束那一天的蒸腾量，mm/d，其值取阶段结束前 3 天的牧草蒸腾速率平均值，每 1 天的蒸腾速率由式(1)计算得出；$ET_{o,ini}^{end}$ 为与计算平均蒸腾量所对应的那 3 天的参考作物蒸散量均值，mm。

2.3.2 生长中期基本作物系数 $K_{cb,mid}$

根据 FAO−56 假定，牧草生长中期阶段基本作物系数 $K_{cb,mid}$ 是常数。$K_{cb,mid}$ 先用基于加密观测的蒸腾速率按式(1)转换计算出的冠层尺度蒸腾量的遗传算法模型(GAM)计算，然后进行地区气候条件修正。

遗传算法模型目标函数为：

$$Min \sum_{i=1}^{n} (K_{s,i}K_{cb(GAM)}ET_{o,mid,i} - TR_{cn,mid,i})^2 \tag{10}$$

决策变量 $K_{cb(GAM)}$ 的约束为：

$$0.7 \leqslant K_{cb} \leqslant 1.3 \tag{11}$$

式中：$TR_{cn,mid,i}$ 为生长中期阶段第 i 天用式(1)转换计算出的冠层尺度的蒸腾量。$K_{cb(GAM)}$ 的下、上界值 0.7 和 1.3，取自 FAO−56 中 K_{cb} 参考值的上下界。这个下上界值对应亚气候条件($RH_{min} = 45\%$，$u_2 = 2$ mm/s)，因此对遗传算法模型寻优计算出的 $K_{cb(GAM)}$ 要用式(12)进行地区实际湿度、2 m 高度处的风速校正后得到 $K_{cb,mid}$。

$$K_{cb,mid} = K_{cb(GAM)} + [0.04(u_2 - 2) - 0.004(RH_{min} - 45)](h/3)^{0.3} \tag{12}$$

式中：RH_{min} 为生长中期的日最小相对湿度，% ；h 为生长中期的平均作物高度，m。

2.3.3 生长发育、生长后期阶段基本作物系数 $K_{cb,dev}$，$K_{cb,late}$

FAO−56 假定生长发育阶段、生长后期阶段的基本作物系数分别在生长初期末基本作物系数和生长中期阶段初基本作物系数、生长中期阶段末基本作物系数和生长中后期段末基本作物系数间线性变化。生长后期阶段末的基本作物系数 $K_{cb,late}^{end}$ 的确定与 $K_{cb,ini}^{end}$ 相同。

$$K_{cb,late}^{end} = TR_{cn,late}^{end}/ET_{o,late}^{end} \tag{13}$$

2.4 不同灌溉试验年各生长阶段蒸发系数 $K_{e,ini}$

和 K_{cb} 一样，$K_{e,ini}$ 也按天计算出。下面给出各生长阶段按天计算 $K_{e,ini}$ 的公式。

2.4.1 初始生长阶段蒸发系数 $K_{e,ini}$

初始生长阶段地表基本处于裸露状态，因此蒸发按 2 个阶段进行。第一阶段是能量受限阶段，蒸发以潜在速率进行，FAO−56 给出：

$$K_{e,ini} = K_{cmax} - K_{cb,ini} \tag{14}$$

式中：K_{cmax} 为作物系数的最大值，Allen 等给出 K_{cmax} 为 1.15[5]。由于能量受限阶段 $K_{cb,ini} \approx 0$，所以 $K_{e,ini} = K_{cmax} = 1.15$。完成能量受限阶段蒸发过程的时间 t_1 由下式计算：

$$t_1 = \frac{REW}{1.15 \, \overline{ET}_0} \tag{15}$$

蒸发的第二阶段为增发递减阶段。这时 $K_{e,ini}$ 的计算由 Allen 等[6]给出：

$$K_{c,ini} = \frac{TEW - (TEW - REW)\exp\left[-(t_w - t_1)E_{so}\left(1 + \frac{TEW}{TEW - REW}\right)\right]}{t_w ET_{o,i}} \tag{16}$$

式中：t_w 为湿润过程的平均时间间隔，d；REW 为土壤表层的易蒸发水量，mm；TEW 为当土壤表层已经完全湿润时从土壤表层蒸发水分的累计深度，mm。

$$t_w = \frac{L_{ini}}{n_w + 0.5} \tag{17}$$

$$TEW = 1000(\theta_{FC} - 0.5\theta_{WP})Z_e \tag{18}$$

$$\left.\begin{array}{ll} REW = 8 + 0.08(\text{Clay}) & \\ REW = 20 - 0.15(\text{Sand}) & (\text{Sand}) > 80\% \\ REW = 11 - 0.06(\text{Clay}) & (\text{Clay}) > 50\% \end{array}\right\} \tag{19}$$

式中：L_{ini} 为生长初期阶段长度，d；n_w 为生长初期阶段湿润过程次数；Z_e 为通过蒸发存留在土壤表层水分到 $0.5\theta_{WP}$ 时的表层土壤有效深度，m。FAO－56 推荐黏土层的 Z_e 为 0.15，沙土层的 Z_e 为 0.1，Clay、Sand 分别为黏土、砂土粒含量。当 t_w 小于 t_1 时，$K_{e,ini}$ 为 1.15，否则 $K_{e,ini}$ 用式(16)计算。

2.4.2　生长发育、中期和后期蒸发系数 $K_{e,dev}$、$K_{e,mid}$、$K_{e,late}$

在这 3 个生长阶段，当降雨或灌溉后土壤表层水分多，蒸发系数大；当土壤表层很干时蒸发系数变得很小；当土壤表层没有存留水分时蒸发系数为 0。3 个生长阶段按天计算的 K_e 用相同一组公式。

$$K_e = \min\{K_r(K_{cmax} - K_{cb}), f_{ew}K_{cmax}\} \tag{20}$$

$$K_{cmax} = \max(\{1.2 + [0.04(u_2 - 2) - 0.004(RH_{min} - 45)](h/3)^{0.3}\}, \{K_{cb} + 0.05\}) \tag{21}$$

式中：K_{cmax} 为降雨或灌溉后的最大作物系数；f_{ew} 为裸露和湿润地表的面积比值。对我们设置的灌溉试验，只有部分地表(f_w)被湿润，因此，f_{ew} 用近似代表有效暴露在蒸发能量下的部分地表面$(1 - f_c)$和 f_w 约束：

$$f_{ew} = \min[(1 - f_c), f_w] \tag{22}$$

对于 $D_{e,i-1}$ 大于 REW，第 i 天蒸发衰减系数 $K_{r,i}$ 用下式计算：

$$K_{r,i} = \frac{TEW - D_{e,i-1}}{TEW - REW} \tag{23}$$

计算 $K_{r,i}$ 所需要的 $D_{e,i-1}$ 要通过土壤表层以天为时段水均衡计算得到。

$$D_{e,i} = D_{e,i-1} - (P_i - RO_i) - I_i/f_w + E_{s,i}/f_{ew} + T_{ew,i} + DP_{e,i} \tag{24}$$

式中：$D_{e,i-1}$ 为第 $i-1$ 天末裸露和湿润土壤完全湿润后的土壤蒸发累积深度，mm；$D_{e,i}$ 为第 i

天末土壤完全湿润后的蒸发累积深度，mm；$E_{s,i}$ 为第 i 天的蒸发量，mm；$T_{ew,i}$ 为第 i 天土壤表层裸露和湿润部分的蒸腾量，mm；$DP_{e,i}$ 为第 i 天当土壤含水率超过田间持水率时产生的深层渗漏损失量，mm。

根据以上模型公式计算的模拟值与实测值对比，如图 2、图 3、图 4。

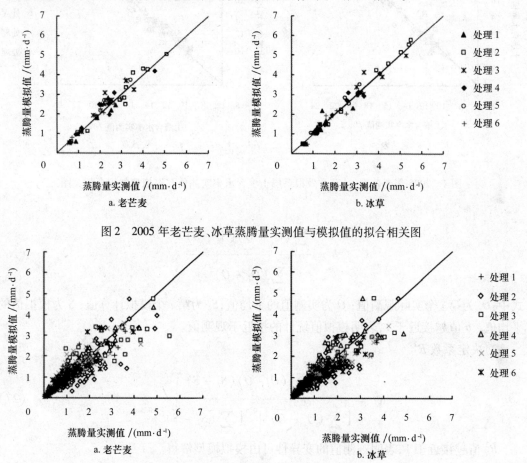

图 2　2005 年老芒麦、冰草蒸腾量实测值与模拟值的拟合相关图

图 3　2005 年老芒麦、冰草株间土壤蒸发量实测值与模拟值的拟合相关图

2.5　逐日模拟计算有效根系层土壤含水率模拟计算式

$$\theta_{\text{root},i} = \theta_{FC} - (D_{r,i}/1000Z_{r,i}) \tag{25}$$

式中：$\theta_{\text{root},i}$ 为第 i 天根系层的土壤含水率，%。

2.6　人工牧草模拟计算需水量有效性检验

2.6.1　相关分析法

1）回归系数 b

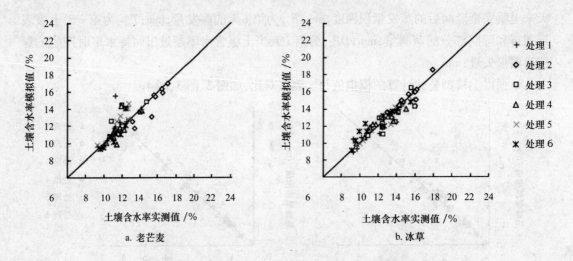

图 4　2005 年老芒麦、冰草有效根系层土壤含水率实测值与模拟值的拟合相关图

$$b = \frac{\sum_{i=1}^{n} (O_i - \overline{O})(S_i - \overline{S})}{\sum_{i=1}^{n} (O_i - \overline{O})^2} \tag{26}$$

式中：O_i 为第 i 个实际观测值；$\overline{O}$ 为实测值的平均值；S_i 为第 i 个模拟计算值；$\overline{S}$ 为模拟值的平均值。b 值越接近于 1，表明模拟值统计的接近于观测值。

2）决定系数 R^2

$$R^2 = \frac{\sum_{i=1}^{n} (O - \overline{O})(S_i - \overline{S})}{\left[\sum_{i=1}^{n} (O_i - \overline{O})^2\right]^{0.5} \left[\sum_{i=1}^{n} (S_i - \overline{S})^2\right]^{0.5}} \tag{27}$$

R^2 值越接近于 1，表明观测值的变异性可由模拟模型解得。

2.6.2　残差估计误差指示法

残差估计误差指示法所用参数有如下几项。

1）残差的方差 $Var(ER)$

$$Var(ER) = \frac{1}{n} \sum_{i=1}^{n} (O_i - S_i)^2 - \left[\frac{1}{n} \sum_{i=1}^{n} (O_i - S_i)\right]^2 \tag{28}$$

式中：n 为模拟计算、观测之总数；$Var(ER)$ 为观测值与模拟计算值间残差的方差。方差越小，残差估计误差越小。

2）平均绝对误差 AAE

$$AAE = \frac{1}{n} \sum_{i=1}^{n} |O_i - S_i| \tag{29}$$

3) 平均相对误差 ARE

$$ARE = \frac{100}{n} \sum_{i=1}^{n} \left| \frac{O_i - S_i}{O_i} \right| \tag{30}$$

4) 一致性参数 d_{LA}

$$d_{LA} = 1 - \frac{\sum_{i=1}^{n} (O_i - S_i)^2}{\sum_{i=1}^{n} (|S_i - \overline{O}| + |O_i - \overline{O}|)^2} \tag{31}$$

式中：$\sum_{i=1}^{n} (|S_i - \overline{O}| + |O_i - \overline{O}|)^2$ 为潜在误差；$\sum_{i=1}^{n} (O_i - S_i)^2$ 为平均平方误差；d_{LA} 为平均平方误差与潜在误差比而言的参数，d_{LA} 最大极限值为 1。d_{LA} 值越大，一致性越好。

3 意义

人工牧草生长的需水量计算表明，拟合相关图法属定性检验，给出了统计相关趋势；回归分析法和残差估计误差指示法为定量检验，给出了模拟计算值与实测值间的拟合优度和残差估计误差的范围。这种定性定量相结合的方法有效地检验了需水量模拟值与其实测值间的一致性，其结果可用于工程项目中。

参考文献

[1] 于婵,朝伦巴根,高瑞忠,等.作物需水量模拟计算结果有效性检验.农业工程学报,2009,25(12):13 – 21.

[2] Dong Xuejun, Zhang Xinshi, Yang Baozhen. A preliminary study on the water balance for some sand land shrubs based on transpiration measurements in field condition. Acta Phytoecologica Sinica,1997,21(3):208 – 225.

[3] 任传友,于贵瑞,王秋凤,等.冠层尺度的生态系统光合 – 蒸腾耦合模型研究.中国科学 D 辑:地球科学,2004,34(2):141 – 151.

[4] Wallace J S, Roberts J M, Sivakumar M V K. The estimation of transpiration from sparse dryland millet using stomatal concuctance and vegetation area indices. Agricultural forest meteorology,1990,51:25 – 49.

[5] Allen R G, Pereira L S, Dirk R, et al. Crop evapotranspiration—Guidelines for Computing Crop Water Requirements. Rome:FAO Irrigation and Drainage,1998.

[6] Allen R G, William O Pruitt, James L Wright, et al. A recommendation on standardized surface resistance for hourly calculation of reference ETo by the FAO 56 penman – monteith method. Agricultural Water Management, 2006, 81:1 – 22.

[7] 于婵,朝伦巴根,高瑞忠,等.无水分胁迫下行作物蒸发与双涌源能量分配和交换关系.应用生态学

报,2006,17(5):83－84.

[8] 高瑞忠,朝伦巴根,于婵,等.基于随机样本的神经网络模型估算参考作物腾发量.农业工程学报,2006,22(2):42－45.

[9] 王志强,朝伦巴根,柴建华.用多变量灰色预测模型模拟预测参考作物蒸散量的研究.中国沙漠,2007,27(4):584－587.

弹性变形的配流副润滑模型

1 背景

考虑到配流副在高压条件下的弹性变形量已与油膜厚度同一量级,胡纪滨等[1]应用弹性流体动力润滑理论,建立了弹性变形条件下配流副的润滑数学模型,采用有限差分法求解了模型的控制方程,进行了弹性变形对配流副润滑特性的影响分析。

2 公式

2.1 配流副润滑模型的建立与求解

2.1.1 控制方程

配流副润滑模型的控制方程包括等温流体动力润滑的雷诺方程和油膜厚度方程。由于配流副转速不高,油膜厚度很小及材料热传导性较好,现对配流面间的流体润滑状态作如下假设:

(1)在配流面间流动的油液为牛顿流体,并为连续的层流流动;

(2)油膜为等温,忽略油膜黏压效应,则油膜的动力黏度为常值,且沿油膜厚度方向的压力梯度为零;

(3)配流盘为刚性体,缸体配流面铜合金为线性弹性体。

根据以上假设,在不考虑油液旋转惯性作用时,油膜压力场无量纲雷诺方程的直角坐标形式为:

$$\frac{\partial}{\partial \bar{x}}\left(H\frac{\partial \bar{p}}{\partial \bar{x}}\right) + N\frac{\partial}{\partial \bar{y}}\left(H\frac{\partial \bar{p}}{\partial \bar{y}}\right) = T\frac{\partial U}{\partial \bar{x}} + \iota\frac{\partial V}{\partial \bar{y}} \tag{1}$$

式中:x、y 为直角坐标系;$H = \bar{h}^3/(12\mu)$;$U = \bar{h}(u_1 + u)_2/2$;$V = \bar{h}(v_1 + v_2)/2$;$\bar{h}$ 为 h/h_0,无量纲油膜厚度;$\bar{p}$ 为 p/P,无量纲油膜压力;h_0 为刚性无倾侧条件下配流副的油膜厚度,m;μ 为油液动力黏度;Pa·s;p 为配流面上的压力分布,MPa;P 为配流副的配流窗口工作压力,MPa;N,T,ι 为系统参数;h 为实际工作条件下的油膜厚度,m;u_1、u_2 为 x 方向的速度,m/s;v_1、v_2 为 y 方向的速度,m/s。

考虑弹性变形的油膜厚度方程为:

55

$$\bar{h} = (1 + r\alpha\cos(\theta - \beta)) + \Delta\bar{h} \tag{2}$$

式中：γ 为极坐标下的极径，m；θ 为极坐标下的极角，rad；$\Delta\bar{h}$ 为无量纲弹性变形量；β 为最大膜厚位置角，rad；α 为端面倾角，rad（配流盘与缸体平面间的夹角）。

2.1.2 贴体网格的建立

为避开在直角坐标系下求解配流副复杂几何形状油膜的困难，在此采用与油膜边界形状贴合的自然坐标系。通过运用复合隐函数求导规则，可推导出自然坐标系下的雷诺方程[2-3]为：

$$\kappa\frac{\partial^2\bar{p}}{\partial\bar{\zeta}^2} - 2\sigma\frac{\partial^2\bar{p}}{\partial\bar{\zeta}\partial\bar{\eta}} + \gamma\frac{\partial^2\bar{p}}{\partial\bar{\eta}^2} + V\frac{\partial\bar{p}}{\partial\bar{\zeta}} + \lambda\frac{\partial\bar{p}}{\partial\bar{\eta}}$$

$$= \frac{J}{H}\left(\frac{\partial U}{\partial\bar{\zeta}}\frac{\partial\bar{\gamma}}{\partial\bar{\eta}} - \frac{\partial U}{\partial\bar{\eta}}\frac{\partial\bar{\gamma}}{\partial\bar{\zeta}} + \frac{\partial V}{\partial\bar{\eta}}\frac{\partial\bar{x}}{\partial\bar{\zeta}} - \frac{\partial V}{\partial\bar{\zeta}}\frac{\partial\bar{x}}{\partial\bar{\eta}}\right) \tag{3}$$

式中：$\bar{\zeta}$、$\bar{\eta}$ 为自然坐标系；κ、σ、γ、V、λ、J 为自然坐标系下的系统参数。

2.1.3 油膜厚度分布与压力分布耦合求解

针对弹性变形量的求解，引用了一种最简单的处理方法，即关于弹性基础木梁的 Winkler 假定。假定认为，梁在弯曲时受到基础的连续分布的反作用力的作用。各点上反作用力的强度（单位长度上的力）与木梁在该点的位移成正比，也就是把缸体表面的铜合金设想为无穷多个紧密排列的弹簧，弹簧一端固定在刚性的缸体上，一端承受油膜压力，每个弹簧在压力作用下的位移相互独立，则配流面铜合金各节点的弹性变形量可表达为[4-5]：

$$\Delta\bar{h} = \frac{(1 + v)(1 - 2v)\bar{p}Pt}{(1 - v)h_0 E} \tag{4}$$

式中：t 为铜合金厚度，m；v 为铜合金泊松比；E 为铜合金的弹性模量，GPa。

2.2 弹性变形对配流副润滑特性的影响

在配流副润滑特性研究文献中[6-11]，无论是根据油膜压力对数分布或是用有限元方法所得出的压力分布，均未考虑高压工作条件下配流面的弹性变形。根据考虑弹性变形的润滑模型，对配流面的压力分布采用矩形积分的方法可得配流副无量纲承载力[12]。

$$\bar{W} = \iint_{\bar{A}}\bar{p}\mathrm{d}\bar{A} \tag{5}$$

式中：$\bar{A}$ 为无量纲油膜面积。

配流副的泄漏量为沿配流窗口等 $\bar{\eta}$ 线的积分。

$$\bar{Q} = \int_{\bar{\eta}}\frac{1}{12\bar{\eta}}\frac{\partial\bar{p}}{\partial\bar{\zeta}}\bar{h}^3\mathrm{d}\bar{\eta} \tag{6}$$

缸体所受摩擦转矩主要包括油膜因黏性引起的剪应力对缸体的作用和周向压差对缸体的作用。

$$\bar{T} = \iint_{\bar{A}}\left(\frac{\bar{\omega}\bar{r}}{\bar{h}} + \bar{h}\frac{\partial\bar{p}}{\partial\bar{\zeta}}\right)\mathrm{d}\bar{A} \tag{7}$$

式中：$\bar{\omega}$ 为配流副无量纲工作转速。

根据以上公式,计算无量纲承载力、无量纲泄漏量和无量纲摩擦转矩随着油膜厚度与工作压力的变化,如图1、图2和图3所示。

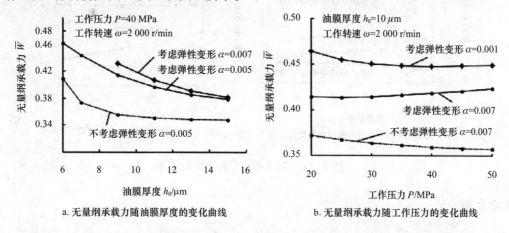

a. 无量纲承载力随油膜厚度的变化曲线   b. 无量纲承载力随工作压力的变化曲线

图1　无量纲承载力的变化曲线

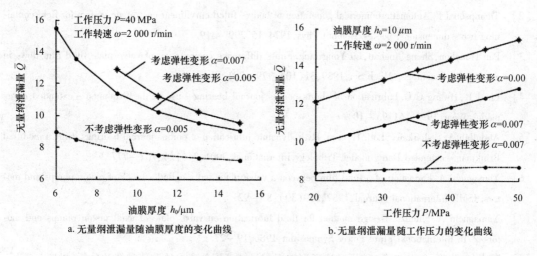

a. 无量纲泄漏量随油膜厚度的变化曲线   b. 无量纲泄漏量随工作压力的变化曲线

图2　无量纲泄漏量的变化曲线

3　意义

弹性变形的配流副润滑模型表明,在油膜厚度较小时,配流副的弹性变形使平均油膜厚度相比增大了14.48%,但最大油膜压力却减小了18.60%,且配流副的油膜承载力和泄漏量明显增大,而摩擦转矩明显减小;但油膜厚度大于15 μm时,可以忽略弹性变形对配流副润滑特性的影响。研究为高压化轴向柱塞泵配流副的设计与研究打下了基础。

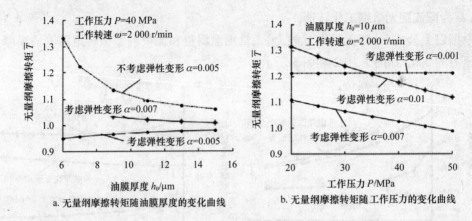

a. 无量纲摩擦转矩随油膜厚度的变化曲线   b. 无量纲摩擦转矩随工作压力的变化曲线

图 3　无量纲摩擦转矩的变化曲线

参考文献

［1］　胡纪滨,邹云飞,李小金,等.弹性变形对轴向柱塞泵配流副润滑特性的影响.农业工程学报,2009,25(12):114－118.

［2］　Thompson J F. Automatic numerical generation of body – fitted curvilinear coordinate system for field contai-ning two – dimensional bodies. Comput Phys,1974,15:299－319.

［3］　Pan Huachen,Sheng Jinghao,Lu Yongxiang. Finite difference computation of valve plate fluid film flows in axial piston machines. Mech Sci,1989,31(10):779－791.

［4］　Lin J R,Hwang C C. Lubrication of shorts porous journal bearing – use of the Brinkman – extended darcy model. Wear,1993,161:93－104.

［5］　Abdallah A,Elsharkawy,Lotfi H,et al. Hydrodynamic lubrication of porous journal bearings using a modified Brinkman – extended Darcy model. Tribology International,2001,34(11):767－777.

［6］　Yamaguchi A. Formation of a fluid film between a valve plate and a cylinder block of piston pumps and mo-tors. JSME International Journal,1987,259(30):87－92.

［7］　Yamaguchi A,Shimizu. Design method for fluid lubrication on valve plate of axial piston pumps and mo-tors//7th International Fluid Power Symposium,1986:19－27.

［8］　陈卓如,范莉,金朝铭,等.液压马达新型端面配流副液压分离力的数值求解及分析.机床与液压,2000,(2):7－9.

［9］　李小宁,毕诸明,路建萍.球面配流副的优化模型研究.机床与液压,1996,141(3):20－25.

［10］　Ahn S Y,Rhim Y C,Hong Y S. Lubrication and dynamic characteristics of a cylinder block in an axial pis-ton pump //Proceedings of the World Tribology Congress,2005:223－224.

［11］　Bergada J M,Watton J,Kumar S. Pressure,flow,force,and torque between the barrel and port plate in an axial piston pumpl. Journal of dynamic systems measurement and control – transactions of the ASME,2008,130(1):11－24.

［12］　杜巧连,张克华.动静压液体轴承油膜承载特性的数值分析.农业工程学报,2008,24(6):137－140.

多垄线识别的视觉导航算法

1 背景

陈娇等[1]根据垄线之间基本平行的特征,根据摄像机标定原理与透视变换原理,计算出各导航定位点世界坐标。然后结合垄线基本平行的特征,使用改进的基于 Hough 变换的农田多垄线识别算法,实现多垄线的识别与定位。该算法克服了以往算法计算复杂与不稳定等不足,能有效避免垄线漏检测与跨垄检测的问题,在识别垄线同时实现定位,较好地满足了视觉导航的要求。

2 公式

2.1 垂直投影法获得导航定位点

采用袁佐云等[2]提出的垂直投影法获得导航定位点。每 h 个像素高度划分一个水平条,对每个水平条垂直投影。设原始图像大小 $W \times H$,W 为每行图像的像素数,即图像的列数;H 为每列图像的像素数,即图像的行数。水平条大小为 $W \times h$,h 为水平条每列的像素数,即水平条所含行数;$c(i,j)$ 为水平条 (i,j) 处像素灰度值;$p(j)$ 为水平条第 j 列所有点灰度值垂直投影值。算式如下:

$$p(j) = \sum_{i=1}^{h} c(i,j), \quad j = 1,2,\cdots,W \tag{1}$$

2.2 计算各定位点的世界坐标

2.2.1 摄像机标定原理与线性成像模型

1)摄像机标定原理

摄像机标定[3]是确定摄像机内部参数或外部参数的过程。线性模型内部参数:(u_0,v_0) 为光心在计算机图像上的像素坐标;α_x、α_y 为有效焦距;γ 为 u,v 轴不垂直因子,一般为 0;外部参数:R 为旋转矩阵;T 为平移矩阵。

设定的图像坐标系与像素坐标系如图 1 所示。$u-v$ 为像素坐标系,原点取图像左下方;$x-y$ 为图像坐标系,mm;o_1 为光心,像素坐标为 (u_0,v_0)。

由小孔成像的线性投影模型与图 1 可得式(2)。

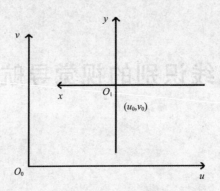

图1　像素坐标系与图像坐标系

$$s\begin{bmatrix} u \\ v \\ 1 \end{bmatrix} = \begin{bmatrix} -\alpha_x & 0 & u_0 & 0 \\ 0 & \alpha_y & v_0 & 0 \\ 0 & 0 & 1 & 0 \end{bmatrix}\begin{bmatrix} R & T \\ 0 & 1 \end{bmatrix}\begin{bmatrix} x_w \\ y_w \\ z_w \\ 1 \end{bmatrix} \tag{2}$$

式中：s 为比例因子；(w_x, w_y, w_z) 为世界坐标系的坐标值，mm，直角坐标系。

2）外参数矩阵推导

图2为农业机器人示意图以及各坐标系的定义。o_c 为摄像头所在处，摄像机坐标系原点；y_c, z_c 为摄像机坐标系 y 轴和 z 轴；x_c 为摄像机坐标系 x 轴，垂直纸面向内；o_w 为世界坐标系原点，位于摄像头正下方；z_w 为世界坐标系 z 轴，指向摄像头正前方；x_w 为世界坐标系 x 轴，垂直纸面向内；y_w 为世界坐标系 y 轴；h 为摄像头到地面的垂直距离，mm；ϕ 为摄像头与水平面夹角，$(°)$；s 平面为成像平面；f 为 s 平面到摄像头距离，焦距，mm。可推导得外参数矩阵为[4]：

$$\begin{bmatrix} 1 & 0 & 0 & 0 \\ 0 & \cos\phi & \sin\phi & -h\cos\phi \\ 0 & -\sin\phi & \cos\phi & h\sin\phi \\ 0 & 0 & 0 & 1 \end{bmatrix} \tag{3}$$

把农作物视为处在 $y_w = 0$ 平面上，由式（2）可得：

$$s\begin{bmatrix} u \\ v \\ 1 \end{bmatrix} = \begin{bmatrix} -\alpha_x & 0 & u_0 & 0 \\ 0 & \alpha_y & v_0 & 0 \\ 0 & 0 & 1 & 0 \end{bmatrix}\begin{bmatrix} 1 & 0 & 0 & 0 \\ 0 & \cos\phi & \sin\phi & -h\cos\phi \\ 0 & -\sin\phi & \cos\phi & h\sin\phi \\ 0 & 0 & 0 & 1 \end{bmatrix}\begin{bmatrix} x_w \\ 0 \\ z_w \\ 1 \end{bmatrix} \tag{4}$$

计算可得图像点像素坐标与世界坐标关系式：

$$z_w = \frac{h\sin\phi(v - v_0) + \alpha_y h\cos\phi}{\alpha_y \sin\phi - (v - v_0)\cos\phi} \tag{5}$$

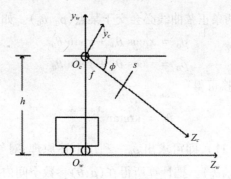

图 2　世界坐标系与摄像机坐标系

$$x_w = \frac{-(u - u_0)(z_w\cos\phi + h\sin\phi)}{\alpha_x} \tag{6}$$

2.2.2　非线性模型与图像畸变校正

实际中使用的摄像头都会有不同程度的畸变,所以需要采用摄像机标定的非线性模型[3]。非线性模型内部参数还包括畸变参数一阶与二阶径向畸变参数 k_1、k_2 以及切向畸变参数 p_1、p_2。一般只考虑径向畸变。简化的 Tsai 标定法的非线性模型为:

$$\begin{cases} x_u = x_d + x_d[k_1(x_d^2 + y_d^2) + k_2(x_d^2 + y_d^2)^2] \\ y_u = y_d + y_d[k_1(x_d^2 + y_d^2) + k_2(x_d^2 + y_d^2)^2] \end{cases} \tag{7}$$

$$\begin{cases} u = \dfrac{x}{d_x} + u_0 \\ v = \dfrac{y}{d_y} + v_0 \end{cases} \tag{8}$$

式中:(x_d, y_d) 为畸变点的图像坐标,mm;(x_u, y_u) 为畸变点的理想图像坐标,mm;(d_x, d_y) 为像素间距,mm;k_1、k_2 为一阶、二阶径向畸变参数。

只考虑一阶径向畸变,由式(7)、式(8)可得:

$$\begin{cases} u_u - u_0 = (u_d - u_0)\{1 + k_1[d_x^2(u_d - u_0)^2 + d_y^2(v_d - v_0)^2]\} \\ v_u - v_0 = (v_d - v_0)\{1 + k_1[d_x^2(u_d - u_0)^2 + d_y^2(v_d - v_0)^2]\} \end{cases} \tag{9}$$

式中:(u_u, v_u) 为未畸变的理想点的像素坐标,pixel;(u_d, v_d) 为实际的畸变点的像素坐标,pixel。

2.3　基于改进的 Hough 变换的多垄线识别与定位

标准 Hough 变换采用如下参数方程表示直线[5]:

$$\rho = x\cos\theta + y\sin\theta \tag{10}$$

式中:ρ 为原点到直线的垂直距离;θ 为直线的法线方向;x,y 为平面直角坐标系上点的坐标。

设平面有两点 $p(x_i, y_i)$,$q(x_j, y_j)$。由式(10)以及平面两点共线原理可知,这两点映射到(ρ,θ)参数平面上的两条正弦曲线必会交于某点(ρ_0,θ_0)。如下式：

$$\rho_0 = x_i\cos\theta_0 + y_i\sin\theta_0 \tag{11}$$

$$\rho_0 = x_j\cos\theta_0 + y_j\sin\theta_0 \tag{12}$$

由以上两式相减后变换可得：

$$\theta_0 = \arctan\frac{x_i - x_j}{y_j - y_i} \tag{13}$$

计算出θ_0后，代入式(11)，即可求出ρ_0。利用上述原理，对导航定位点两两之间进行计算。可计算出不同的(ρ_0,θ_0)。把计算所得在(ρ,θ)参数空间内投票累加[6]。

室内试验(图3)验证了该算法识别垄线的准确性。

a. 室内试验原始图　　b. 畸变校正图　　c. 灰度化、二值化与形态处理后图　　d. 获得基点图　　e. 检测结果图

图3　室内试验图像处理过程

3　意义

该算法建立了农田图像成像的非线性模型，在世界坐标系下对各导航定位点进行直线检测。通过改进的Hough变换，先获得各垄线的导航角，再获得各垄线的导航距。该算法速度也能满足农业机械导航的要求。通过不同作物的农田图像以及室内试验，验证了该算法的有效性与实时性。

参考文献

[1]　陈娇,姜国权,杜尚丰,等.基于垄线平行特征的视觉导航多垄线识别.农业工程学报,2009,25(12)：107 - 113.

[2]　袁佐云,毛志怀,魏青.基于计算机视觉的作物行定位技术.中国农业大学学报,2005,10(3):69 - 72.

[3]　张广军.机器视觉.北京：科学出版社,2005.

[4]　周俊,刘成良,姬长英.农用轮式移动机器人相对位姿的求解方法.中国图像图形学报,2005,10(3)：310 - 314.

[5]　侯学贵,陈勇,郭伟斌.除草机器人田间机器视觉导航.农业机械学报,2008,39(3):106 - 108.

[6]　Geech,Bossu J,Jones G,et al. Crop/weed discrimination in perspective agronomic image. Computers and E-lectronics in Agriculture,2007,58(1):1 - 92.

边柱侧向支撑的稳定方程

1 背景

生产性温室通常采用矩形钢管作为立柱,在受力最不利的边柱外侧连接规格更小的钢管作为墙檩。实践中,该墙檩对提高边柱的侧向稳定起到了一定作用,但却缺乏必要的设计理论支持。齐飞和童根树[1]分析了这种小钢管对矩形钢管立柱的侧向支撑作用,虽然这种小钢管相对立柱的形心有偏心,但是仍然能够对立柱提供有效的侧向支撑,可以减小立柱的平面外计算长度。

2 公式

2.1 偏心支撑压杆的屈曲

如图 1 所示,两端铰支压杆的长度为 L,承受轴力 P,中间有一支撑杆,截面尺寸见图 1,图中及后文公式中符号的涵义及单位见表 1。

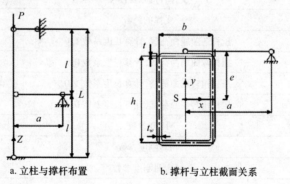

a. 立柱与撑杆布置   b. 撑杆与立柱截面关系

图 1　计算参数图

表 1　常用符号表

符号	涵义	单位
u	位移	mm
θ	扭转角	(°)
z	沿杆件高度方向(z)上的坐标	mm

63

符号	涵义	单位
E	弹性模量	N/mm^2
I_x, I_y	截面绕 x 轴和 y 轴的惯性矩	mm^4
I_ω	截面翘曲惯性矩	mm^6
J	自由扭转常数	mm^4
L	压杆长度	mm
G	剪切弹性模量	mm^4
P	压杆轴力	N
a	支撑杆长度	mm
A_b	支撑杆面积	mm^2
F	支撑内力	N
e	支撑杆形心线对压杆截面形心的偏心	mm
b	截面宽度	mm
h	截面高度	mm
I	等于 $0.5L$	mm
t	截面翼缘厚度	mm
t_w	截面腹板厚度	mm
i_0	绕形心的极回转半径	mm
K	支撑杆的轴压刚度	N/mm
n	支撑的跨数	/
p_{y1}	压杆弯曲屈曲荷载,计算长度系数 1.0	N
p_{y2}	压杆弯曲屈曲荷载,计算长度系数 0.5	N
$p_{\omega1}$	压杆扭转屈曲荷载,计算长度系数 1.0	N
$p_{\omega2}$	压杆扭转屈曲荷载,计算长度系数 0.5	N
a_2	刚度参数	/
β_1	扭转刚度参数	/
k_y	柱弯曲刚度参数	/
k_θ	柱扭转刚度参数	/
χ	偏心影响系数,即在因水平支撑杆的形心线不通过柱子截面的形心而使支撑效率降低的情况下,为使支撑能够达到与中心支撑相同的效果,支撑杆刚度必须放大的倍数	/

当轴力达到临界值时,压杆发生弯扭屈曲而产生侧向位移 u 和绕截面剪切中心 S 的扭转角 θ , u 是压杆截面剪切中心的侧向位移,压杆屈曲时支撑杆内产生内力 F ,在压杆截面

是双轴对称的情况下,可以得到压杆屈曲的平衡微分方程为[2-4]:

$$0 \leqslant z \leqslant l: \quad EI_y u'' + Pu = \frac{1}{2}Fz \tag{1a}$$

$$EI_\omega \theta'' + (Pi_0^2 - GJ)\theta' = \frac{1}{2}Fe \tag{1b}$$

$$l \leqslant z \leqslant L = 2l: \quad EI_y u'' + Pu = \frac{1}{2}F(2l - z) \tag{1c}$$

$$EI_\omega \theta''' + (Pi_0^2 - GJ)\theta' = -\frac{1}{2}Fe \tag{1d}$$

由式(1a)、式(1b)、式(1c)、式(1d)可知,u 和 θ 可以独立求解。记 $0 \leqslant z \leqslant l$ 时的解为 u_1 和 θ_1,$l \leqslant z \leqslant 2l$ 时的解为 u_2 和 θ_2。利用如下条件:

$z = 0$ 时,$u_1 = 0, u''_1 = 0; \theta_1 = 0, \theta''_1 = 0$;

$z = l$ 时,$u_1 = u_2, u'_1 = u'_2; \theta_1 = \theta_2, \theta'_1 = \theta'_2$;

$z = 2l$ 时,$u_2 = 0, u''_1 = 0; \theta_2 = 0, \theta''_2 = 0$。

可以得到:

$$u_1 = \frac{Fl}{4P}\left[\frac{z}{l} - \frac{\sin(k_y z)}{k_y l \cos(k_y l)}\right] \tag{2a}$$

$$Pi_0^2 - GJ < 0 \text{ 时,} \qquad \theta_1 = \frac{Fel}{2(Pi_0^2 - GJ)}\left[\frac{z}{l} - \frac{\mathrm{sh}(k_\theta z)}{k_\theta l \mathrm{ch}(k_\theta l)}\right] \tag{2b}$$

$$Pi_0^2 - GJ = 0 \text{ 时,} \qquad \theta_1 = \frac{Fel^3}{12EI_\omega}\left(\frac{z^3}{l^3} - 3\frac{z}{l}\right) \tag{2c}$$

$$Pi_0^2 - GJ > 0 \text{ 时,} \qquad \theta_1 = \frac{Fel}{2(Pi_0^2 - GL)}\left[\frac{z}{l} - \frac{\sin(k_\theta z)}{k_\theta l \cos(k_\theta l)}\right] \tag{2d}$$

式中:$k_y = \sqrt{P/EI_y}$,$k_\theta = \sqrt{|Pi_0^2 - GL|/EI_\omega}$。$U_2$ 和 θ_2 可以在式(2a)~式(2d)中将 z 替换成 $2l - z$ 得到。

记压杆跨中截面的屈曲位移为 u_2 和 θ_2,侧向支撑的刚度为 $K = EA_b/a$,则有:

$$F = K(u_z + e\theta_z) \tag{3}$$

由式(2a)~式(2d)求得 u_z 和 θ_z,代入式(3),约去等式两边的 F 可以得到压杆的临界方程为:

$$Pi_0^2 - GJ \neq 0 \text{ 时,} \qquad \frac{KL}{4P}\left(a_y - \frac{Pe^2}{Pi_0^2 - GJ}a_\theta\right) = 1 \tag{4a}$$

$$Pi_0^2 - GJ = 0 \text{ 时,} \qquad \frac{KL}{4P}\left(a_y - \frac{Pe^2 L^2}{12EI_\omega}\right) = 1 \tag{4b}$$

其中,

$$a_y = 1 - \frac{\tan(k_y l)}{k_y l} \tag{5a}$$

$$Pi_0^2 - GJ < 0 \text{ 时}, \quad a_\theta = 1 - \frac{th(k_\theta l)}{k_\theta l} \tag{5b}$$

$$Pi_0^2 - GJ > 0 \text{ 时}, \quad a_\theta = 1 - \frac{\tan(k_\theta l)}{k_\theta l} \tag{5c}$$

2.2 计算结果与分析

首先引入下列记号：

$$\beta_1^2 = \frac{\pi^2 EI_\omega}{GJL^2} \tag{6a}$$

$$\alpha_2^2 = \frac{4I_\omega}{I_y h^2} \tag{6b}$$

$$P_{y1} = \frac{\pi^2 EI_y}{L^2} \tag{6c}$$

$$P_{y2} = \frac{4\pi^2 EI_y}{L^2} \tag{6d}$$

$$P_{\omega 1} = \frac{1}{i_0^2}\left(GJ + \frac{\pi^2 EI_\omega}{L^2}\right) = \frac{1}{i_0^2}\frac{\pi^2 EI_\omega}{L^2}\left(1 + \frac{1}{\beta_1^2}\right)$$

$$= \frac{1}{i_0^2}\frac{\pi^2 EI_y}{4L^2}h^2\left(1 + \frac{1}{\beta_1^2}\right)\alpha_2^2 = \frac{P_{y1}}{4}\left(1 + \frac{1}{\beta_1^2}\right)\alpha_2^2\frac{h^2}{i_0^2} \tag{6e}$$

$$P_{\omega 2} = \frac{1}{i_0^2}\left(GJ + \frac{4\pi^2 EI_\omega}{L^2}\right) = \frac{1}{16}\left(4 + \frac{1}{\beta_1^2}\right)\alpha_2^2\frac{h^2}{i_0^2}P_{y2} \tag{6f}$$

对等厚的冷弯方钢管,其截面性质是：

$$J = \frac{2b^2 h^2 t}{b + h} \tag{6g}$$

$$I_\omega = \frac{b^2 h^2 t}{24} \cdot \frac{(b - h)^2}{(h + b)} = \frac{(b - h)^2}{48}J \tag{6h}$$

$$\beta_1^2 = \frac{\pi^2 EI_\omega}{GJL^2} = \frac{2.6\pi^2}{48} \cdot \frac{(b - h)^2}{L^2} \tag{6i}$$

$$I_x = \frac{1}{6}th^3 + \frac{1}{2}bth^2 \tag{6j}$$

$$I_y = \frac{1}{6}tb^3 + \frac{1}{2}htb^2 \tag{6k}$$

$$i_0^2 = \frac{I_x + I_y}{A} = \frac{h^3 + 3bh^2 + 3hb^2 + b^3}{12(b + h)} = \frac{(h + b)^2}{12} \tag{6l}$$

$$\alpha_2^2 = \frac{4I_\omega}{I_y h^2} = \frac{(b - h)^2}{(3h + b)(h + b)} \tag{6m}$$

$$\frac{\alpha_2^2}{\beta_1^2} = 0.6235\frac{L^2}{(h + b/3)(h + b)} \tag{6n}$$

一般情况下，P_{Ey2} 小于 $P_{\omega1}$，此时参数 β_1、α_2 和 i_0/h 之间满足如下的关系：

$$\frac{i_0^2}{h^2} < \frac{1}{16}\left(1 + \frac{1}{\beta_1^2}\right)\alpha_2^2 = \frac{1}{16}\left(\alpha_2^2 + \frac{\alpha_2^2}{\beta_1^2}\right) \tag{7}$$

因 P_{y2} 是压杆屈曲荷载的上限（4 个临界荷载中第二大的临界荷载），P_{y2} 小于 $P_{\omega1}$ 表明侧向支撑杆件无需为防止扭转屈曲起任何作用。将 P 用 P_{y2} 无量纲化，式（4a）成为：

$$\frac{KL}{4P}\left(a_y - \frac{Pe^2}{Pi_0^2 - GJ}a_\theta\right) = 1$$

$$\overline{K}\left[a_y \frac{i_0^2}{h^2} + a_\theta \frac{e^e}{h^2}\Big/\left(1 - \beta^2 \frac{P_{y2}}{P}\right)\right] = 16\pi^2 \frac{P}{P_{y2}} \frac{i_0^2}{h^2} \tag{8a}$$

式中：$\overline{K} = \dfrac{KL^3}{EI_y}$，$\beta = \dfrac{\alpha_2 h}{4i_0\beta_1}$，$a_y$ 由式（5a）给出，此时 $k_y l = \pi\sqrt{P/P_{y2}}$。$a_\theta$ 为：

$P/P_{y2} < \beta^2$ 时，a_θ 由（5b）式计算，

$$k_\theta l = \frac{2\pi i_0}{\alpha_2 h}\sqrt{\beta^2 - P/P_{y2}}$$

$P/P_{y2} > \beta^2$ 时，a_θ 由（5c）式计算，

$$k_\theta l = \frac{2\pi i_0}{\alpha_2 h}\sqrt{P/P_{y2} - \beta^2}$$

$P/P_{y2} = \beta^2$，这一特定的临界荷载对应的支撑刚度由下式求得：

$$\overline{K} = \left(\frac{\pi\alpha_2}{\beta_1}\right)^1 \Big/ \left(a_y \cdot \frac{i_0^2}{h^2} - \frac{\pi^2}{12\beta_1^2} \cdot \frac{e^2}{h^2}\right) \tag{8b}$$

式中：a_y 仍然由式（5a）计算，但是 $k_y l = \pi\beta$。

下面确定完全支撑的门槛刚度 K_{th}，它是指当压杆发生半波长（$l = L/2$）的弯曲屈曲时，对应的支撑刚度。此时 $k_y l = \pi$，$a_y = 1$。由式（8a）得到：

$$\overline{K}_{th} = \overline{K}_{th0} \Big/ \left(1 + \frac{e^2}{h^2} \cdot \frac{a_\theta}{i_0^2/h^2 - \left(\frac{\alpha_2}{4\beta_1}\right)^2}\right) \tag{9}$$

式中：K_{th0} 为支撑的偏心等于 0 时（中心支撑时），为使压杆的计算长度系数减少一半所需要的支撑刚度。在式（8a）中，令 $P = P_{y2}$ 得到：

$$K_{th0} = \frac{4P_{y2}}{L}, \quad \overline{K}_{th0} = 16\pi^2 \tag{10}$$

由于 α_2 是一个小量，所以 $k_\theta l$ 是一个较大数值，因此：

$$a_\theta = 1 - \frac{th(k_\theta)l}{k_\theta l} = 1 - \frac{1}{k_\theta l} \approx 1$$

$$\frac{\alpha_2^2}{16\beta_1^2} = \frac{L^2/h^2}{2.6\pi^2(1 + 0.3333b/h)(1 + b/h)}$$

$$\overline{K}_{th} = \chi \overline{K}_{th0} = 16\pi^2 \chi \tag{11}$$

$$\chi = \left[1 - \frac{e^2}{h^2} \cdot \frac{1}{\left(\frac{\alpha_2}{4\beta_1} \right)^2 - i_0^2/h^2} \right]^{-1}$$

$$= \left[1 - \frac{e^2}{h^2} \cdot \frac{12}{\dfrac{6L^2/h^2}{1.3\pi^2(1 + b/3h)(1 + b/h)} - \left(1 + \dfrac{b}{h} \right)^2} \right]^{-1}$$

χ 值如果达到无穷大,则表示不再能使柱子的计算长度减小一半,此时:

$$\left(\frac{e}{h} \right)_{cr} = \frac{1}{2\sqrt{3}} \left[\frac{6L^2/h^2}{1.3\pi^2(1 + 0.3333b/h)(1 + b/h)} - \left(1 + \frac{b}{h} \right)^2 \right]^{0.5} \tag{12}$$

但实际上墙檩要支撑的是柱列,因此水平支撑杆实际上是对多个压杆提供支撑,此时需要的支撑刚度必须乘以增大系数,这个增大系数公式为[5-6]:

$$\alpha_m = 0.4n^2 + 0.6n \tag{13}$$

式中:n 为被支撑的立柱数量。

表2给出了几种截面设置偏心侧向水平支撑时,在支撑偏置 e/h 为 0.5、1.0、2.0 时,使压杆计算长度系数减小一半所需的支撑刚度放大系数。从表2的结果看,偏心为 e/h 为 0.5、1.0 时,需要的支撑刚度比中心支撑增大不多,特别是 e/h 为 0.5 时,增大的比例几乎可以忽略。

表2 典型截面及其截面性质

截面	h	b	t	I_x	I_y	J	I_ω	l_0^2	P_{y1}	P_{y2}	$P_{\omega1}$	$P_{\omega2}$
1	150	75	3	3 922 034	1 329 696	3 069 070	359 656 644	3 997	168 966	675 864	60 852 063	60 886 367
2	100	50	2	774 723	262 656	606 236	31 574 795	1 776	33 376	133 504	27 042 538	27 049 314
3	150	75	2	2 679 589	918 364	2 112 695	247 581 482	4 070	116 698	466 790	41 134 768	41 157 957
4	100	50	3	1 119 671	373 321	866 020	45 105 211	1 728	47 438	189 753	39 711 323	39 721 273
5	150	100	2	3 227 189	1 735 123	3 420 586	178 155 501	5 043	220 484	881 936	53 745 443	53 758 910
6	150	100	3	4 732 371	2 531 021	4 999 650	260 398 413	4 961	321 620	1 286 479	79 849 335	79 869 343
7	150	150	3	6 352 884	6 352 560	9 529 083	0	7 203	807 227	3 228 908	104 820 525	104 820 525

截面	α_2	β_1	$k_\theta l$	χ $e/h = 0.5$	χ $e/h = 1$	χ $e/h = 2$	$(e/h)_{cr}$
1	0.223 759	0.018 28	113.94	1.015 42	1.064 7	1.320 9	4.057 7
2	0.223 759	0.012 19	171.44	1.006 75	1.027 6	1.120 2	6.105 5
3	0.221 881	0.018 28	113.93	1.015 69	1.065 9	1.328 3	4.023 1
4	0.226 637	0.012 19	171.46	1.006 58	1.026 8	1.116 8	6.184 5
5	0.136 931	0.012 19	170.45	1.018 45	1.078 1	1.408 2	3.714 7
6	0.138 002	0.012 19	170.48	1.018 16	1.076 8	1.399 2	3.744 3
7	0		∞	1.024 42	1.105 4	1.616 6	3.238 4

3 意义

边柱侧向支撑的稳定方程表明,虽然这种小钢管相对立柱的形心有偏心,但是仍然能够对立柱提供有效的侧向支撑,可以减小立柱的平面外计算长度。按照这个结论,立柱在进行稳定性验算时,平面外的计算长度可以取侧向支撑点之间的距离,从而在保证边柱强度和稳定性、减少边柱用材的基础上,提高边柱计算的科学性。

参考文献

[1] 齐飞,童根树.温室边柱侧向偏心支撑下的平面外稳定.农业工程学报,2009,25(12):245-249.

[2] 童根树.钢结构的平面外稳定.北京:中国建筑工业出版社,2007.

[3] 郭立湘,童根树.偏心支撑压弯构件稳定性分析.建筑结构,2003,33(7):3-8.

[4] Tong GS,Chen SF. On the efficiency of eccentric brace on column and the collapse of Hartford Coliseum. Journal of Constructional Steel Research,1990,16(4):281-305.

[5] 童根树.柱间水平撑杆设计的统一方法.西安冶金建筑学院学报,1988,20(1):87-93.

[6] 童根树.平行压杆体系的侧向稳定性支撑.西安冶金建筑学院学报,1991,23(4):425-431.

作物的养分投入模型

1 背景

对于如何规范经济作物的农业养分投入不仅是减少生产成本增加农业经济效益的重要途径,更是减少农业面源污染的迫切需要。方斌等[1]试图以浦江县近 10 年作物种植变化为基础,以农户调查为样本数据,以 TechnoGIN 模型为手段,以经典试验数据为对照,探讨浦江县近 10 年作物养分投入效应,以期为减少农业污染提出切实可行的发展思路。

2 公式

TechnoGIN 模型主要根据养分动力学原理建立,通过模拟不同土地利用类型的养分利用情况,建立起无机和有机营养库的养分流动模式,其运行的结果可以得出不同土地利用状态下土壤 N、P 等元素的变化情况,并可得出其通过不同方式对环境作用的结果[2-4]。N、P 损失量依赖于作物生长的厌氧和需氧条件、天气、土壤的黏粒度、作物生长期间的降雨量。

$$F = \frac{U - S - A}{RF \cdot TF \cdot YF \cdot CF} - \frac{R \cdot MF + H}{TF} \tag{1}$$

$$LCH = (F + A + S + R + H - U) \cdot \frac{LF}{(LF + FF + DF + VF)} \tag{2}$$

$$FIX = (F + A + S + R + H - U) \cdot \frac{FF}{(LF + FF + DF + VF)} \tag{3}$$

$$DEN = (F + A + S + R - U) \cdot \frac{DF}{(LF + FF + DF + VF)} \tag{4}$$

$$VOL = (F + A + S + R + H - U) \cdot \frac{VF}{(LF + FF + DF + VF)} \tag{5}$$

式中:F 为单位面积肥料施用量,kg/hm^2;U 为单位面积植物吸收量,kg/hm^2;RF 为作物养分吸收率;TF 为与技术相关的校正系数;YF 为与产量相关的校正系数;CF 为与作物相关的校正系数;MF 为轮作中从前茬作物矿化养分的校正系数;S 为长期的土壤养分供应,kg/hm^2;A 为大气养分供应,kg/hm^2;R 为轮作中从前茬作物回收的养分,kg/hm^2;H 为轮作中来自于前茬作物灰烬中沉积下来的养分,kg/hm^2;LCH 为淋溶损失,kg/hm^2;FIX 为固定损失,kg/hm^2;DEN 为反硝化损失,kg/hm^2;VOL 为挥发损失,kg/hm^2;LF 为由于淋溶而造成的养

70

分损失率;*FF* 为由于固定而造成的养分损失率;*DF* 为由于反硝化而造成的养分损失率;*VF* 为由于挥发而造成的养分损失率。

以浦江县海拔高层低于 300 m、坡度介于 0°~6°之间的水稻土为测试区,设计了单季稻、萝卜-大白菜-芹菜(蔬菜)、葡萄(水果)、苗木 4 种土地利用类型,以 107 户农户调查数据为主要数据源进行 TechnoGIN 分析,其结果如表 1。

表 1　浦江县部分作物养分利用情况

作物	调查农户/户		N 平均投入/(kg·km⁻²)		N 投入最高水平/(kg·km⁻²)		N 投入最低水平/(kg·km⁻²)		养分投入的一致性检验		N 利用效率/%	
	2002 年	2007 年	2002 年	2007 年	2002 年	2007 年	2002 年	2007 年	2002 年	2007 年	2002 年	2007 年
单季稻	54	41	150	146	390	286	0	102	62.3	81.2	25.6	30.4
蔬菜	36	48	743	748	4 024	4 013	36	42	18.2	15.6	14.3	12.4
葡萄/水果	13	25	430	442	578	468	96	121	25.6	42.7	17.8	19.2
苗木	8	13	526	539	1 573	1 439	0*	38	40.2	46.3	16.5	16.8

注:(1)表中养分投入的一致性上通过标准差分析得到的;
　　(2)N 的利用效率是通过 TechnoGIN 模型计算的。

3　意义

作物的养分投入模型表明,氮肥、磷肥总投入导致浦江县近几年水环境富营养化的重要原因。经济作物氮肥的利用效率是我国科研的发展方向,而从作物潜在产量为目标,以经典试验为基础,经 GIS 为技术,结合区域自然、经济等特征建立的 TechnoGIN 模型在测算作物的养分投入上具有较好的效果,值得推广。

参考文献

[1]　方斌,丁毅,吕昌河.浙江省浦江县作物氮磷投入效应的 TechnoGIN 分析.农业工程学报,2009,25(Supp.1):39-43.

[2]　方斌,王光火.对浙江省浦江县作物养分限制因子的 TechnoGIN 分析.浙江大学学报,2005,31(4):417-422.

[3]　彭少兵,黄见良,钟旭华,等.提高中国稻田氮肥利用率的研究策略.中国农业科学,2002,35(9):1095-1103.

[4]　王光火,张奇春,黄昌勇.提高水稻氮肥利用率、控制氮肥污染的新途径——SSNM.浙江大学学报,2003,29(1):67-70.

沟灌土壤的水热传输公式

1　背景

沟灌地表的不均匀结构使土壤水热运动具有空间性,地表水汽交换与光温条件随之改变。李彩霞等[1]概述了近年来国内外沟灌土壤的水热传输与转换的研究进展,主要包括地－气界面的水汽交换、沟垄表面的光温分布和沟灌土壤的水热传输。深入阐明沟灌土壤的水热传输机制,是沟灌条件下土壤水热资源高效利用的基础。

2　公式

2.1　沟灌地表的光温分布公式

研究发现,土壤沟－垄为南北走向时,一天中的土壤温度垄顶总比沟底高,最大土壤温度发生在垄顶或者西侧沟－垄坡面下的 50 mm 处[2]。沟灌地表各点的能量状态随时间以及沟垄形状与位置的变化而变化,沟垄表面净辐射是输入与输出的短波和长波辐射的总和[3]:

$$R_{ns} = (x,z,t) = (1 - \alpha_s)R_g(x,z,t) + \varepsilon_s R_l - \varepsilon_s \sigma [T_s(x,z,t) + 273.15]^4 \qquad (1)$$

式中:R_{ns} 为地表接收的太阳净辐射,W/m²;R_g 为太阳总辐射,W/m²; α_s 为地表反射率;σ 为波兹曼常数 $[5.67 \times 10^{-8} \text{W}/(\text{m}^2 \cdot \text{K}_4)]$;$\varepsilon_s$ 为土壤热发射率;R_l 为天空长波辐射,W/m²; (x,z) 为计算点的位置坐标(x、z 分别以水平向右和垂直向上为正);t 为时间,s;T_s 为土壤温度,℃。

2.2　沟灌土壤的水热传输研究

2.2.1　土壤水热传输的转换关系研究公式

土壤水分运动的二维模拟已有较多研究[4,5],沟灌地表各点的光温分布差异明显,必然与水分运动有一定的耦合效应。Kosuke Noborio[6]通过对沟垄不同点位的土壤温湿度及地表水热通量的分析,建立了二维土壤水、热、盐运移模型,但该模型侧重于盐分,并且没有考虑根系系统。土壤－大气界面上的水热通量的计算,是解决水热传输模拟的先决条件,Camillo 和 Gurney[7]以及 Sun 等[8]发展了沟灌地－气界面的水分能量交换的数值模型,将土壤水分分为汽态水和液态水两部分,同时考虑进土壤水热传输模型,根据质热传递的基本理论,由"质迁移势"与 Fick 扩散定律,提出了非均质土壤水分运动的基本方程[9]:

$$C_w \frac{\partial \phi}{\partial t} = \nabla \cdot \left[\left(K + K_v \right) \nabla \phi \right] + \nabla \cdot \left(D_{Tv} \cdot \nabla T_s \right) - \frac{\partial K}{\partial z} \tag{2}$$

非均质土壤热运动的基本方程[10]:

$$C_h \frac{\partial T_s}{\partial t} = \nabla \cdot \left(K_h \cdot \nabla T_s \right) + \rho_w \lambda \nabla \cdot \left(K_v \cdot \nabla \phi \right) \tag{3}$$

式中:C_w 为比水容量,1/m;ϕ 为土壤基质势,m;K 为土壤导水率,m/s;K_v 为水汽在基质势梯度下的水分传导率,m/s;DT_v 为与温度梯度有关的水汽扩散率,$m^2/(s \cdot ℃)$;C_h 为土壤热容量,$J/(m^3 \cdot ℃)$;K_h 为土壤热导率,$J/(s \cdot m \cdot ℃)$;ρ_w 为土壤水密度,kg/m^3;λ 为水的汽化潜热,一般取 2.45 J/kg。

模拟的初始条件为剖面上已知的土壤含水率及温度值。在大气 – 土壤交界面上需满足如下边界条件:

$$- K \frac{\partial \phi}{\partial n} - D_{Tv} \frac{\partial T_s}{\partial n} = E_s(x,z,t) \tag{4}$$

$$- \lambda \frac{\partial T_s}{\partial n} - \rho_w L K_v \frac{\partial \phi}{\partial n} = S(x,z,t) \tag{5}$$

式中:E_s 为土壤蒸发率,mm/s;S 为进入土壤的热通量,W/m^2;n 为边界的法向;其他符号意义同前。假定计算区域两侧无水热交换。下边界条件可根据具体情况进行分析,当地下水较深时,假定下边界含水率及温度值恒定。

2.2.2 水热传输的数值求解方法公式

近年,国外学者在数值模拟领域进行了大量研究。对于较稳定的非饱和土壤水分运动问题,Neuman 提出了质量集中法,此法是土壤水分由干燥急剧变湿前的有限元替代方法,它可以在较短的时间内完成高阶微分方程的求解,取得较高的精度。中国在土壤物理学、环境科学及农业科学领域进行了室内外水流运动的数值模拟研究,如赵梦玲等[11]、陆垂裕和裴源生[12]采用 Galerkin 有限元法分别对二维非饱和土壤水分运动和复杂边界的一维 Richard 方程求解。对二维问题进行求解的偏微分有限元理论表示为[13]:

$$B_z \frac{\partial^2 P}{\partial z^2} + B_x \frac{\partial^2 P}{\partial x^2} - C_z \frac{\partial J_{vz}}{\partial z} - C_x \frac{\partial J_{vx}}{\partial x} + Q - A \frac{\partial P}{\partial t} = 0 \tag{6}$$

式中:P 为驱动变量;B_z、B_x、C_z、C_x 为系数;J_{vz}、J_{vx} 为在 z、x 坐标方向的水汽通量分量;Q 为源汇项;其他符号意义同前。上式在应用中,首先对模拟区域进行离散,离散单元的未知变量近似解可表示为:

$$\hat{P}(x,z,t) = \sum_{j=1}^{m} P_j(t) N_j(x,z) \tag{7}$$

式中:$\hat{P}(x,z,t)$ 为驱动变量 P 的近似解,$P_j(t)$ 为节点 j 处的未知驱动变量;$N_j(x,z)$ 为在 j 节点的插值函数或形函数;m 为计算区域的总节数。

3 意义

沟灌土壤的水热传输公式表明,沟灌土壤－大气边界的水分、温度和水汽的运移以及边界小气候状况是非常复杂的,对水热模拟的准确性影响非常大。耕作措施和灌溉方式的改变,使涉及复杂因素的模型求解难度增大,采用适宜的算法优化模型参数,能够提高模拟精度。

参考文献

[1] 李彩霞,孙景生,周新国,等.沟灌条件下土壤水热传输与转换研究进展.农业工程学报,2009,25 (Supp.1):1-5.

[2] Shaw R H,Buchele W F. The effect of the shape of the soil surface profile on soil temperature and moisture. Journal Science of Iowa State College,1957,32:95-104.

[3] Sharratt B S,Schwarzer M J,Campbell G S,et al. Radiation balance of ridge - tillage with modeling strategies for slope and aspect in the subarctic. Soil Science Society of America Journal,1992,56:1376-1384.

[4] Cristopher J,Skonard. A Field - Scale Furrow Irrigation Model. Nebraska:University of Nebraska, 2002.

[5] 张新燕,蔡焕杰,王健.沟灌二维入渗影响因素实验研究.农业工程学报,2005,21(9):38-41.

[6] Kosuke N A. Two - dimensional finite element model for solution,heat,and solute transport in furrow - irrigate soil. Texas:Texas A&M University, 1995.

[7] Camillo P J,Gurney R J. A resistance parameter for bare soil evaporation models. Soil Science, 1986, 141: 95-106.

[8] Sun S F. Moisture and heat transport in a soil layer forced by atmospheric conditions. Connecticut:University of Connecticut, 1982.

[9] Vining K C. Two - dimensional energy balance model for ridge - furrow tillage. Texas:Texas A&M University, 1988.

[10] Philip J R,De Vries D A. Moisture movement in porous materials under temperature gradients. Transaction - American Geophsical Union, 1957, 38:222-232.

[11] 赵梦玲,张德生,窦建坤,等.二维非饱和土壤水分运动的数值模拟.纺织高校基础科学学报,2005, 18(3):254-257.

[12] 陆垂裕,裴源生.适应复杂上表面边界条件的一维土壤水运动数值模拟.水利学报,2007,38(2): 136-142.

[13] Wang H F,Anderson M P. Introduction to groundwater modeling. Finite difference and finite element methods. New York:W H Freeman and Company,1982.

虚拟水战略的配置模型

1 背景

北京市水资源短缺,农业用水量巨大,实施虚拟水战略从外部引入虚拟水资源是优化北京市农业产业结构,实现北京市水资源优化配置的重要途径。任大朋等[1]计算了北京市国民经济贸易中的虚拟水量,研究了北京市虚拟水贸易的历史和发展趋势。在此基础上建立了基于虚拟水战略的水资源配置模型,并将其应用于北京市农业产业结构调整研究。

2 公式

模型借鉴水资源配置[2,3]和产业结构调整[4,5]相关研究成果,采用"外调食品"作为实施虚拟水战略的主要手段,以"资金—食品—需水—配置"为主线,建立虚拟水战略下的水资源配置模型。

2.1 模型目标

区域的经济发展和环境保护是区域可持续发展的重要保证。模型采用国内生产总值(Gross domestic Product,GDP)最大,化学需氧量(Chemical Oxygen Demand,COD)入河量最小2个目标。

经济目标:GDP 最大,$\text{Max} \sum_T GDP(T)$ (1)

经济目标:COD 最大,$\text{Min} \sum_T COD(T)$ (2)

式中:T 为规划水平年;$GDP(T)$ 为 GDP 产值,亿元;$COD(T)$ 为 COD 入河量,$\times 10^4$ t。

2.2 模型结构

1)宏观经济模块

宏观经济模型用于预测未来区域经济发展情况。考虑到农业贸易对食品安全和社会稳定的特殊作用,需要将农业贸易输入中的"外调食品资金"分离出来进行单独考虑。

$$X(T,A) \cdot (I - A) = BFIN(T,A) + SE(T,A) - SI(T,A) - FB(T) \quad (3)$$

$$X(T,NA) \cdot (I - A) = BFIN(T,NA) + SE(T,NA) - SI(T,NA) \quad (4)$$

$$GDP(T) = \sum_s [IOC(T,S) \cdot X(T,S)] \quad (5)$$

式中:$X(T,A)$、$X(T,NA)$ 为农业部门、非农部门产值,亿元;I 为单位矩阵;A 为投入产出直

75

接消耗系数矩阵；$BFIN(T,A)$、$BFIN(T,NA)$为农业部门、非农部门最终消费，亿元；$SE(T,A)$、$SE(T,NA)$为农业部门、非农部门贸易输出，亿元；$SI(T,A)$为不包含食品贸易输入的农业贸易输入，亿元；$FB(T)$为外调食品资金，亿元；$SI(T,NA)$为各非农部门贸易输入，亿元；$IOC(T,S)$为各部门附加值率；$X(T,S)$为各部门产值，亿元；S为各国民经济部门。

2）人口模块

城镇人口和农村人口在就业形式、饮食结构、水资源需求方面均存在很大差异，人口模块主要用于反映这种人口组成结构。

$$PLO(T) = PLU(T) + PLV(T) \tag{6}$$

式中：$PLO(T)$为社会总人口，万人；$PLU(T)$为城镇人口数量，万人；$PLV(T)$为农村人口数量，万人。

3）劳动就业模块

劳动就业模块通过劳动力生产效率与宏观经济模块和人口模块相联系，对社会劳动力就业的总体情况进行描述。

$$PLO(T) \cdot LR(T) \cdot ELO(T) \leqslant NLAB(T) \leqslant PLO(T) \cdot LR(T) \cdot EUP(T) \tag{7}$$

$$NLAB(T) = \sum_{NA} NEMP(T,NA) \cdot X(T,NA) + NEMP(T,A) \cdot X(T,A) \tag{8}$$

式中：$LR(T)$为适龄劳动力占社会人口比例；$NLAB(T)$为经济发展可以吸纳的劳动力，万人；$ELO(T)$和$EUP(T)$为社会就业率的下限和上限；NA为国民经济非农业部门；$NEMP(T,NA)$、$NEMP(T,A)$为非农部门和农业部门单位产值就业人数，万人/亿元。

4）土地资源模块

根据不同作物的经济价值和用水特点，将种植业土地利用类型分为粮食作物、蔬菜作物、经济作物和其他作物4类进行研究。

$$ARET(T) = \sum_{c} ARE(T,C) \tag{9}$$

$$FDIN(F,T) = YDF(F,T) \cdot ARE(F.T) \tag{10}$$

式中：$ARET(T)$为总播种面积，$\times 10^4 \ hm^2$；C为种植作物类型；$ARE(T,C)$为各类作物种植面积，$\times 10^4 \ hm^2$；$FDIN(F,T)$为本地食品作物产量，$\times 10^4 \ t$；$YDF(F,T)$为食品作物单位面积产量，t/hm^2；$ARE(F,T)$为食品作物种植面积，$\times 10^4 \ hm^2$。

5）食品安全模块

根据食品安全相关研究，保证食品安全的模式主要有4种类型：自给模式、贸易模式、自给为主模式和贸易为主模式[6]。实施虚拟水战略后，区域外食品输入与区域内食品生产共同承担起区域食品安全供应的任务。

$$FND(T) \cdot FSLO(T) \leqslant FSUP(T) \leqslant FND(T) \cdot FSUP(T) \tag{11}$$

$$FND(T) = PLU(T) \cdot PLUF(T) + PLV(T) \cdot PLVF(T) \tag{12}$$

$$FDSUP(T) = FDIN(T) \cdot FSR(T) + FB(T)/FPR(T) \tag{13}$$

$$FB(T)/FPR(T) = FDUP(T) \cdot FAR(T) \tag{14}$$

式中：$FND(T)$ 为食品总需求量，$\times 10^4$ t；$FDSUP(T)$ 为食品总供应量，$\times 10^4$ t；$FSUP(T)$、$FSLO(T)$ 为食品安全上下限；$PLUF(T)$、$PLVF(T)$ 为城市和农村人均食品需求量，t；$FDIN(T)$ 为本地粮食产量，$\times 10^4$ t；$FSR(T)$ 为本地食品供应居民消费系数；$FPR(T)$ 为食品价格，10^5 元/t；$FAR(T)$ 为外调食品比例。

6）环境保护模块

环境保护模块主要处理污染物排放、污染物处理、污水排放等相关问题。

$$COD(T) = CODTT(T) - CODTR(T) \tag{15}$$

$$CODTT(T) = CODA(T) + CODI(T) + CODL(T) \tag{16}$$

$$CODTR(T) = GM(T) \cdot 365 \cdot CODN(T) \cdot QUA(T) \tag{17}$$

式中：$COD(T)$ 为 COD 入河量，$\times 10^4$ t；$CODTT(T)$ 为 COD 排放总量，$\times 10^4$ t；$CODTR(T)$ 为 COD 削减量，$\times 10^4$ t；$CODA(T)$ 为农业面源 COD 排放量，$\times 10^4$ t；$CODI(T)$ 为工业 COD 排放量，$\times 10^4$ t；$CODL(T)$ 为生活 COD 排放量，$\times 10^4$ t；$GM(T)$ 为污水处理规模，$\times 10^4$ m^3/d；$CODN(T)$ 为污水处理 COD 浓度，t/m^3；$QUA(T)$ 为污水处理 COD 去除率。

7）水务投资模块

水务投资包括开源投资、节水投资和治污投资。

$$XWIV(T) = XIVP(T) + XIVS(T) + XIVE(T) \tag{18}$$

式中：$XWIV(T)$ 为水务投资总额，亿元；$XIVP(T)$ 为开源投资，亿元；$XIVS(T)$ 为节流投资，亿元；$XIVE(T)$ 为治污投资，亿元。

8）水资源供需模块

水资源供需模块描述了水资源系统内部的水量平衡关系。

$$\sum_{NA} X(T,NA) \cdot WX(T,NA) + WPU(T) \cdot PLU(T) + WENV(T) + WLOS(T,U)$$
$$\leq WCRO(T) + WU(T) + GC(T) + TRU(T) \tag{19}$$

$$\left[\sum_{c} WARE(T,C) \cdot ARE(T,C) \right] + WPV(T) \cdot PLV(T) + WLM(T) \cdot LMF(T) +$$
$$WLOS(T,R) \leq WV(T) + GV(T) + TRV(T) \tag{20}$$

$$WDELO(T) \cdot PLO(T) \leq WSU(T) + WSV(T) + \sum_{s} WX(T,S) \cdot SI(T,S) +$$
$$WX(T,A) \leq WDEUP(T) \cdot PLO(T) \tag{21}$$

式中：$WX(T,NA)$、$WX(T,A)$ 为非农部门、农业部门用水定额，m^3/元；$WPU(T)$、$WPV(T)$ 为城镇人口、农村人口用水定额，$\times 10^5$ m^3；$WENV(T)$ 为环境用水量，$\times 10^8$ m^3；$WLOS(T,U)$、$WLOS(T,R)$ 为城市、农村输水损失，$\times 10^8$ m^3；$WCRO(T)$ 为调水量，$\times 10^8$ m^3；$WU(T)$、$GC(T)$、$TRU(T)$ 为城市地表水、地下水和再生水利用量，$\times 10^8$ m^3；$WARE(T,C)$ 为各种作物用水定额，$\times 10^5$ m^3/hm^2；$WLM(T)$ 为林牧副渔业用水定额，m^3/元；$LMF(T)$ 为林牧副渔产值，亿元；$WV(T)$、$GV(T)$、$TRV(T)$ 为农村地表水、地下水和再生水利用量，$\times 10^8$ m^3；

$WDELO(T)$、$WDEUP(T)$为人均广义水资源利用量下限和上限,$\times 10^5 \text{ m}^3$;$WSU(T)$、$WSV(T)$为城市、农村实体水资源利用量,$\times 10^8 \text{ m}^3$;$WX(T,S)$为国民经济各部门用水定额,$\text{m}^3/$元;$SI(T,S)$为国民经济各部门贸易输入,亿元。

根据北京市水资源管理的实际情况,设置北京市未来可能出现的水资源供需情景。本文重点研究实体水资源和虚拟水资源对北京市农业产业结构调整的作用,因此分别设置南水北调情景和虚拟水战略情景。各种不同情景的方案组合见表1。

表1 不同实体水和虚拟水情景下的方案组合

方案号	南水北调A 高调水情景	南水北调B 低调水情景	虚拟水情景A 外调粮食比例40%	虚拟水情景B 外调粮食比例60%	虚拟水情景C 外调粮食比例80%
方案1(AA)	✓	✕	✓	✕	✕
方案2(AB)	✓	✕	✕	✓	✕
方案3(AC)	✓	✕	✕	✕	✓
方案4(BA)	✕	✓	✓	✕	✕
方案5(BB)	✕	✓	✕	✓	✕
方案6(BC)	✕	✓	✕	✕	✓

将不同情景的方案组合作为模型输入,运行模型得到不同策略情景下的经济、社会、环境、水资源主要发展指标,作为方案决策依据。不同策略组合的模型运行结果见表2。

表2 不同方案组合的模型运行结果

策略方案	规划目标年	国内生产总值GDP /亿元	化学需氧量COD /10^4 t	入口规模 /万人	种植面积 /10^4 hm²	粮食生产 /10^4 t	调入食粮 /10^4 t	农业就业 /万人	实体水资源 /10^8 m³	虚拟水资源 /10^8 m³	虚拟水比例/%
方案1 (AA)	2010	12 772	9.8	1 555	28.8	82.4	54.9	59.8	47.4	23.7	33.3
	2020	20 992	7.8	1 714	28.6	87.5	58.3	45.6	55.2	29.4	34.8
	2030	28 957	4.9	1 890	28.5	93.2	62.2	35.3	56.2	35.5	38.7
方案2 (AB)	2010	13 287	9.7	1 572	23.2	52.3	78.5	53.0	44.1	25.7	36.9
	2020	22 640	7.5	1 817	23.0	58.0	87.0	38.9	52.7	34.3	39.4
	2030	31 616	4.6	2 099	22.7	60.0	90.0	29.5	55.1	41.3	42.8
方案3 (AC)	2010	13 507	9.6	1 603	17.8	26.2	104.6	43.7	42.5	27.9	39.7
	2020	25 914	7.2	1 905	17.7	28.5	114.1	25.8	51.6	41.8	44.7
	2030	35 916	4.3	2 163	17.7	29.6	118.4	18.4	53.0	47.0	47.0
方案4 (BA)	2010	11 332	9.5	1 455	28.8	82.4	54.9	59.6	45.8	22.0	32.4
	2020	19 522	7.1	1 604	28.8	86.3	57.5	45.3	50.9	27.2	34.8
	2030	26 776	4.7	1 769	28.4	93.2	62.2	35.0	52.0	32.1	38.2

策略方案	规划目标年	国内生产总值 GDP /亿元	化学需氧量 COD /10⁴ t	人口规模 /万人	种植面积 /10⁴ hm²	粮食供应		农业就业 /万人	广义水资源		虚拟水比例/%
						粮食生产 /10⁴ t	调入食粮 /10⁴ t		实体水资源 /10⁸ m³	虚拟水资源 /10⁸ m³	
方案 5 （BB）	2010	12 772	9.3	1 471	23.4	52.3	78.5	55.0	42.5	24.9	36.9
	2020	20 612	6.8	1 700	23.0	56.9	85.4	39.2	49.3	30.7	38.4
	2030	27 930	4.3	1 965	22.7	62.2	93.2	29.6	50.2	35.7	41.6
方案 6 （BC）	2010	13 213	9.1	1 501	17.9	26.2	104.6	40.6	39.3	26.7	40.4
	2020	23 002	6.3	1 783	17.8	29.0	116.0	24.8	47.0	37.1	44.1
	2030	32 465	4.0	2 025	17.7	30.0	120.0	18.3	48.9	42.4	46.4

3　意义

　　虚拟水战略的配置模型表明,农业发展受水资源严重制约,水资源在一定程度上决定着农业产业结构布局和农业产业结构调整方向。在水资源约束下北京市农业在国民经济中的比重将进一步下降,生态农业、观光农业等都市农业类型是北京市农业发展的方向。

参考文献

[1]　任大朋,刘培斌,李会安.虚拟水战略下的北京市农业产业结构调整.农业工程学报,2009,25(Supp. 1):11-16.

[2]　高振宇.北京市宏观经济水资源多目标分析系统研究.北京水利,1997,(4):4-8.

[3]　崔志清,董增川.基于水资源约束的产业结构调整模型研究.南水北调与水利科技,2008,6(2): 60-63.

[4]　周惠成,彭慧,张弛,等.基于水资源合理利用的多目标农作物种植结构调整与评价.农业工程学报, 2007,23(9):45-49.

[5]　程智强,邱化蛟,程序.资源边际效益与种植业结构调整目标规划.农业工程学报,2005,21(12): 16-19.

[6]　梅方权,张象枢,黄季焜,等.粮食与食物安全早期预警系统研究.北京:中国农业科学技术出版社, 2006.51-57.

萃取水飞蓟素的动力方程

1 背景

为了揭示微波辅助萃取水飞蓟素的动力学机理,王新等[1]选择萃取温度(78~130℃)、萃取时间(30~70 min)为影响因素,用反应级数、平均表观速率常数和活化能表征物料在萃取过程中动力学行为,对比研究了微波辅助萃取(MAE)和常规的热回流萃取法(RHE)萃取水飞蓟素的过程,并在电子显微镜下分别观察了经两种方法加工后水飞蓟颗粒的微观结构。

2 公式

2.1 水飞蓟素含量的测定

2.1.1 标准曲线

精确称取干燥至恒质量的水飞蓟宾标准品 20 mg。加适量甲醇,置水浴上温热溶解后,移入 50 mL 容量瓶中,加甲醇稀释至刻度,摇匀,即得(每 1 mL 中含水飞蓟宾 0.4 mg)。取对照品溶液 0.5 mL、1.0 mL、1.5 mL、2.0 mL、2.5 mL、3.0 mL 分别置于 50 mL 容量瓶中,加甲醇稀释至刻度,以甲醇为空白试验,在分光光度计的波长 287 nm 处测定吸光值,依次为 0.190 1、0.362 2、0.524 1、0.706 4、0.878 3、1.050 4。以吸光值(近似在 0~1 之间)为横坐标,浓度为纵坐标,绘制标准曲线,得到的水飞蓟宾标准曲线为:

$$D = 0.023\ 2A - 0.004 \qquad R^2 = 0.999\ 8 \tag{1}$$

式中:D 为样品溶液的浓度,mg/mL;A 为吸光值。

2.1.2 水飞蓟素产率计算

已有研究表明 UV 法测定水飞蓟素的加样回收率在 98.5%,对水飞蓟素萃取物测定相对标准偏差在 0.5%~0.8%[2,3]。如前选择紫外检测波长为 287 nm。根据吸光值计算产率,即:

$$X = (0.023\ 2A - 0.000\ 4)V/m \tag{2}$$

式中:X 为水飞蓟素产率,mg/g;V 为萃取液的总体积,mL;m 为脱脂水飞蓟种籽粉末质量,g。

80

2.2 MAE 和 RHE 萃取过程的动力学特征

2.2.1 反应级数

为了阐明产生差异的原因,分别测定了温度为 383 K、393 K 和 403 K 的微波萃取动力学曲线以及 333 K、343 K 和 351 K 的热回流萃取动力学曲线,并确定 MAE 和 RHE 的反应级数。根据等温动力学方程式(3),将其积分得到式(4)和式(5)。

$$\mathrm{d}C/\mathrm{d}t = k(C_{max} - C)^n \tag{3}$$

$$[C_{max}^{1-n} - (C_{max} - C)^{1-n}]/(1 - n) = kt + a \quad (n \neq 1) \tag{4}$$

$$\ln[C_{max}/(C_{max} - C)] = kt + a \quad (n = 1) \tag{5}$$

式中:C_{max} 为指定温度下的最大萃取产率,mg/g;C 为萃取时间 t 时的产率,mg/g;k 为萃取表观速率常数;t 为萃取时间,min;a 为积分常数;n 为萃取反应级数。

根据以上公式测定 MAE 反应级数,如图 1 所示。可见 MAE 过程符合一级动力学方程,即:$n = 1$。

2.2.2 表观速率常数和活化能

根据 Arrhenius 方程,速率常数 k 可用式(6)或式(7)表示:

$$\ln k = B\exp(-Ea/RT) \tag{6}$$

$$\ln k = \ln B - Ea/RT \tag{7}$$

式中:B 为置前因子,当温度在小范围内变化时,可视为常数;Ea 为活化能,表示反应必需的最低能量;$e^{-Ea/RT}$ 为表示可以被萃取的分子分数;R 为气体常数[8.314 J/(mol·K)];T 为萃取温度,K。

拟合得到 MAE 的方程(8)和 RHE 的方程(9):

$$\ln k = -287.73/T - 3.67 \quad R^2 = 0.999\ 0 \tag{8}$$

$$\ln k = -1\ 419.7/T - 4.131 \quad R^2 = 0.993\ 8 \tag{9}$$

线性拟合根据式(5),得到的斜率值即为萃取的表观速率常数。MAE 和 RHE 过程的水飞蓟素的表观速率常数列于表 1,可知,随着萃取温度的提高,萃取组分水飞蓟素的表观速率常数依次增大。

根据式(7)和表 1 中的数据,分别将 MAE 和 RHE 的 $\ln k$ 与相应的 $1/T$ 进行线性拟合如图 2 所示。

表 1 MAE 和 RHE 的表观速率常数

MAE			RHE		
温度/K	k/s^{-1}	$\ln k$	温度/K	k/s^{-1}	$\ln k$
383	$1.202\ 8 \times 10^{-2}$	$-4.420\ 5$	333	2.27×10^{-4}	-8.39
393	$1.224\ 8 \times 10^{-2}$	$-4.402\ 4$	343	2.36×10^{-4}	-8.35
403	$1.248\ 5 \times 10^{-2}$	$4.383\ 2$	351	2.84×10^{-4}	-8.17

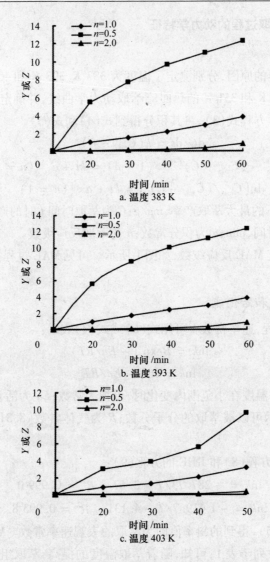

图1　MAE 条件下萃取反应级数测定曲线

3　意义

　　萃取水飞蓟素的动力方程表明:MAE 和 RHE 萃取水飞蓟素的过程均符合一级动力学方程的规律;MAE 萃取水飞蓟素的活化能约是 RHE 的 1/5,平均表观速率常数是 RHE 的 48 倍。观察水飞蓟颗粒微观结构发现,经 MAE 萃取后的结构呈现疏松排列的;而经 RHE 方法萃取后的结构排列紧密。这些结果表明微波的作用使萃取剂和萃取物更容易通过细胞壁,增强了水飞蓟素在基体内的扩散速度,提高了萃取率。

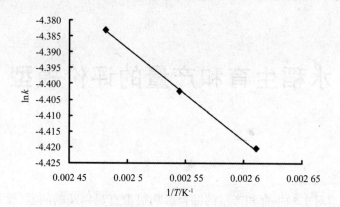

图 2   微波辅助萃取 $\ln k$ 对 $1/T$ 的线性关系

参考文献

[1]   王新,刘成海,郑先哲,等.微波辅助萃取水飞蓟素的动力学机理.农业工程学报,2009,25(Supp.1):
        208 – 212.

[2]   史劲松,孙达峰,顾龚平,等.水飞蓟素萃取工艺的改进和探讨.中国野生植物资源,2006,25(6):
        52 – 54.

[3]   袁丹,张国峰,王瑞杰.水飞蓟果实、果皮及其萃取物质量评价法的研究.沈阳药科大学学报,2003,20
        (6):120 – 123, 131.

水稻生育和产量的评价模型

1 背景

针对水分胁迫对水稻生育和产量的综合影响很难直观判断的问题,徐淑琴等[1]提出了评价水稻综合指标的投影寻踪方法,其可以依据样本自身的数据特性寻求最佳投影方向,利用最佳投影方向判断各评价指标对综合评价目标的贡献大小。采用实码加速遗传算法(RAGA)进行投影寻踪(PPC)建模,简化了投影寻踪技术的实现过程,克服了投影寻踪技术计算复杂、编程实现困难的缺点。

2 公式

PPC 模型的建模过程分如下几个步骤。

(1)样本评价指标集的归一化处理。设各指标值的样本集为 $\{x^*(i,j)\mid i=1,2,\cdots,n; j=1,2,\cdots,p\}$,其中 $x^*(i,j)$ 为第 i 个样本第 j 个指标值,n、p 分别为样本的个数(样本容量)和指标的数目。

越大越优的指标:

$$\mu(x_{ij}) = \begin{cases} 0 & (x_i \leq x_{\min}) \\ \dfrac{x_i - x_{\min}}{x_{\max} - x_{\min}} & (x_{\min} < x_i < x_{\max}) \\ 1 & (x_{\max} \leq x_i) \end{cases} \tag{1}$$

越小越优的指标:

$$\mu(x_{ij}) = \begin{cases} 1 & (x_i \leq x_{\min}) \\ 1 - \dfrac{x_i - x_{\min}}{x_{\max} - x_{\min}} & (x_{\min} < x_i < x_{\max}) \\ 0 & (x_{\max} \leq x_i) \end{cases} \tag{2}$$

式中:$x_{\max}(j)$、$x_{\min}(j)$ 分别为第 j 个指标值的最大值和最小值;$x(i,j)$ 为指标特征值归一化的序列。

(2)构造投影指标函数 $Q(a)$。PP 方法就是把 p 维数据 $\{x(i,j)\mid j=1,2,\cdots,p\}$ 综合乘以 $a = \{a(1),a(2),a(3),\cdots,a(p)\}$ 为投影方向的一维投影值 $z(i)$。

$$z(i) = \sum_{j=1}^{p} a(j)x(i,j) \quad (i = 1,2,\cdots,n) \tag{3}$$

式中:a 为单位长度向量。然后根据 $\{z(i) \mid i = 1,2,\cdots,n\}$ 的一维散布图进行分类。投影指标函数可以表达成:

$$Q(a) = S_z D_z \tag{4}$$

式中:S_z 为投影值 $z(i)$ 的标准差;D_z 为投影值 $z(i)$ 的局部密度,即:

$$S_z = \sqrt{\frac{\sum_{i=1}^{n}\left[z(i) - E(z)\right]^2}{n-1}} \tag{5}$$

$$D_z = \sum_{i=1}^{n}\sum_{j=1}^{n}\left[R - r(i,j)\right] \cdot u\left[R - r(i,j)\right] \tag{6}$$

式中:$E(z)$ 为序列 $\{z(i) \mid i = 1,2,\cdots,n\}$ 的平均值;R 为局部密度的窗口半径,它的选取既要使包含在窗口内的投影点的平均个数不太少,避免滑动平均偏差太大,又不能使它随着 n 的增大而增加太高,R 可以根据试验来确定;$r(i,j)$ 为样本之间的距离,$r(i,j) = |z(i) - z(j)|$;$u(t)$ 为一单位阶跃函数,当 $t \geqslant 0$ 时其值为 1,当 $t < 0$ 时其函数值为 0。

(3)优化投影指标函数。

最大化目标函数为:

$$\text{Max}:Q(a) = S_z \cdot D_z \tag{7}$$

约束条件为:

$$s \cdot t:\sum_{j=1}^{p} a^2(j) = 1 \tag{8}$$

利用以上模型公式根据试验统计数据各个评价指标的最佳投影方向也可以看出各个评价指标对综合评价贡献率的大小与影响程度。其中每穗粒数对整体评价结果影响最大,其次为产量、千粒重与平均株高,然后是平均株长、总株数与无效分蘖数(图1)。

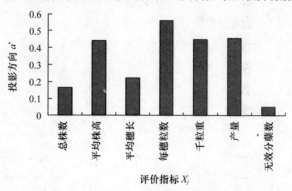

图1　各评价指标的投影方向(2006年)

3 意义

水稻生育和产量的评价模型表明,拔节期受旱对生育综合指标影响较大,分蘖期受旱由于时间较长,生育综合指标也较差。水稻生育期连旱对生理指标以及产量影响最为严重。应用 RAGA 算法的 PPC 模型评价水稻水分胁迫情况下生育综合指标排序结论比较可靠,这对制订水稻调亏灌溉制度具有应用价值。

参考文献

[1] 徐淑琴,付强,董淑喜,等. 基于 RAGA 的 PPC 模型评价水分胁迫对寒区水稻生长和产量的影响. 农业工程学报,2009,25(增刊2):29 – 33.

病害的识别模型

1 背景

孙光明等[1]提出了一种根据大麦多光谱图像实时识别大麦赤霉病害的方法。首先利用阈值分割以及形态学的处理算法去除大麦穗图像背景和麦芒干扰信息;其次从预处理后的多光谱图像中提取图像的颜色统计特征;最后将这些颜色统计特征数据经过预处理后应用偏最小二乘法(principal component analysis,PLS)进行模式特征分析,经过交互验证法判别选取最佳的主成分数,输入到最小二乘 – 支持向量机模型(least square – support vector machine,LS – SVM),建立病害识别模型。

2 公式

最小二乘支持向量机(LS – SVM)通过非线性映射函数 $\phi(\cdot)$ 建立回归模型,其原理如下。

设训练集样本为:

$$D = \{(x_k, y_k) \mid k = 1, 2, \cdots, N\}, x_k \in R^n, y_k \in R \tag{1}$$

式中:x_k 为输入向量;y_k 为目标值。在 w 空间中的函数估计问题可以归结为求解方程:

$$\min J(w, e) = \frac{1}{2} w^T + \frac{1}{2} \gamma \sum_{k=1}^{N} e_k^2 \tag{2}$$

约束条件为:$y_k = w^T \phi(x) + b + e_k, k = 1, 2, \cdots, N$。

其中:$\phi(x):R^n \rightarrow R^{nh}$ 是核空间映射函数,权向量 $w \in R^{nh}$,误差变量 $e_k \in R$,b 是偏差量,γ 是可调超参数。利用拉格朗日法求解:

$$L(w, b, e, \alpha) = J(w, e) - \sum_{k=1}^{N} \alpha_k \{w^T \phi(x_k) + b + e_k - y_k\} \tag{3}$$

其中,$\alpha_k, k = 1, 2, \cdots, N$,是拉格朗日乘子。根据优化条件:

$$\begin{cases} \dfrac{\partial L}{\partial w} = 0 \rightarrow w = \displaystyle\sum_{k=1}^{N} \alpha_k \phi(x_k) \\[2mm] \dfrac{\partial L}{\partial b} = 0 \rightarrow \displaystyle\sum_{k=1}^{N} \alpha_k \phi(x_k) = 0 \\[2mm] \dfrac{\partial L}{\partial e_k} = 0 \rightarrow \alpha_k = \gamma e_k, k = 1, \cdots, N \\[2mm] \dfrac{\partial L}{\partial \alpha_k} = 0 \rightarrow w^T \phi(x_k) + b + e_k - y_k = 0, k = 1, 2, \cdots, N \end{cases} \tag{4}$$

得到:

$$\begin{bmatrix} 0 & I^T \\ I & \Omega + \gamma^{-1}I \end{bmatrix} \begin{bmatrix} b \\ \alpha \end{bmatrix} = \begin{bmatrix} 0 \\ y \end{bmatrix} \tag{5}$$

其中: $x = [x_1, \cdots, x_N]$, $y = [y_1, \cdots, y_N]$, $\alpha = [\alpha_1, \cdots, \alpha_N]$, $I = [1, \cdots, 1]$。核函数 $K(x_k, x_l) = \phi(x_k)^T \phi(x_l), k = 1, 2, \cdots, N, l = 1, 2, \cdots, N$,是满足 Mercer 条件的对称函数。

LS – SVM 的函数估计为:

$$y(x) = \sum_{k=1}^{N} \alpha_k K(x, x_k) + b \tag{6}$$

其中, α, b 可由式(5)得到。

常见的核函数有线性核函数、多项式核函数、RBF(Radial Basis Function)核函数、多层感知核函数等。

实验采用了 RBF 核函数:

$$K(x, y) = \exp \frac{-(x-y)^2}{2\sigma^2} \tag{7}$$

运用 Unscrambler V9.8 分别对未经预处理(RAW)的 12 个颜色特征数据分别经过 SNV、MSC 和 Savitzky – Golay 平滑结合 SNV(Savitzky – Golay – SNV)预处理的数据进行偏最小二乘分析,得到各预处理方式的最佳主成分数。根据 LS – SVM 模型识别正确的样本个数与识别集样本总数的比值得到模型的识别正确率,如表 1 所示,可知经过有无对数据进行预处理对模型识别效果有较大的影响。

表 1 不同预处理方法的 PLS 分析和相应的 LS – SVM 模型识别率

预处理	PLS 分析最佳主成分数	LS – SVM 模型识别率/%
未预处理(RAW)	2	87.8
变量标准化(SNV)	4	91.8
多元散射核 E(MSC)	1	93.9
Savitzky – Golay – SNV	4	83.7

3　意义

病害的识别模型表明,经过比较发现多元散射校正处理后,最佳主成分为 1 的最小二乘支持向量机模型对病害的识别准确率最高,达到 93.9% 。表明利用多光谱成像信息可对大麦赤霉病进行准确识别,为植物病害监测与防治提供了一条新方法。

参考文献

[1]　孙光明,杨凯盛,张传清,等.基于多光谱成像技术的大麦赤霉病识别.农业工程学报,2009,25(增刊2):204 – 207.

森林蓄积的角规模型

1 背景

为了减少普通角规测定森林蓄积误差、林分分布不均匀带来的系统误差以及提高工作效率,董斌等[1]采用电子角规5重同心圆法(图1)测量森林蓄积。电子角规绕测一周计数的与视线相割或相切的树木直径是不同的,这就为不同直径的树木分别设立了半径不同的同心样圆。因此,这种电子角规测定森林蓄积的原理叫做同心圆原理[2-7]。

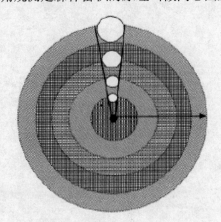

图1 多重同心圆示意图

2 公式

2.1 普通角规法测定森林蓄积

设林分中所有林木胸径相同均为 D_i,有 3 株树,其中一棵为临界树,用角规绕测时,形成以测点 O 为中心的假想样圆[8-9],则样圆半径 R_i 为:

$$R_i = L \times D_i/l \tag{1}$$

式中:R_i 为样圆半径,m;L 为角规尺长,m;l 为角规缺口宽,m;D_i 为林木胸径,m。

则角规绕测的样圆面积 S_i 为:

$$S_i = \pi \times R_i^2 = \pi \times (L \times D_i/l)^2 \tag{2}$$

式中:S_i 为样圆面积,hm^2。

设样圆内共有 Z_i 株树,即角规绕测的计数值为 Z_i,则落入样圆内的树木的断面积 g_i 为:

$$g_i = \frac{1}{4}\pi \times D_i^2 \times Z_i \tag{3}$$

式中:g_i 为林木断面积,m^2;Z_i 为株数,个。

则林分每公顷断面积 G_i 为:

$$S_i : g_i = 10000 : G_i$$

$$G_i = 2500 \times (l/L)^2 \times Z_i = Fg \times Z_i \tag{4}$$

式中:G_i 为林分每公顷断面积,m^2/hm^2;Fg 为角规断面积系数,m^2。通过调整 l/L,取值分别为 0.5(中龄林,疏密度为 0.3~0.5)、1(近熟林,疏密度为 0.6~0.8)、2 或 4(成、过熟林,疏密度 0.8 以上)。

在现实林分中,树木的胸径不可能完全相同。设林分中具有有限个直径组 D_i($i = 1$,$2,\cdots,n$),按上述原理用角规绕测时,对每一组直径 D_i 均形成以 O 为中心以 $D \times L/l$ 为半径的 n 个多重同心圆,凡落入相应的样圆内,则计数,否则不计,则林分每公顷断面积 G 为:

$$G = \frac{1}{n}\sum_{i=1}^{n} G_i = \frac{Fg}{n}\sum_{i=1}^{n} Z_i = Fg \times \overline{Z} \tag{5}$$

式中:G 为林分每公顷断面积,m^2/hm^2;$\overline{Z}$ 为平均角规数,个。

2.2 电子角规多重同心圆法测定森林蓄积

根据相关人员的研究,电子角规测树原理如下[10-14]。

设林分每公顷胸高断面积 $G = Fg \times Z$;辅助高(近于胸高与冠下高的中部)断面积 $G_b = Fg \times Z_b$;近似形点高断面积 $G_a = Fg \times Z_a$。其中,Fg 为角规面积系数;Z、Z_b、Z_a 为角规计数,则林分平均高 H 与森林蓄积 M 为:

$$H = \frac{0.292\,89(H_a - H_b)\dfrac{\sqrt{G_b} - \sqrt{0.5G}}{\sqrt{G_a} - \sqrt{0.5G}}\Big/\big(1 - 0.5^{\frac{1}{R_a}}\big) + H_b}{1 - 0.5^{\frac{1}{R}}} \tag{6}$$

$$M = \frac{1}{R + 1}\left(\frac{H}{H - 1.3}\right)^R H \times G \tag{7}$$

$$H_a = \frac{100}{\sqrt{\pi}}\tan \alpha_a \sqrt{\frac{G_a}{N}} \tag{8}$$

$$H_b = \frac{100}{\sqrt{\pi}}\tan \alpha_b \sqrt{\frac{G_b}{N}} \tag{9}$$

$$R_a = \frac{\log 0.5}{\log \dfrac{\left[H_a^A(H_a - H_b)\right]^{\frac{1}{A+1}}}{H_a}} \tag{10}$$

$$A = \frac{\log\left[2\left(\dfrac{\sqrt{G_b} - \sqrt{G_a}}{\sqrt{G} - \sqrt{G_a}}\right)^2\right]}{\log 0.5} \tag{11}$$

$$R = \frac{\dfrac{R_a}{R_a + 1}0.068\,375 + 0.392\,70}{\dfrac{1}{R_a + 1}0.068\,375 + 0.392\,70} \tag{12}$$

式中：H 为林分平均高，m；M 为林分每公顷蓄积，m^3；d_i 为胸径，m；H_a 为近似形点高，m；H_b 为林分辅助高，m；α_a、α_b 为近似形点高竖角；A 为过渡指数；R_a 为近似形点高区分段相关干形指数；R 为林分干形指数。

根据样地的调查数据采取两种测算方法，分别记录其外业观测和内业计算的时间。研究表明，电子角规单点 5 重同心圆法比 5 个不同地点普通角规法观测时间少 2 倍以上。同心圆样地数据具体如表 1 和表 2 所示。可见采用电子角规多重同心圆法测定的森林蓄积值随着样地属性的不同发生相应的变化。

表 1　多重同心圆样地

同心圆	电子角规多重同心圆法					多点普通角规法			样地属性
	株数/个	断面积/m²	平均胸径/cm	平均高/m	蓄积/(m³·hm⁻²)	角规数/个	平均高/m	蓄积/(m³·hm⁻²)	
1	25	0.300	12.23	7.67	131.02	25	7.62	111.58	经度：116°5.34′、纬度：40°3.42′；坡高：115°；坡向：阳坡；坡位：中坡；郁闭度：0.6；海拔：186 m
2	56	0.651	12.05	7.38	92.41	23.5	7.61	104.78	
3	89	0.936	11.46	7.19	78.22	21.5	7.37	93.70	
4	149	1.509	11.24	7.24	63.36	14.5	7.15	61.85	
5	205	2.188	11.54	7.26	61.39	13	7.41	56.87	

表 2　同心圆样地对比

样地号	总株数/个	角规均数/个	电子角规蓄积/(m³·hm⁻²)	普通角规蓄积/(m²·hm⁻²)	普通角规蓄积标准差/(m³·hm⁻²)	普通角规蓄积相对误差/%	样地林分属性
1	205	19.5	61.39	85.73	11.55	39.7	不规则人工林，分布极不均匀，外围靠近林缘，有道路和林窗阻隔
2	276	26.4	109.13	112.76	3.67	10.2	相对规则人工林，同心圆跨 2 个山坡，空间分布相对均匀，通视较好
3	110	23.1	92.26	101.63	2.58	3.33	近自然近熟人工林，空间分布相对比较均匀，林相相对一致、通视好

3　意义

森林蓄积的角规模型表明,基于电子角规5重同心圆法所测样地的单位面积的森林蓄积值逐渐变小,到第4个同心圆后,森林蓄积值变化趋于稳定,蓄积测定结果可靠。采用普通角规多个观测点测定的森林蓄积分布相对没有规律,变化趋势不明显,尽管角规计数变化率小,但蓄积变化值相对较大。对林相不一致、空间分布不均匀的样地,其森林蓄积观测值精度较低,利用普通角规多点测定森林蓄积的相对误差达40%。

参考文献

[1]　董斌,杨晓明,冯仲科,等.基于电子角规多重同心圆技术测定森林蓄积.农业工程学报,2009,25(增刊2):156-160.

[2]　David D M,Kim I,John F B. Using a large-angle gauge to select trees for measurement in variable plot sampling. Canadian Journal of Forest Research,2004,34(4):840-845.

[3]　冯仲科,徐祯祥.角规三维点抽样估测林分蓄积的形点法冠下削度方程.北京林业大学学报,2005,27(增刊2):14-20.

[4]　冯仲科,韩熙春,周科亮,等.全站仪固定样地测树原理及精度分析.北京测绘,2003,(1):29-30.

[5]　冯仲科,景海涛,周科亮,等.全站仪测算材积的原理及精度分析.北京林业大学学报,2003,(5):61-62.

[6]　冯仲科,王小昆.全站仪测定森林蓄积量及生长量的基础理论与实践.北京林业大学学报,2007,29(增刊2):40-44.

[7]　董斌.基于全站仪的林业数据自动测算系统.南京林业大学学报,2005,(5):119-122.

[8]　Bitterlich W. Das spiegelrelackop osterr. Forst-U Holzwirtsch, 1952, 7(1):3-7.

[9]　Bitterlich W. Retaskop technik Centraebt. Ges. Foretu 1959, 76(1):1-35.

[10]　董斌,过家春,田劲松.基于广义3S技术的城市森林资源监测与评价研究.安徽农业大学学报,2008,35(1):128-131.

[11]　冯仲科.测量学原理.北京:中国林业出版社,2002:100-191.

[12]　冯仲科,赵春江,聂玉藻,等.精准林业.北京:中国林业出版社,2002:80-122.

[13]　孟宪宇.测树学.北京:中国林业出版社,1999:61-90.

[14]　冯仲科,余新晓.3S技术及其应用.北京:中国林业出版社,1999:127-132.

流域蒸散发的水文模型

1 背景

杨邦等[1]基于莫兴国等[2]提出的双源蒸散发模型与栅格产汇流模型,构建了基于栅格的分布式水文模型。双源模型根据系统能量平衡和连续原则,推导冠层源汇处和参考高度饱和水汽压差的关系,进而计算实际土壤蒸发和冠层蒸腾[3]。双源模型可直接作为栅格水文模型的蒸发模块,而水文模型模拟的土湿则可反馈为双源模型的输入因子,从而实现流域尺度的水文过程模拟。

2 公式

2.1 产流模块

栅格蓄满产流模型引入生态学有效土壤深度概念描述流域蓄水容量分布,将有效土壤深度概化为下垫面植被根系深度与有效土壤孔隙度的乘积,用以衡量土壤最大蓄水容量。当土壤含水率大于最大蓄水容量时,产生地表径流,当土壤含水率大于田间持水量时产生壤中流和地下径流,壤中流和地下径流通过壤中流出流系数和地下径流出流系数划分(图1)。产流模块公式为:

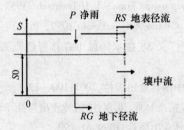

图1 栅格蓄满产流模块

$$\left.\begin{array}{l} S = n \times Zr \\ RS = P + S0 - S \\ S0 = n \times Zr \end{array}\right\} \quad P + S0 - S > 0 \tag{1}$$

$$\left.\begin{array}{l} SS = S0 - WM \times Zr \\ S0 = WM \times Zr \end{array}\right\} \quad S0 - WM \times Zr > 0 \tag{2}$$

$$RI = KI \times SS \tag{3}$$

$$RG = KG \times SS \tag{4}$$

式中:S 为最大蓄水容量,mm;n 为土壤孔隙率,mm^3/mm^3;Zr 为植被根系深度,mm;RS 为地表径流,mm;P 为净雨量,mm;$S0$ 为土壤含水率,mm;SS 为壤中自由水蓄量,mm;WM 为田间持水率,mm^3/mm^3;RI 为壤中流,mm;RG 为地下径流,mm;KI 为壤中流出流系数;KG 为地下径流出流系数。

2.2 蒸散发模块

蒸发模块采用莫国兴等[2]和 Zhou 等[3]提出的双源蒸散发模型,并考虑截留蒸发,计算公式为:

$$Ec = \frac{\Delta R_{nc} + \dfrac{\rho C_p D_0}{r_{ac}}}{\lambda \left[\Delta + \gamma \left(1 + \dfrac{r_c}{r_{ac}} \right) \right]} (1 - W_{fr}) \tag{5}$$

$$Ei = \frac{(\Delta R_{nc} - G) + \dfrac{\rho C_p D_0}{r_{ac}}}{\lambda [\Delta + \gamma]} W_{fr} \tag{6}$$

$$Es = \frac{\Delta R_{ns} + \dfrac{\rho C_p D_0}{r_{as}}}{\lambda \left[\Delta + \gamma \left(1 + \dfrac{r_s}{r_{as}} \right) \right]} \tag{7}$$

式中:Ec 为植被实际蒸腾速率,mm/s;Ei 为截留蒸发速率,mm/s;Es 为土壤实际蒸发速率,mm/s;R_{nc} 为冠层获得的净辐射,W/m^2;R_{ns} 为土壤获得的净辐射,W/m^2;G 为土壤热通量,W/m^2;Δ 为饱和水气压梯度,kPa/℃;ρ 为平均空气密度,kg/m^3;C_ρ 为空气比热,KJ/(kg·℃);γ 为空气湿度常数,kPa/℃;λ 为蒸发潜热,MJ/kg;W_{fr} 为潮湿冠层比例;r_c 为冠层总气孔阻抗,s/m;r_s 为土壤表面阻抗,s/m;r_{ac} 为冠层总边界阻抗,s/m;r_{as} 为土壤表面与冠层源汇高度间的空气动力学阻抗,s/m;D_0 为冠层源汇高度处的水汽压差,kPa。

考虑土壤供水能力计算出了甸子流域 1973—1979 年多年月平均实际蒸散量(图 2)。从图 2 可以看出,两种方法得到的蒸散量不但在数量上差别较大,变化趋势也不完全一致。相比蒸发皿观测数据计算的蒸散发能力,双源模型计算实际蒸散量作为水文模型的驱动因子更具优势。

根据以上公式综合计算月平均蒸散量,由图 3 可见,甸子流域不同植被多年月平均蒸散量变化趋势基本一致,呈单峰变化特征,峰值集中出现在 8 月份,其中常绿针叶林蒸散量最大,为 538 mm;灌丛蒸散量最小,为 426 mm。

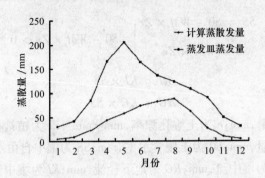

图2　甸子流域多年月平均的水文模型计算蒸散量及实测蒸发皿蒸散量

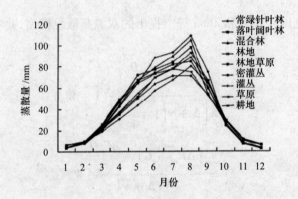

图3　甸子流域各植被类型月平均蒸散量

3　意义

结果表明:相比蒸发皿观测数据计算的蒸散发能力,双源模型计算实际蒸散量作为水文模型的驱动因子更具优势,其能够有效地模拟流域尺度实际蒸散量的变化过程;不同植被类型的截留蒸发、植物蒸腾、蒸散量过程都呈单峰形式,夏季达到最大值,高大植被的植被蒸腾量和生产性蒸发比例显著高于低矮植被;不同植被条件下的土壤散发变化规律不一致。

参考文献

[1]　杨邦,任立良,王贵作,等. 基于水文模型的流域蒸散发规律.农业工程学报,2009,25(增刊2):18-22.

[2]　莫兴国,林忠辉,刘苏峡.基于 Penman-Monteith 公式的双源模型的改进.水利学报,2000,(5):6-11.

[3]　Zhou M C,Ishidaira H,Hapuarachchi H P,et al. Takeuchi. Estimating potential evapotranspiration using Shuttleworth-Wallace model and NOAA-AVHRR NDVI data to feed a distributed hydrological model over the Mekong River basin. Journal of Hydrology, 2006, 327(1/2): 151-173.

轮胎的受力模型

1　背景

为了研究轮式拖拉机在典型路况下轮胎的受力情况,徐飞军等[1]通过多体动力学软件 RecurDyn 的 Fiala 轮胎模块,建立轮胎与地面的相互作用模型,对轮式拖拉机在典型工作情况下轮胎受力情况进行了仿真分析。该研究轮式拖拉机工作平稳性仿真分析提供了理论与技术支持。

2　公式

拖拉机在行驶过程中,所有地面作用力都是通过轮胎作用在拖拉机上的,拖拉机轮胎的机械特性对拖拉机操纵稳定性有着非常重要的影响[2-4]。常用于动力学仿真计算的轮胎模型有多种,其中 Fiala 轮胎模型考虑了复杂的胎体变形,可计算纵向力、侧向力、垂直力、回正力矩、滚动阻力矩和侧偏角、滑移率及垂直方向变形的变化规律[5-6],有较高精确度和广泛的适用性,因此在本研究中采用 Fiala 轮胎模型。

Fiala 模型中的垂直力的计算公式为[7]:

$$F_z = \min\{0, (F_{zk} + F_{zc})\} \tag{1}$$

式中:F_{zk} 为垂直刚度引起的垂直力,N;F_{zc} 为垂直阻尼引起的垂直力,N。

Fiala 模型中的纵向力由下式计算:

当处于弹性变形状态时,$|s_s|$ 小于 $s_{critical}$,则

$$F_x = -c_{slip} \times s_s \tag{2}$$

当处于滑移状态时,$|s_s|$ 大于 $s_{critical}$,则

$$F_x = -\text{sign}(s_s)(F_{x1} - F_{x2}) \tag{3}$$

式中:$F_{x1} = \mu \times F_z$;$F_{x2} = \left| \dfrac{(\mu \times F_Z)^2}{4 \times |s_s| \times c_{slip}} \right|$,$F_z$ 为垂直力,N;μ 为摩擦率;s_s 为纵向滑移,m;$s_{critical}$ 为纵向滑移的阈值,m;c_{slip} 为滑移率,N/m。

Fiala 模型中的侧向力 F_y 由下式计算:

当处于弹性变形状态时,$|\alpha|$ 不大于 $\alpha_{critical}$,则

$$F_y = -\mu \times |F_z| \times (1 - H^3) \times \text{sign}(\alpha) \tag{4}$$

97

式中: $H = 1 - \dfrac{c_a \times |\tan(\varepsilon)|}{3 \times \mu \times |F_z|}$。

当处于滑移状态时,$|\alpha|$大于$\alpha_{critical}$,则

$$F_y = -\mu \times |F_z| \times sign(\alpha) \tag{5}$$

式中:α为侧偏角,($°$);$\alpha_{critical}$为侧偏角的阈值,($°$);c_a为侧偏刚度系数。

Fiala 模型中的回正力矩 T_z 由下式计算:

当处于弹性变形状态时,$|\alpha|$不大于$\alpha_{critical}$,则

$$T_z = (2 \times \mu \times |F_z| \times r) \times (1 - H) \times H^3 \times sign(\alpha) \tag{6}$$

式中:r为轮胎半径,m。

当处于滑移状态时,$|\alpha|$大于$\alpha_{critical}$,则

$$T_z = 0 \tag{7}$$

3 意义

轮胎的受力模型表明,在不同的坡度下行驶时,轮式拖拉机前轮受到的冲击力差别明显,上44°坡时受到的最大冲击力比上20°坡时增加了67.73%,下34°坡时受到的最大冲击力比下20°坡时减少了8%;在相同的路面条件下,当拖拉机以0.678 m/s过圆柱形障碍物时,前轮受到的最大作用力比在车速1.356 m/s时减小了16.13%。仿真分析结果可为轮式拖拉机轮胎受力研究提供参考。

参考文献

[1] 徐飞军,黄文倩,陈立平.轮式拖拉机在典型路况下轮胎受力仿真分析.农业工程学报,2009,25(增刊2):61-65.

[2] 陈忠加,俞国胜.小型沙生灌木收割机通过性及对沙地影响的试验研究.安徽农业科学,2008,36(31):13521-13522,13543.

[3] 陈雯,赵长利,刘建房.车轮沙地通过性的模拟计算分析.重庆大学学报(自然科学版),2006,29(6):15-18,29.

[4] 陈雯.沙地车轮牵引通过性分析.拖拉机与农用运输车,2008,29(6):22-23,25.

[5] 彭永忠.轮式拖拉机牵引特性分析及其应用研究.农机化研究,2007(1):173-175.

[6] 毕晓伟,王耘涛.影响轮式拖拉机牵引效率的因素及提高措施.拖拉机与农用运输车,2007,34(6):11-12.

[7] 胡建军,李彤,秦大同.基于整车动力学的电动助力转向系统建模仿真.系统仿真学报,2008,20(6):1577-1581.

蒸渗仪的设计公式

1 背景

为了方便有效地测定植物的蒸散,同时也为水分利用研究提供测试精度高、稳定性好的简单易用的仪器,阎敬泽等[1]开发研制了 LG–Ⅰ大型自动称量式蒸渗仪监测系统。对 LG–Ⅰ蒸渗仪监测系统设计进行分析。此系统采用自行研制的高精度弹簧、高精度 SQC–A500 kg 悬臂梁传感器、垂直升降调整支架和计算机软件控制处理程序。

2 公式

2.1 传感器测试参数设计

在农田水分测定的试验研究中由于各地区的土壤含水量、蒸发量、降雨量不同,需要确定蒸渗仪监测系统的测试参数,即:精度系数、灵敏度、分度值、分度数、满量程称量值。另外蒸渗仪的测试精度、测试量程范围合理的选择与仪器中的核心器件传感器是技术关键。对于选定的单个传感器量程按 300 ~ 800 kg 计算,由计算和测试得到传感器在蒸渗仪中满量程范围内的输出电压电压[2-3]:

$$V_{\text{out}} = \frac{t_1 + t_2 \times (mv/v) \times v}{t \times i} \tag{1}$$

式中:t_1 为蒸渗仪固定质量,kg;t_2 为蒸渗仪测试量程,mm;mv/v 为传感器灵敏度系数,μV;v 为激励电压;t 为传感器容量,kg;i 为传感器个数。

所以在大量程称重测试系统中为了提高测试仪器的精度,普遍采用线性精度高的小量程传感器并联使用,因并联后每个传感器的桥路供电是一致的,省去复杂的直流供电要求,提高了电源稳定性,所以传感器并联后的输出电压与被称重物体的质量呈线性关系。总的输出电压量由下式[4]确定:

$$U_o = U_{cd} \tag{2}$$

式中:U_o 为传感器等效桥路输出电压,mV;U_{cd} 为传感器等效电阻的端电压,mV。

$$U_o = \sum_{i=1}^{n} \frac{K_i P_i}{R_i} \bigg/ \sum_{i=1}^{n} \frac{1}{R} = K_i P_i \tag{3}$$

式中:K_i 为每个传感器的灵敏度系数,μV;P_i 为 m 每个传感器承载的质量,kg;R_i 为每个传感器的输出电阻,Ω。

从式(3)中可以看出只有当传感器的灵敏度系数和输出电阻一致时,式中的 K_i/R_i 为常数,$\sum_{i=1}^{n} \frac{1}{R_i}$ 对于已给定的传感器数量的蒸渗仪监测仪器,此值也可以作为常数,因此式(3)中的传感器输出电压简化为:

$$U_0 = c' \sum_{i=1}^{n} w_i \tag{4}$$

式中:c' 为传感器线性输出电压常数,mV;w_i 为传感器输入质量,kg。

2.2　蒸渗仪的测试参数

根据各地土壤的容重 $1 \sim 1.25$ g/cm³ 计算,得到蒸渗仪在平衡盛装原状土的钢桶体固定质量后,蒸渗仪量程范围一般确定在 $250.00 \sim 375.00$ mm,对于选定的单个传感器中按满量程 $300 \sim 800$ kg 计算,得到传感器有效输出电压为 $3 \sim 30$ mV 时,根据传感器信号输入灵敏度:0.3 μv/d,确定蒸渗仪满量程测试分度值、分度数、小数点位置,关系式为[5]:

$$M = d \times n \tag{5}$$

式中:M 为满量程称量值,kg;d 为分度值,g;n 为分读数,μV。

2.3　测试技术方法

对于蒸渗仪中被分离的原装土柱,对蒸渗仪进行仔细标定,消除其相互影响后,可利用其水量平衡方程[6]式:

$$\Delta S = P + I + Q - \Delta R - ET \tag{6}$$

式中:ΔS 为土壤蓄存水量的变化量,mm;P 为降水量,mm;I 为灌溉量,mm;Q 为地下水流量,mm;ΔR 为净地表径流量,mm;ET 为蒸腾蒸发量,mm。

对于蒸渗仪,ΔR 一般可忽略,方程式(6)可改写为:

$$ET = P + I + Q - \Delta S \tag{7}$$

蒸渗仪的工作线性精度,是为了衡量该仪器在测试土壤水分蒸散量的误差大小。线性精度理论值根据以上公式计算,其与实测值关系如表1所示。实测值根据蒸渗仪监测系统的满量程区内压力 P 值的受力大小,选取 M 个测试点采用标准砝码每次加载 40 kg 将压力由零点值开始逐渐增加,升到 Pn 点后再返回零点值,重复做 N 次。可见蒸渗仪的正行程理论计算的精度系数的绝对误差为 0.0 mV,而在反行程(卸载)精度系数理论计算值绝对误差为 0.02 mV,满足了蒸渗仪的工作线性精度系数。

表1　蒸渗仪线性精度测试值与理论计算值

加载/kg	计算值/mV	实测值/mV
40	10.08	10.07
80	10.07	10.1
120	10.08	10.09

加载/kg	计算值/mV	实测值/mV
160	10.07	10.1
200	10.08	10.0
240	10.08	10.11
280	10.07	10.06
320	10.08	10.09
360	10.07	10.02
400	10.08	10.06
440	10.08	10.03
480	10.07	10.0

3 意义

此蒸渗仪的设计公式表明,与国内使用的同类蒸渗仪相比,其具有测试精度高、性能稳定、重复性好的特点,仪器最大绝对误差为 ±25 g,最大相对误差 0.7%,完全可以满足实际应用的技术要求。此系统的测定值较好地反映了植物在短时段内的土壤水分蒸散变化情况,是一种比较方便实用的测定盆栽植物蒸散的仪器。

参考文献

[1] 阎敬泽,李忆平,邓祖琴,等.LG-I型称量式蒸渗仪自动监测系统.农业工程学报,2009,25(增刊2):43-48.

[2] 王云章.电阻应变式传感器应用技术.北京:中国计量出版社,1991:73.

[3] 张红梅,王俊.电子鼻传感器阵列优化及其在小麦储藏年限检测中的应用.农业工程学报,2006,22(12):164-167.

[4] 李宝安,李行善,罗先和.动态称重系统计量误差的动态校正.仪器仪表学报,2001,(3):252-253.

[5] 张福学.实用传感器手册.北京:电子工业出版社,1988:146.

[6] 刘士平,杨建锋,李宝庆,等.新型蒸渗仪及其在农田水文过程研究中的应用.水利学报,2000,(3):30-36.

棉花异性纤维的分类公式

1 背景

为能够准确统计出棉花中所含异性纤维的重量和数目,刘双喜等[1]提出一种机器视觉与图像处理技术,对棉花异性纤维进行检测分类。采用灰度处理和滤波技术完成图像的预处理,采用自适应域值技术来完成棉花异性纤维图像分割即 Mean – shift 算法[2]进行图像分割,采用挖空内点法和邻域搜索法进行轮廓提取,提出以异性纤维轮廓的面积与周长平方之比作为力矩,对棉花异性纤维进行分类。

2 公式

2.1 Mean – shift 算法

Mean shift 过程是一种核密度估计方法[3],它基于模式识别中估计概率密度函数的 Parzen 窗方法。对应于 Parzen 窗方法中的窗函数 $\phi(x)$,定义核函数 $K(x)$。多数情况下我们关心的是对称的核函数,因此它可以表示为如下形式:

$$K(x) = C_{k,d}k(\|x\|^2) \tag{1}$$

式中:$C_{k,d}$ 为使 $K(x)$ 积分为 1 的归一化常数。此处以高斯核函数为例:

$$K(x) = (2\pi)^{-d/2}\exp\left(-\frac{1}{2}\|x\|^2\right) \tag{2}$$

式中:d 为样本 x 的维数。

得出具有收敛性的递推公式(4)和 Mean – shift 向量 $m_{h,G}$:

$$y_{i+1} = \frac{\sum_{i=1}^{n} x_i g\left(\left\|\frac{x-x_i}{h}\right\|^2\right)}{\sum_{i=1}^{n} g\left(\left\|\frac{x-x_i}{h}\right\|^2\right)} \tag{3}$$

$$m_{h,G} = \frac{\sum_{i=1}^{n} x_i g\left(\left\|\frac{x-x_i}{h}\right\|^2\right)}{\sum_{i=1}^{n} g\left(\left\|\frac{x-x_i}{h}\right\|^2\right)} - x = y_{i+1} - y_i \tag{4}$$

式中:g 为 $K(x)$ 的影子核 $g(x) = -k'(x)$;x 为像素点的列向量 (r_i,g_i,b_i);h 为核函数 $K(x)$

的窗宽;y_{i+1}为密度估计的新的迭代量。

2.2 力矩选择公式

实际生产中发现棉花异性纤维种类繁多,在皮棉加工开松以后,异性纤维呈现出比较规则的类别,其总体可以分为 3 大类,包括丝类(头发丝),条类[有色线条、布条、羽毛、丙纶丝(有色和无色两种)、麻绳],片类(塑料片和磁带片)。

不采用外界矩形的最长对角线 d_m 与垂直对角线 d_p 作为采样量,而是采用面积 S 和周长 L 进行力矩分析。在进行轮廓提取过程中,计算出了每个轮廓对应的面积与周长,单位全部是以像素作为单位。根据上边面积不损失理论假设,每一个轮廓最终会被拼接成为一个唯一的矩形。根据面积 S、周长 L 和长 Y、宽 X 的关系,分析长度与宽度之比的轮廓力矩表示式:

$$
\begin{cases}
XY = S \\
2(X + Y) = L
\end{cases}
\tag{5}
$$

求解方程知道,在满足 $L^2 \geqslant 16S$ 时存在:

$$
X = \frac{L}{4} + \sqrt{\frac{L^2}{4} - 4S}
$$

$$
Y = \frac{L}{4} - \sqrt{\frac{L^2}{4} - 4S}
\tag{6}
$$

根据轮廓力矩定义有:

$$
X/Y = \frac{\dfrac{1}{4} + \sqrt{\dfrac{1}{4} - 4\dfrac{S}{L^2}}}{\dfrac{1}{4} - \sqrt{\dfrac{1}{4} - 4\dfrac{S}{L^2}}}
\tag{7}
$$

从求解式中发现,轮廓力矩的大小与面积与周长之比有直接关系,所以在此提出采用面积 S 与周长 L 之比作为新的力矩特征进行轮廓分类,定义为:

$$
d_m = S/L^2
\tag{8}
$$

从试验中选用 40 幅图像中提取出的 64 个有效异性纤维样本进行分析,每种异性纤维 8 个样本,每个样本包括了 10 个异性纤维目标图像,共计 640 个目标图像。通过对异性纤维目标图像进行轮廓提取,得出轮廓内部像素数目(相当于面积)与轮廓长度像素数目(相当于周长)平方之比的数据。其中 tf_i 代表头发样本,bls_i 代表丙纶丝样本,bt_i 代表布条样本,ms_i 代表麻绳样本,slb_i 代表塑料片样本,ysx_i 代表有色线样本,cd_i 代表磁带样本,jm_i 代表羽毛样本,i 为样本个数。根据以上公式计算得到的力矩分布图如图 1 示。

通过采用公式(8)作为初分类标准,对从其中另外 20 幅图像中采集的 30 个异性纤维样本进行分类实验。每个样本包括 10 个异性纤维目标图像,共计 300 个目标图像。具体初分类结果如表 1 所示。可见,其平均准确分类率可以达到 96% ,满足分类工作要求。

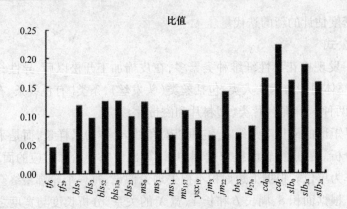

图1　轮廓力矩分布图

表1　纤维分类结果

异性纤维	实际个数	分类出个数	类别	准确率/%
头发	40	40	丝类	100
丙纶丝	40	36		90
麻绳	40	38		95
有色线	40	38	条类	95
布条	40	36		90
鸡毛	40	37		92.5
塑料片	30	29	片类	96.7
磁带片	30	30		100

3　意义

棉花异性纤维的分类公式表明,该算法克服了棉层与异性纤维对比度较低而无法分割的缺点,完成了对棉花异性纤维的初分类工作。通过对300个棉花异性纤维样本图像进行了试验,分类准确率可以达到96%。结果表明该技术和分类力矩可以准确地对棉花异性纤维进行初分类。

参考文献

[1]　刘双喜,王金星,郑文秀,等.基于自适应域值分割与力矩的棉花异性纤维分类方法.农业工程学报,2009,25(增刊2):320-324.

[2]　Cheng YZ. Mean shift,mode seeking,and clustering. IEEE Transactions on Pattern Analysis and Machine Intelligence, 1995, 17(8): 790-799.

[3]　姚玉荣,章毓晋.利用小波和矩进行基于形状的图像检索.中国图像图形学报,2000,5(3):206-210.

节水灌溉的预报与决策模式

1 背景

基于灌区灌溉用水过程的复杂性和实时性,陈智芳等[1]研制了节水灌溉管理与决策支持系统软件(图1和图2)。灌溉预报是农田水分管理的主要内容,是对一定条件下作物的灌水日期及灌水定额做出预测,该子模块从节水灌溉的基本原理入手,运用水量平衡方程,分析了灌溉预报中的各个参数,通过人机对话,输入所需预报田块的土壤、作物、气象以及水文地质等参数,计算机即可推理出该田块需不需要灌水、何时灌水、灌多少水,以帮助农民做出最佳的节水灌溉决策,这是实现农田优化灌溉的主要手段之一[2]。该系统具备较强的定性及定量分析问题的能力,通过模型运算提供不同的辅助决策支持和服务。本系统将水稻和旱作物分别进行计算[3-4]。

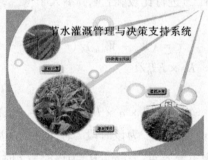

图1 系统主界面

图2 灌溉预报与决策主界面(水稻)

2 公式

2.1 旱作物灌溉制度

在作物灌溉制度的制订中,根据水量平衡方程计算土壤计划湿润层内的储水量变化非常重要,任一时段土壤计划湿润层内的储水量计算公式为:

$$W_{t+1} = W_o + W_T + P_e + K + M + ET_c \tag{1}$$

式中: W_o、W_{t+1} 为分别为时段初和任一 $(t+1)$ 时的土壤计划湿润层内的储水量,mm; W_T 为计划湿润层增加而增加的水量,mm; P_e 为保存在土壤计划湿润层内的有效降雨量,mm; K 为时段 t 内的地下水补给量,mm,即 $K = k \times t$,其中 k 为 t 时段内平均地下水日补给量,mm/d; M 为时段 t 内的灌溉水总量,mm; ET_c 为时段 t 内的作物需水量,mm,即 $ET_c = K_c \times ET_0 = e \times t$,其中 e 为 t 时段内平均作物日需水量,mm/d。

计算灌水时间 t 和灌水定额 m。为了满足农作物正常生长的需要,任一时段内土壤计划湿润层内的储水量必须经常保持在一定的适宜范围以内,即通常要求不小于作物允许的最小储水量(W_{min})和不大于作物允许的最大储水量(W_{max})。将公式(1)计算出来的 W_{t+1},与作物允许的最小储水量(W_{min})进行比较,若 W_{t+1} 不大于 W_{min},则需要灌水。

灌水时间间距为:

$$t = (W_o - W_{min})/(e - k) \tag{2}$$

式中: $k = K/t$; $e = ET_c/t = K_c \times ET_c/t$。

灌水定额:

$$m = 0.066\ 7 \times n \times H_2 \times (\theta_{max} - \theta_{min}) \tag{3}$$

式中: m 为灌水定额,mm; θ_{max}、θ_{min} 为该时段 t 时允许的土壤最大含水率和最小含水率(占干土质量的百分数); n 为土壤容重,g/cm³; H_2 为该时段 t 时土壤计划湿润层的深度,m。

2.2 水稻灌溉制度

由水量平衡方程确定稻田水层深度的变化,其计算公式为:

$$h_2 = h_1 + P_e + M - ET_c - C \tag{4}$$

式中: h_1、h_2 为时段初和时段末田间水层深度,mm; P_e 为时段内的降雨量和,mm; M 为时段内的灌水总量,mm; ET_c 为时段内田间耗水量,mm; C 为时段内排水总量,mm。

计算灌水日期和灌水定额。

若时段初的农田水分处于适宜水层上线(h_{max}),经过一个时段的消耗,田面水层降到适宜水层 h_2,即当 $h_2 \leqslant h_{min}$,则需要灌溉,计算灌水日期和灌水定额。

灌水时间:

$$t = [0.667 \times (h_1 - h_{min}) - C]/ET'_c \tag{5}$$

式中: h_{min} 为 t 时适宜水层的下限,mm; ET'_c 为每昼夜的作物田间需水量,通过 $ET'_c = ET_c/t$

计算得到。

灌水定额：

$$m = h_{max} - h_2 \tag{6}$$

式中：h_{max} 为 t 时适宜水层的上限，mm。

计算排水量：

若计算出来的 h_2 大于 h_{max}，则需要排水。

排水量：

$$n = h_2 - h_{max} \tag{7}$$

式中：c 为排水量，mm。

3 意义

通过节水灌溉的预报与决策模式，计算出参考农田蒸散量 ET_0 值，再乘上作物系数 K_c 得实际农田蒸散量 ET_c。通过灌溉预报模式计算，可确定精确的灌溉时间和最佳灌溉水量。节水灌溉管理与决策支持系统在推广应用中还将不断地扩充和完善，为我国干旱地区有限水资源的优化利用提供科技支撑。

参考文献

[1] 陈智芳，宋妮，王景雷. 节水灌溉管理与决策支持系统. 农业工程学报，2009,25(增刊2)：1-6.

[2] 汪志农，康绍忠，熊运章，等. 灌溉预报与节水灌溉决策专家系统研究. 节水灌溉，2001,(1)：4-8.

[3] 段爱旺，孙景生，刘钰，等. 北方地区主要农作物灌溉用水定额. 北京：中国农业科学技术出版社，2004：92-93.

[4] 郭元裕. 农田水利学. 北京：水利电力出版社，1989：28-35.

雾滴粒径的分布模型

1　背景

雾滴谱作为衡量喷头雾化性能的重要指标,可用激光雾滴粒径仪测定,但是此设备成本高、操作复杂,不能方便快速地测得雾滴谱。毛益进等[1]以 ULLN 模型为基础,用 3 种雾滴谱 $D_{V0.1}$、$D_{V0.5}$ 和 $D_{V0.9}$ 提供的信息作为已知条件,设计了 Newton 迭代格式并反算出 ULLN 模型中相关系数,从而确定了模型的具体表达形式,随后利用辛普森数值积分的方法,计算出各雾滴粒径分段所占体积百分率。理论上,由于雾滴谱分布函数已经确定,所以本算法可以计算得到任何雾滴粒径分段的体积百分率。

2　公式

2.1　模型简介

ULLN 模型[2]是由 Bezdek 和 Solomon 于 1982 年提出的,该模型是在考虑了测量雾滴粒径所用传感器精度上限的前提下,利用对数正态分布的特点,引入 D_m 参数作为传感器的精度上限,从而构造得到的数学模型,经实践检验该模型更加符合实际雾滴粒径分布,在 $D_{V0.1}$ 至 $D_{V0.9}$ 之间拟合精度较高。

ULLN 模型具体表达式如下:

$$\hat{f}(D) = \frac{D_m}{D(D_m - D)\sigma \sqrt{2\pi}}\exp\left\{-\frac{1}{2}\left[\frac{\ln\left(\dfrac{D_m - D}{D_m}\right) - \mu}{\sigma}\right]^2\right\} \tag{1}$$

式中:D 为测到的雾滴粒径;D_m 为测量雾滴粒径传感器精度上限;$f(D)$ 为雾滴粒径分布的概率密度函数;μ 为进对数处理后雾滴直径的期望;σ 为进对数处理后雾滴直径的标准方差。

模型是将测得的雾滴粒径从小到大进行排列,得到一种喷头的雾滴颗粒谱,随后将所有测得雾滴粒径做如下对数处理:

$$\ln\left(\frac{D_m - D}{D_m}\right) \tag{2}$$

经过式(2)处理后的雾滴谱分布近似符合 ULLN 分布。

2.2 算法设计

2.2.1 模型参数确定

从数学角度来看,只要确定 μ、σ 两个变量,ULLN 模型的具体表达形式就可以确定,即只要构造两个等式使方程封闭就可以得到具体的 ULLN 分布具体表达式。在实际应用中,利用 $D_{V0.1}$、$D_{V0.5}$、$D_{V0.9}$ 这 3 个粒径值经常被来描述雾滴分布的情况[3]。由于 3 个粒径值刚好可以构造两个方程,如式(3)、式(4)所示,因此,只要对计算方法进行合理设计,就可以确定 ULLN 模型的具体表达形式。

$$\int_{x_1}^{x_2} \frac{D_m}{D(D_m - D)\sigma\sqrt{2\pi}}\exp\left\{-\frac{1}{2}\left[\frac{\ln\left(\frac{D_m - D}{D_m}\right) - \mu}{\sigma}\right]^2\right\}\mathrm{d}D = A \tag{3}$$

$$\int_{x_3}^{x_4} \frac{D_m}{D(D_m - D)\sigma\sqrt{2\pi}}\exp\left\{-\frac{1}{2}\left[\frac{\ln\left(\frac{D_m - D}{D_m}\right) - \mu}{\sigma}\right]^2\right\}\mathrm{d}D = B \tag{4}$$

式(3)、式(4)分别表示雾滴粒径在 $x_1 - x_2$ 和 $x_3 - x_4$ 内所占总体积的百分率,被积函数为上限对数正态分布(ULLN),$x_i (i = 1,2,3,4)$、A、B 已知($A = 50\% \sim 10\%$,$B = 90\% \sim 50\%$),目的是求得 μ、σ。x_1, x_2, x_3, x_4 分别对应的是输入的粒径值 $D_{V0.1}$、$D_{V0.5}$、$D_{V0.9}$,其中 $x_2 = x_3$。显然这两个方程可以通过 $D_{V0.1}$、$D_{V0.5}$、$D_{V0.9}$ 直接得到,但这两个方程表达式较复杂,不能通过简单地计算得到 μ 和 σ 的值,需要借助数值计算的方法求解模型参数 μ 和 σ。

2.2.2 参数的 Newton 迭代

Newton 法[4]是一种常用的数值算法,收敛性和精度都较好,适合非线性和线性方程的求解,在实际计算中应用广泛。对于本文的方程组的求解,考虑到 Newton 局部收敛定理,只要给定用于迭代计算的初值偏离真值不太远,一定能得到一个收敛的结果,也即确定了 μ 和 σ 的值,因此在理论上本方法具有一定可靠性。具体方法如式(5)~式(16)所示。

首先,令 $\vec{x} = (\mu, \sigma)$,则有:

$$f_1(\vec{x}) = \int_{x_1}^{x_2} \frac{D_m}{D(D_m - D)\sigma\sqrt{2\pi}}\exp\left\{-\frac{1}{2}\left[\frac{\ln\left(\frac{D_m - D}{D_m}\right) - \mu}{\sigma}\right]^2\right\}\mathrm{d}D - A = 0 \tag{5}$$

$$f_2(\vec{x}) = \int_{x_3}^{x_4} \frac{D_m}{D(D_m - D)\sigma\sqrt{2\pi}}\exp\left\{-\frac{1}{2}\left[\frac{\ln\left(\frac{D_m - D}{D_m}\right) - \mu}{\sigma}\right]^2\right\}\mathrm{d}D - B = 0 \tag{6}$$

将方程组写成向量形式为:

$$F(\vec{x}) = \left[f_1(\vec{x}), f_2(\vec{x})\right]^T \tag{7}$$

根据 Newton 法,求解 $\vec{x} = (\mu, \sigma)$,首先需要求出 $F(\vec{x})$ 的 Jacobi 矩阵,如式(8)。

$$F'(\vec{x}) = \begin{bmatrix} \dfrac{\partial f_1}{\partial \mu} & \dfrac{\partial f_1}{\partial \sigma} \\ \dfrac{\partial f_2}{\partial \mu} & \dfrac{\partial f_2}{\partial \sigma} \end{bmatrix} \tag{8}$$

为了得到 Jacobi 矩阵的具体形式,将要求的函数形式带入矩阵中,并且展开,可以得到如下表达式,如式(14)～式(17)所示。表达式为积分形式,且被积函数涉及到对数指数运算,非线性较强。

将式(14)～式(17)带入矩阵中,则 Jacobi 矩阵形式确定。在 Jacobi 矩阵确定之后,可以根据迭代公式(9),并以式(10)作为误差控制公式,对方程组进行求解,式中 N 为迭代终止步。

$$\vec{x}^{k+1} = \vec{x}^k - [F'(\vec{x}^{(k)})]^{-1} F(\vec{x}^k), k = 0, 1, 2, \cdots, N \tag{9}$$

$$\vec{e} = \|\vec{x}^{k+1} - \vec{x}^k\|_\infty \tag{10}$$

由于,给出具体的初值越接近真值则越有利于结果的收敛,结合 ULLN 分布的构造方法以及分布函数特性,采用如下处理给定初值:

$$\begin{pmatrix} \mu \\ \sigma \end{pmatrix}^{(0)} = \begin{pmatrix} \bar{\mu} \\ \bar{\sigma} \end{pmatrix} \tag{11}$$

其中,

$$\bar{\mu} = \frac{1}{3}\left[\ln\left(\frac{D_m - D_{V0.1}}{D_m}\right) + \ln\left(\frac{D_m - D_{V0.5}}{D_m}\right) + \ln\left(\frac{D_m - D_{V0.9}}{D_m}\right)\right] \tag{12}$$

$$\sqrt{\frac{1}{3}\left\{\left[\ln\left(\frac{D_m - D_{V0.1}}{D_m}\right) - \bar{\mu}\right]^2 + \left[\ln\left(\frac{D_m - D_{V0.5}}{D_m}\right) - \bar{\mu}\right]^2 + \left[\ln\left(\frac{D_m - D_{V0.9}}{D_m}\right) - \bar{\mu}\right]^2\right\}} \tag{13}$$

$$\frac{\partial f_1}{\partial \mu} = \int_{x_1}^{x_2} \frac{D_m}{(D_m - D)D\sqrt{2\pi}} \exp\left\{-\frac{1}{2}\left[\frac{\ln\left(\frac{D_m - D}{D_m}\right) - \mu}{\sigma}\right]^2\right\} \frac{\ln\left(\frac{D_m - D}{D_m}\right) - \mu}{\sigma^3} \mathrm{d}D \tag{14}$$

$$\int_{x_1}^{x_2} \frac{D_m}{(D_m - D)D\sqrt{2\pi}}\left\{-\frac{1}{\sigma^2}\exp\left[-\frac{1}{2}\left(\frac{\ln\left(\frac{D_m - D}{D_m}\right) - \mu}{\sigma}\right)^2\right] + \right.$$

$$\left. \frac{1}{\sigma^4}\exp\left[-\frac{1}{2}\left(\frac{\ln\left(\frac{D_m - D}{D_m}\right) - \mu}{\sigma}\right)^2\right]\left[\ln\left(\frac{D_m - D}{D_m}\right) - \mu\right]^2\right\}\mathrm{d}D \tag{15}$$

类似的有:

$$\frac{\partial f_2}{\partial \mu} = \int_{x_3}^{x_4} \frac{D_m}{(D_m - D)D\sqrt{2\pi}} \exp\left\{-\frac{1}{2}\left[\frac{\ln\left(\frac{D_m - D}{D_m}\right) - \mu}{\sigma}\right]^2\right\} \frac{\ln\left(\frac{D_m - D}{D_m}\right) - \mu}{\sigma^3} \mathrm{d}D \tag{16}$$

$$\int_{x_3}^{x_4} \frac{D_m}{(D_m - D)D\sqrt{2\pi}}\left\{-\frac{1}{\sigma^2}\exp\left[-\frac{1}{2}\left(\frac{\ln\left(\frac{D_m - D}{D_m}\right) - \mu}{\sigma}\right)^2\right]\right.$$

$$\left. +\frac{1}{\sigma^4}\exp\left[-\frac{1}{2}\left(\frac{\ln\left(\frac{D_m - D}{D_m}\right) - \mu}{\sigma}\right)^2\right]\left[\ln\left(\frac{D_m - D}{D_m}\right) - \mu\right]^2\right\}\mathrm{d}D \tag{17}$$

在得到了 μ 和 σ 后,代入原 ULLN 公式,便得到了 ULLN 模型的表达形式,之后就可以利用数值积分的方法得到任意一个雾滴粒径范围内的体积百分数。

2.2.3　ULLN 模型的复化积分

在整个算法中,所有积分方法都采用此方法。由于复化 Simpson 法[4]计算格式易操作,并且计算精度较高,所以选择该方法进行 ULLN 模型的积分。这里在 Newton 法中对 Jacobi 矩阵求解需要用到积分,在最后求解各类雾滴体积百分数时候也需要进行积分。

复化 Simpson 法思想是将积分区域 $[a,b]$ 划分成 N 等分(本次计算取 $N = 1000$),每等分都用 Simpson 公式[式(18)]进行计算,然后将 N 段的值都加起来,就得到近似被积函数在积分域内的积分值。

$$S_n = \frac{h}{6}\left[f(a) + 4\sum_{k=0}^{N-1} f(x_{k+1/2}) + 2\sum_{k=1}^{N-1} f(x_k) + f(b)\right] \tag{18}$$

式中: $h = (b - a)/N, k = 1,2,3,\cdots,N - 1$。

以上算法对 Dritfsim 软件内部数据喷头的雾滴计算结果与 Driftsim 算法结果进行了比较,如表 1 和表 2 所示。可见本文算法成功实现了雾滴粒径谱的计算机确定,并且基于本算法可以开展不同雾滴谱分布数学模型或者雾滴粒径统计方法精度对比研究。

表 1　喷头一雾滴分类参数计算相对误差对比

粒径范围/μm	Driftsim 计算结果/%	ULLN 计算结果/%
188 ~ 282	15.0	18.5
282 ~ 348	17.0	11.3
348 ~ 414	13.0	10.7
414 ~ 480	12.0	10.4
480 ~ 546	11.0	10.3
546 ~ 612	9.0	9.7

表 2　喷头二雾滴分类参数计算相对误差对比

粒径范围/μm	Driftsim 计算结果/%	ULLN 计算结果/%
94 ~ 138	16.0	18.2
138 ~ 170	17.0	11.6

续表

粒径范围/μm	Driftsim 计算结果/%	ULLN 计算结果/%
170 ~ 201	12.0	10.6
201 ~ 233	12.0	10.6
233 ~ 264	10.0	10.0
264 ~ 296	8.0	9.4

3　意义

　　雾滴粒径的分布模型可以使雾滴粒径在 10% ~ 90% 范围内的拟合精度较高,此粒径范围正是提高农药喷施效率所需要的粒径范围,使 ULLN 模型优势充分得到利用。实验计算方法成功实现了雾滴粒径谱的计算机确定,并且基于本算法可以开展不同雾滴谱分布数学模型或者雾滴粒径统计方法精度对比研究。研究算法基于 ULLN 模型,但还可以通过替换模型或者更换粒径计算方法来完成相同计算,所以算法设计较为灵活。

参考文献

[1] 毛益进,王秀,马伟. 农药喷洒雾滴粒径分布数值分析方法. 农业工程学报,2009,25(增刊 2):78 - 82.

[2] 邱景,郑加强,周宏平,等. 雾滴尺寸测量及处理方法综述. 林业机械与土木设备,1999,27(7):10 - 12.

[3] 郑慧娆. 数值计算方法. 武汉:武汉大学出版社,2002.

[4] 李庆扬,王能超,易大义. 数值分析. 北京:清华大学出版社,2001.

土地整理的类型区划分公式

1 背景

耕地整理类型区与整理区优先度划分是土地整理规划的基础。土地整理的基本目标是增加有效耕地面积,提高耕地生产能力和生产条件,改善生态环境。潘瑜春等[1]根据指标权重及分级(表1)采用层次分析法,首先依据上述土地整理目标与相关限制性因素之间的关系,选取相应的耕地整理类型区划分的限制性因子,然后基于限制性因子进行模糊聚类分析划分出耕地整理类型分区。

表1 优先度评价指标权重及分级

指标	分级					权重
	1 级	2 级	3 级	4 级	5 级	
人均后备耕地资源面积	≤0.1	>0.1~0.2	>0.2~0.3	>0.3~0.4	>0.4	0.100
人均耕地面积	>1.5	>1.1~1.5	>0.7~1.1	>0.2~0.7	≤0.3	0.150
农用地自然质量指数	>2 600	>2 400~2 600	>2 200~2 400	>2 000~2 200	≤2 000	0.200
土地利用系数	≤0.61	>0.61~0.66	>0.66~0.71	>0.71~0.77	>0.77	0.125
土地经济系数	≤0.5	>0.5~0.6	>0.6~0.7	>0.7~0.8	>0.8	0.125
坡度系数	≤1	>1~2	>2~3	>3~4	>4	0.150
耕地地块的景观指数	≤1	>1~2	>2~3	>3~4	>4	0.100
耕地地块净面积系数	≤0.87	>0.87~0.9	>0.9~0.93	>0.93~0.96	>0.96	0.050
坡度等级	≤5	>5~10	>10~15	>15~20	>20	
分值	1	2	3	4	5	

2 公式

2.1 人均后备耕地资源面积($C2$)

$$C2 = \frac{0.5 \times a + 0.5 \times w}{P} \qquad (1)$$

式中:P 为评价单元内土地总面积;a 为评价单元内后备耕地资源面积;w 为评价单元内其

他闲散地类面积。C2 值越高表明新增耕地面积的整理潜力越大。该项从土地利用现状数据中提取。

2.2 耕地地块净面积系数(C3)

$$C3 = \sum_{i=1}^{n} \frac{A_i}{A_a} \tag{2}$$

式中:A_i 为第 i 个耕地地块的净面积;A_a 为评价单元内的耕地总面积(毛面积);n 为评价单元内的耕地地块数。C3 值越小表明耕地地块内零星地物和田坎等非耕地面积越小,生产条件限制性和新增耕地面积的整理潜力越强。该项数据可以从土地利用现状的图斑中直接提取。

2.3 坡度系数(C5)

$$C5 = 0.5 \times I_g + 0.5 \times G_g$$

$$I = P_i \sum_{i=1}^{k} \lg P_i$$

$$G = \sum_{j=1}^{n} \frac{A_j \times G_j}{A_a} \tag{3}$$

式中:I_g 为评价单元内耕地坡度信息熵的等级指数,即计算出信息熵 I 后依据等距分段法分级后的值;P_i 为各级坡度范围内耕地地块数概率;G_g 为单元内耕地地块的平均坡度的等级指数,即计算出的平均坡度依据坡度实际分级获得分值;A_j 为坡度为 G_j 的耕地面积。上述分级数都为 5 级,级数最大的为 5 分,最小的为 1 分。坡度系数越大表明生产条件的限制性越强,该项从 DEM 数据中提取。

2.4 土壤有效土层厚度(C6)

$$C6 = \sum_{i=1}^{n} \frac{H_i \times A_i}{A_a} \tag{4}$$

式中:H_i 为第 i 个耕地地块的有效土层厚度;A_a 为评价单元内的耕地总面积。C6 值越小表明耕地生产能力越低、限制性越强。该项数据可以从分等成果中提取。

2.5 土体剖面构型指数(C7)

土地剖面构型是指各土壤发生层有规律的组合、有序的排列状况,是决定土壤肥力的重要指标。特别是在 1 m 土体内的剖面层次特征对作物的生长发育以及水分、养分吸收等产生重要影响。

$$C7 = \sum_{i=1}^{n} \frac{G_i \times A_i}{A_a} \tag{5}$$

式中:G_i 为第 i 个耕地地块的土体剖面构型等级指数;A_a 为评价单元内的耕地总面积。C7 值越小表明耕地生产能力越低、限制性越强。该项数据可以从分等成果中提取。

2.6 土壤有机质含量(C8)

$$C8 = \sum_{i=1}^{n} \frac{O_i \times A_i}{A_a} \tag{6}$$

式中：O_i 为第 i 个耕地地块土壤有机质含量；A_a 为评价单元内的耕地总面积。$C8$ 值越小表明耕地限制性越强、生产能力越低。该项数据可以从分等成果中提取。

2.7 交通便利度（$C9$）

交通便利度是影响耕作便利度的主要因素之一。这里用农村道路的通达性和耕地地块距离居民点距离表示。

$$C9 = \frac{1}{n} \sum_{i=1}^{n} \left(\frac{2}{3} \sum_{j=1}^{m} \lambda_{ij} d_{ij} + \frac{1}{3} \sum_{k=1}^{o} \lambda_{ik} d_{ik} \right) \tag{7}$$

式中：d_{ij} 为对第 i 个耕地地块距离对该地块有影响的第 j 条道路的距离，这里的影响距离为 1.0 km；λ_{ij} 为道路距离权重，与 d_{ij} 成反比；d_{ik} 为对第 i 个耕地地块距离对该地块有影响的第 k 个农村居民点的距离，这里的影响距离为 2.0 km；λ_{ik} 为居民点距离权重，与 d_{ik} 成反比。其值越大表明耕地的交通限制性越强。该项可以从土地利用现状数据中提取。

2.8 灌溉与排水便利度（$C10$）

$$C10 = \frac{1}{2} \sum_{i=1}^{n} \frac{I_i A_i}{A_a} + \frac{1}{2} \sum_{i=1}^{n} \frac{D_i A_i}{A_a} \tag{8}$$

式中：I_i 为第 i 个耕地地块的灌溉保证率等级指数；D_i 为第 i 个耕地地块的排水条件率等级指数。$C10$ 值越低表明水利设施条件限制性越强。该项可以从农用地分等成果中提取。

2.9 耕地地块的景观指数（$C11$）

景观指数是由耕地地块平均面积（A）、周长面积比（S）和地块连片指数（D）等反映耕地地块的规模、形状和邻近度组成的综合指数，也是影响耕作便利度的限制性因素之一。

$$C11 = \frac{1}{3}(A_g + S_g + D_g)$$

$$A = \frac{1}{n} \sum_{i=1}^{n} A_i$$

$$S = \sum_{i=1}^{n} \frac{p_i \times \sqrt{A_i}}{A_a}$$

$$D = 1 - \frac{1}{2} \times \frac{\sqrt{n \times A}}{A_a} \tag{9}$$

式中：A_g、S_g、D_g 为等级指数；p_i 为第 i 个耕地地块的周长；A 为评价单元内的土地总面积。景观指数值越小表明对耕作便利度的限制性越强。

3 意义

土地整理的类型区划分公式表明，研究区内耕地最主要的限制性因素是土壤肥力偏低，亟需培肥地力的区域耕地面积为 27 603.8 hm²；其次是耕地地块的坡度、规模和景观指数等因素导致的耕地生产条件差，而需要实施整理工程的耕地占总耕地面积的 17.86%；近期整理区分布与新增耕地相关的整理类型相一致;中期整理区集中连片分布在该区的北部地区;远期整理区在较长时间内以实施培肥地力工程为主,将来主要通过居民点和闲散用地整理增加耕地面积。研究结果可为区域土地整理规划编制和土地整理实践提供科学依据。

参考文献

[1] 潘瑜春,刘巧芹,陆洲,等.基于农用地分等的区域耕地整理规划.农业工程学报,2009,25(增刊2):260－266.

多传感器的信息融合模型

1 背景

多传感器信息融合技术是指利用多个传感器共同工作,得到描述同一环境特征的冗余或互补信息,再运用一定的算法进行分析、综合,获得环境信息特征较为准确的描述信息。目前,在导航系统中应用的信息融合方法,使用最多的是 kalman 滤波的方法[1,2,3]。Kalman 滤波能估计导航系统的各种状态,并用状态的估计值去校正系统,以达到系统组合的目的[4]。张漫等[5]基于航位推算法,建立线性 Kalman 滤波器的数学模型。

2 公式

假设 θ_{k-1} 为电瓶车在 $k-1$ 时刻的航向角,即其车身纵向与 x 轴正向之间的夹角,v 为电瓶车在其纵向上的行驶速度,(x_k, y_k) 和 (x_{k-1}, y_{k-1}) 分别为其在 k 与 $k-1$ 时刻的位置坐标,T 为采样周期。若忽略在采样周期内电瓶车航向角度变化的影响,则其航位推算的递推关系式可用式(1)和式(2)表示

$$x_k = x_{k-1} + vT\cos\theta_{k-1} \tag{1}$$
$$y_k = y_{k-1} + vT\cos\theta_{k-1} \tag{2}$$

依据 Kalman 滤波器的状态转移方程,可定义状态空间向量 $X(k) = \begin{bmatrix} x(k) & y(k) & v \end{bmatrix}$,式中:$x(k)$、$y(k)$ 为平面直角坐标系下的东向和北向,v 为电瓶车在其纵向上的行进速度。设定电瓶车的航向角度为 $\theta(k)$,横轴正向为 $0°$,逆时针方向为正,则状态转移矩阵为:

$$\Phi(k) = \begin{bmatrix} 1 & 0 & T\cos[\theta(k-1)] \\ 0 & 1 & T\sin[\theta(k-1)] \\ 0 & 0 & 1 \end{bmatrix} \tag{3}$$

$\theta(k)$ 由电子罗盘采集,为农机纵向在平面坐标下的角度分量,横轴正向为 $0°$,逆时针为正。利用 $k-1$ 时刻电瓶车的航向角度可对 $\Phi(k)$ 矩阵进行实时更新。依据 Kalman 滤波器的观测方程,将 RTD DGPS 输出的位置数据 (x, y) 及速度信号 v 作为观测量,得到观测向量为 $Z(k) = \begin{bmatrix} x(k) & y(k) & v \end{bmatrix}$,外部观测向量和状态向量之间的测量矩阵 $H(k)$ 为常数矩阵,如式(4)所示;$v(k)$ 为均值是 0、方差为 r_i^2 的高斯白噪声序列;测量的噪声方差矩阵为 $R(k)$,如式(5)所示。

$$H(k) = \begin{bmatrix} 1 & 0 & 0 \\ 0 & 1 & 0 \\ 0 & 0 & 1 \end{bmatrix} \tag{4}$$

$$R(k) = \begin{bmatrix} r_1^2 & 0 & 0 \\ 0 & r_2^2 & 0 \\ 0 & 0 & r_3^2 \end{bmatrix} \tag{5}$$

式中:r_1, r_2, r_3 为 RTD DGPS、电子罗盘及速度测量噪声的标准差。

3 意义

多传感器的信息融合模型表明,采用 Kalman 滤波技术对 RTD GPS 和电子罗盘的数据进行了融合;通过计算综合权重值,对单 GPS 系统和融合系统的性能进行测试与评估,其值分别为 0.006、0.002。由此可知,采用 Kalman 滤波的电子罗盘和 RTD GPS 的组合导航系统,定位精度相对较高,稳定性较好,整体性能优于单 GPS 系统。

参考文献

[1] 张智刚. 插秧机的 DGPS 自动导航控制系统研究. 广州:华南农业大学,2006.

[2] Guo Linsong. Develop of a low – cost navigation system for autonomous off – road vehicles. Urbana – Champaign:University of Illinois at Urbana – Champaign, 2003.

[3] 周俊,姬长英. 自主车辆导航系统中的多传感器融合技术. 农业机械学报,2002,33(5):113 – 116,133.

[4] 韩崇昭,朱洪燕,段战胜,等. 多源信息融合. 北京:清华大学出版社,2006.

[5] 张漫,周建军,籍颖,等. 农用车辆自动导航定位方法. 农业工程学报,2009,25(增刊2):74 – 77.

渠道的冻融水热耦合模型

1 背景

依据温度梯度理论,李学军等[1]运用原型观测成果,建立了大型 U 形混凝土衬砌渠道季节性冻融水热耦合二维模型,采用混合型 Richards 方程对冻结过程中渠基非饱和土壤水分运移进行了模拟;并用冻结水分运移量、气温和冻深观测值分别建立了冻深、冻胀预测模型。为大型 U 形混凝土衬砌渠道设计、推广应用提供理论依据。

2 公式

在忽略热对流作用的情况下,均质各向同性渠基采用混合型(以含水率、基质势为自变量)Richards 方程来描述非饱和冻融土二维水分运动。

$$\frac{\partial \theta_u}{\partial t} = \frac{\partial}{\partial x}\Big[K(\theta_u) \frac{\partial h}{\partial x}\Big] + \frac{\partial}{\partial z}\Big[K(\theta_u) \frac{\partial h}{\partial z} - K(\theta_u)\Big] - \frac{\rho_i}{\rho_w}\frac{\partial \theta_i}{\partial t} \tag{1}$$

式中:θ_u 为未冻含水率,%;θ_i 为含冰率,%;h 为基质势,cm;t 为时间,min;x、z 为空间坐标(以垂直向下为正),cm;$K(\theta_u)$ 为非饱和土壤水分导水率,cm/min;ρ_i 为冰密度,g/cm³;ρ_w 为水密度,g/cm³。

渠基不同位置温度的变化用冻土二维水热耦合方程来描述[2-3]:

$$C_e \frac{\partial T}{\partial t} = \frac{\partial}{\partial x}\Big(\lambda_e \frac{\partial T}{\partial x}\Big) + \frac{\partial}{\partial z}\Big(\lambda_e \frac{\partial T}{\partial z}\Big) - U_e \frac{\partial T}{\partial t} \tag{2}$$

式中:T 为渠基土壤温度,℃;C_e 为冻结土壤的等效体积比热容,J/(cm³·℃),λ_e 为渠基土壤热导率,J/(cm·min·℃);U_e 为渠基土壤热对流速度 J/(cm³·℃)。C_e、λ_e、U_e 与土壤体积比热容 C_v、热导率 λ、冰的融化潜热 L_i($L_i = 355$ J/g)及水分扩散率 $D(\theta_u)$ 有关,其值分别为:

$$C_e = C_v + C_l$$

$$\lambda_e = \lambda + D(\theta_u) \cdot C_l$$

$$U_e = C_l \cdot \frac{\mathrm{d}K(\theta)}{\mathrm{d}\theta}$$

$$C_l = L_i\rho_w \cdot \frac{\mathrm{d}\theta_m}{\mathrm{d}T}$$

在冻土中,未冻水含量与负温保持动态平衡,这一关系表示冻土中水、热运动间的相互联系。

$$\theta_u = \theta_m(T) \tag{3}$$

式中：$\theta_m(T)$为相应渠基负温条件下可能的最大未冻含水率,% 。

试验测得土壤冻结温度为 $-0.1℃$,土壤未冻含水率 $\theta_u(\%)$ 与冻结温度 $T(℃)$ 拟合关系：

$$\theta_u = 11.25T^{-0.225} \quad R^2 = 0.989 \tag{4}$$

非饱和导水率、土壤水分特征曲线分别用瞬时剖面法、张力计法得到相关结果,并用幂函数拟合为：

$$K(\theta_u) = 1.892\theta_u^{3.28} \tag{5}$$

$$h = -19\theta_u^{-2.26} \tag{6}$$

在非冻土中,$C_l = 0$,方程式(2)即为非冻土的热传导方程。因此,方程式(2)既适用于土壤冻结区,也适用于土壤未冻结区。采用有限差分法对渠基土壤水分运动方程式(1)、水热耦合方程式(2)进行离散。利用 θ_u、h 二者之间的关系并采用修正的 Picard 迭代方法[4-5],将两组差分方程组的初始条件及相应的边界条件结合方程式(3)进行耦合迭代进行求解。

用以上水热耦合模型模拟的冻结期渠基水分曲线见图1,模拟曲线与观测曲线基本吻合。

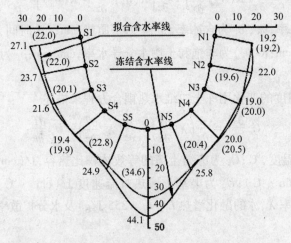

图1　冻结期含水率线与模拟曲线(单位:%)

3 意义

研究利用建立的大型 U 形混凝土衬砌渠道季节性冻融水热耦合模型对冻融过程中渠基非饱和土壤水分运移进行了模拟。结果表明,模拟曲线和预测曲线与原型观测曲线基本吻合,表明该模型具有一定的适用价值。

参考文献

[1] 李学军,费良军,李改琴.大型 U 形混凝土衬砌渠道季节性冻融水热耦合模型研究.农业工程学报,2008,24(1):13-17.

[2] 尚松浩,雷志栋,杨诗秀.冻结条件下土壤水热耦合运移数值模拟的改进.清华大学学报,1997,37(8):62-64.

[3] Celia M A,Bouloutas E F. A general mass-conservative numerical solution for the unsaturated flow equation. Water Resour Res,1990, 26(7): 1483-1496.

[4] 尚松浩,雷志栋,杨诗秀,等.冻融期地下水位变化情况下土壤水分运动的初步研究.农业工程学报,1999,15(2):64-68.

[5] Taylor G S,Luthin J N. A model for coupled heat and moisture transfer during soil freezing[J]. Canadan Geotechnical Journal,1978, 18: 548-555.

砼衬砌渠道的冻胀破坏模型

1 背景

　　弧底梯形渠道以其抗冻胀性能及水力特性良好,在北方寒旱地区得到广泛应用,但该种形式衬砌的结构计算仍无力学模型,该衬砌体的设计只能凭经验选取,而无法量化。王正中等[1]通过对弧底梯形渠道砼衬砌冻胀破坏机理及破坏特征的分析,指出了弧底梯形渠道砼衬砌整体结构的计算简图是在法向冻胀力及切向冻结力和重力共同作用下的薄壳拱形结构,就局部受力来看属压弯组合变形问题。通过恰当假设及简化,提出了该砼衬砌整体结构冻胀破坏的力学模型,求出了其冻胀控制内力及最大拉应力的计算公式,并结合砼板抗裂条件,给出了胀裂部位、衬砌板厚及抗冻胀破坏验算的一系列计算方法。

2 公式

2.1 弧底梯形断面渠道砼衬砌冻胀破坏的力学模型

　　要建立其准确力学模型并求其解析解是不可能的,只能根据对其破坏特征及破坏过程的认识,结合是实验研究及工程实践[2-12]进行恰当的假设简化处理,然后建立简单实用、基本准确合理的力学模型。

　　弧底梯形渠道砼衬砌断面图如图 1 所示,设边坡板长为 L,弧半径为 R,衬砌板厚为 b,坡角为 α,边坡 $m = \mathrm{ctg}\alpha$。

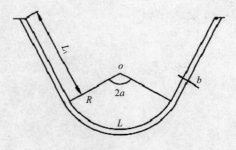

图 1　砼衬砌弧底梯形渠道

　　极限平衡状态时,弧底梯形断面渠道砼衬砌结构上法向冻胀力分布如图 2 所示。设坡角处及弧底最大法向冻胀力为 q。

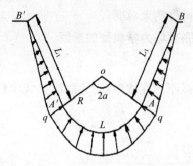

图 2　法向冻胀力分布

极限平衡状态时,该砼衬砌结构上的切向冻结反力冻结力分布如图 3 所示,并设坡角处最大切向冻反力为 τ。

根据图 2、图 3 的冻胀力分布图和冻结力,建立静力平衡方程,但因切向冻结力最大值由阳坡衬砌板与冻结基土之间的最大冻结力,确定其值取决于土质、负温及土壤含水量等因素,属已知反力。

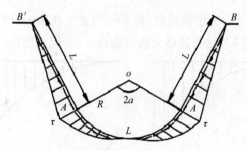

图 3　切向冻结反力分布

因此,弧底梯形渠道砼衬砌结构上所受的外力只有一个未知力即法向冻胀力 q,只需列出竖向静力平衡方程,即可得:

$$qlcos\ \alpha + 2qR\sin\ \alpha = \tau L\sin\ \alpha + 2b\gamma(L + R\alpha) \tag{1}$$

若令边坡系数为 m,底弧直径与坡板长之比为 n,即:

$$m = ctg\alpha, \quad n = 2R/L$$

则由式(1)得法向冻胀力最大值为:

$$q = \frac{\tau}{m + n} + \frac{(2 + \alpha n)b\gamma}{(m + n)\sin\ \alpha} \tag{2}$$

梯形渠道砼衬砌的法向冻胀力可简化为:

$$q = \frac{\tau}{0.66m + n} + \frac{n\gamma b}{0.66m + n} \tag{3}$$

比较式(3)及式(2),从第一项可以看出,弧底梯形渠道的法向冻胀力明显小于梯形断面,表明弧底梯形冻结基土对衬砌约束减弱。

2.2 弧底梯形渠道砼衬砌冻胀破坏力学模型的求解

2.2.1 边坡板内力

在坡板内力计算时,取坐标原点在坡顶处,并取沿渠线单位长度衬砌板为研究对象,内力如下。

轴力:

$$N(x) = \frac{-(\tau + \gamma b \sin \alpha)}{2L}x^2 \quad (0 \leqslant x \leqslant L) \tag{4}$$

弯矩:

$$M(x) = \frac{-\tau bx^2}{4} + \frac{qx^3}{6L} - \frac{\gamma b \cos \alpha x^2}{2} \quad (0 \leqslant x \leqslant L) \tag{5}$$

剪力:

$$Q(x) = \frac{qx^2}{2L} - \gamma b \cos \alpha \cdot x \quad (0 \leqslant x \leqslant L) \tag{6}$$

绘制内力图如图4。

由图4可见,坡板内力均为单调函数,最大值均发生在 $x = L$ 时,即极值均在坡角处,这与文献[13]的工程实践是一致的,其最大值只需将 $x = L$ 代入即得。

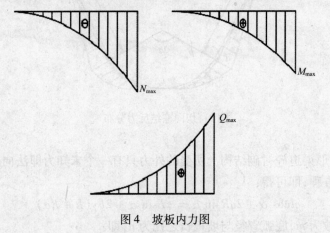

图4 坡板内力图

N、M、Q 为坡板坡角处(亦即弧底板端)的控制内力,其值可根据式(4)、式(5)、式(6)直接求得:

$$N = -(\tau + \gamma b \sin \alpha)L/2 \tag{7}$$

$$M = \frac{qL^2}{6} - \frac{\tau bL^2}{4} - \frac{\gamma bL^2 \cos \alpha}{2} \tag{8}$$

124

$$Q = \frac{qL}{2} - \gamma b\cos \alpha \cdot L \tag{9}$$

2.2.2 弧底板内力

在弧底板内力计算时,为计算方便,将坐标原点设在弧底中心处,具体分析简图如图5所示。

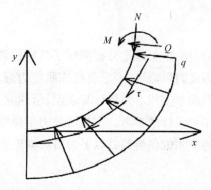

图5 弧底板受力图

显然,弧底板的控制内力在弧底位置和坡角处,其各控制断面内力如下。

第一部位控制内力即坡角处 N、M、Q(亦即弧底板端),其值由式(7)、式(8)、式(9)所得。

第二控制断面即弧底中点位置处 N_0、M_0,由建筑力学得:

$$M_0 = R^2\sin^2\alpha \cdot q/2 + (QR\sin 2\alpha)/2 + M + 2N \cdot R\sin^2(\alpha/2) - (\gamma bR^2\alpha\sin \alpha)/2 \tag{10}$$

$$N_0 = -Q\sin \alpha + N\cos \alpha - q(R - R\cos \alpha) - \frac{\tau R}{\alpha}(\alpha\sin \alpha + \cos \alpha - 1) \tag{11}$$

2.2.3 弧底梯形渠道衬砌板厚度及抗裂验算

如前所述,不论对两侧坡板,还是对于弧底板,其受力形式都可概化为压弯构件,衬砌板是否胀裂或折裂,取决于衬砌板上最大拉应力及拉应变是否超过其容许值,其原理方法及符号同文献[13],下面简要说明如下。

对于坡板,最大拉应力为:

$$\sigma_{\max} = \frac{6M}{b^2} - \frac{N}{b} \tag{12}$$

其发生在衬砌板坡角处的外侧表面。

对于弧底板,最大拉应力为:

$$\sigma_{\max} = \frac{6M_0}{b^2} - \frac{N_0}{b} \tag{13}$$

其发生在衬砌弧底板中心处内表面。

最大拉应变及抗裂条件：

$$\frac{\sigma_{\max}}{E_c} \leqslant \varepsilon_l \tag{14}$$

3　意义

砼衬砌渠道的冻胀破坏模型表明，理论分析阐明了弧底梯形砼衬砌结构因法向冻胀力数值小、分布均、恢复力大，因此，整体适应变形及抗冻胀能力强，从而更优于梯形断面。实例计算表明该模型安全合理、简单实用。实例计算表明，所建立力学模型是正确的，计算方法也是简单实用的，可作为工程设计的参考。实验所建力学模型仅考虑冻结时地下水能供给到渠顶，否则应从冻结时地下水能供给到处以下为研对象建立力学模型。

参考文献

［1］　王正中,李甲林,陈涛.弧底梯形渠道砼衬砌冻胀破坏的力学模型研究.农业工程学报,2008,24（1）:18－23.

［2］　中华人民共和国水利部.渠道防渗工程技术规范 SL18－2004.北京:水利水电出版社,2004.

［3］　李安国.大 U 形混凝土渠道的冻结、冻胀及冻胀力.第三届全国冻土学术会议论文集.北京:科学出版社,1989:314－322.

［4］　冯广志,周福国,季仁保.渠道防渗衬砌技术发展中的若干问题及建议//渠道防渗技术论文集.北京:中国水利水电出版社,2003:6－11.

［5］　任之忠,李萍.陕西泾惠四支渠防渗防冻工程试验研究//渠库防渗论文集.西安:三秦出版社,1994:371－376.

［6］　李安国,常次勤.渠道防渗防冻胀对策//渠库防渗论文集.西安:三秦出版社,1994:342－347.

［7］　李明.改革渠道衬砌结构、提高抗冻抗渗能力.水利工程管理技术,1991,（2）:34－36.

［8］　朱强,谢荫琦.我国寒区水利工程冻胀防治研究现状及展望//第五届全国冰川冻土学大会论文集.兰州:甘肃文化出版社,1991:852－862.

［9］　余书超,宋玲.刚性衬砌渠道受冻胀时衬砌层受力的试验研究.中国农村水利水电,2001,（9）:4－5.

［10］　王正中,沙际德,张长庆,等.正交各向异性冻土与建筑物相互作用的非线性有限元分析.土木工程学报,1999,（3）.

［11］　安维东,吴紫汪,马巍,等.冻土的温度水分应力及其相互作用.兰州:兰州大学出版社,1989.

［12］　李安国,陈瑞杰.渠道冻胀模拟试验及衬砌结构受力分析.防渗技术,2000,6（1）:5－16.

［13］　王正中.梯形渠道砼衬砌冻胀破坏的力学模型研究.农业工程学报,2004,20（3）:24－29.

沟灌土壤的水量平衡方程

1 背景

以前方法都是基于水流推进和消退数据而计算入渗参数,忽略了径流的影响,在灌溉模拟中造成了较大误差。为提高沟灌土壤入渗参数的估算精度,缩小沟灌模拟误差,管孝艳等[1]以水量平衡方程为基础,采用 IPARM 方法建立了沟灌 Kostiakov – Lewis 入渗方程中参数的估算方法,并根据一组田间实测沟灌资料对入渗参数进行了估算,利用 WinSRFR1.1 软件对沟灌水流运动进行了模拟。

2 公式

2.1 水量平衡方程

在沟灌水流的推进过程中,可用水量平衡方程来描述沟灌过程中水流沿沟长的变化,考虑沟尾的出流量,水量平衡方程可表示为:

$$Q_0 t = V_I + V_S + V_R \tag{1}$$

式中:Q_0 为入沟流量,m^3/min;V_I 为累积入渗的水量,m^3;V_S 为储存于地表上的水量,m^3;V_R 为沟尾出流量,m^3;t 为时间,min。

2.2 地表储水量

水量平衡方程中的地表储水量比较难实地测定,一般都通过引入地表储水因子 σ_y,将地表储水量表示为:

$$V_S = \sigma_y A_0 L \tag{2}$$

式中:A_0 为沟首平均过水断面面积,m^2;L 为灌水沟的长度,m;σ_y 为地表储水形状系数,一般取 0.77[2]。

在水流推进的过程中,沟中的水流深度可以表示为:

$$y = y_0 \left(1 - \frac{s}{x} \right)^\beta \tag{3}$$

式中:y 为沟中水流深度,cm;y_0 为沟首过水断面水深,cm;s 为从沟首断面到指定点的距离,m;x 为水流前锋距沟首的距离,m;β 为经验参数,当地表储水形状系数 σ_y 取 0.77 时,β 取 0.25。储水阶段地表水储水因子 σ_{ys} 可表示为[3]:

$$\sigma_{ys} = \sigma_y \frac{X_t}{L} \Big[1 - \Big(1 - \frac{L}{X_t} \Big)^{\frac{1}{\sigma_y}} \Big] \tag{4}$$

式中:X_t 为假定水流毫无阻力地通过沟尾的情况下,在给定时间下水流推进的虚拟距离,m(图1)。在此情况下,沟中的地表储水量可表示为:

$$V_s = \sigma_{ys} A_0 L \tag{5}$$

式(5)中的过水断面面积 A_0 可以实测得到,也可以由曼宁公式或者实测的水流深度计算而得,沟中的水面宽度可用底宽和水深来表示,即

$$W = W_B + cy^m \tag{6}$$

式中:W 为水流推进过程中的水面宽度,cm;W_B 为灌水沟的底宽,cm;c,m 为根据实测的灌水沟底宽、上口宽、平均宽以及最大高度等断面形状得到的经验参数。故过水断面面积可用水流宽度在水深上的积分来简化计算,其形式为:

$$A_0 = W_B y_0 + \frac{cy_0^{m+1}}{m+1} \tag{7}$$

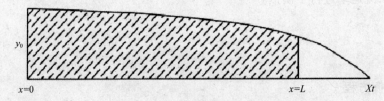

图1 储水阶段地表储水量示意图

2.3 地下储水量

地下储水量的计算涉及土壤入渗模型,实验采用 Kostiakov – Lewis 入渗模型:

$$Z = kt^a + f_0 t \tag{8}$$

式中:Z 为累积入渗量,m;t 为水分入渗土壤的时间或称之为机会时间,min;k 为土壤入渗系数,$m^3/(min \cdot m)$;a 为土壤入渗指数,无量纲;f_0 为土壤的稳定入渗率,$m^3/(min \cdot m)$。引入地下储水量形状系数 σ_{z1}、σ_{z2},则地下储水量可表示为:

$$V_I = (\sigma_{z1} kt^a + \sigma_{z2} f_0 t) \tag{9}$$

式中:σ_{z1},σ_{z2} 为地下储水量形状系数,Elliott 和 Walker 将其表示为:

$$\sigma_{z1} = \frac{a + r(1 - a) + 1}{(1 + r)(1 + a)} \tag{10}$$

$$\sigma_{z2} = \frac{1}{1 + r} \tag{11}$$

式中:r 为水流推进函数 $x = pt^r$ 中的幂指数,σ_{z1} 用不完全 γ 函数表示为:

$$\alpha_{z1} = \lambda r \Big[1 - \frac{ar\lambda}{r+1} + \frac{a(a-1)r\lambda^2}{2!(r+2)} - \frac{a(a-1)(a-2)r\lambda^3}{3!(r+3)} + $$

$$\frac{a(a-1)(a-2)(a-3)r\lambda^4}{4!(r+4)} - L + L \Bigr] \tag{12}$$

$$\sigma_{z2} = 1 - \frac{r\lambda}{r+1} \tag{13}$$

将以上计算过程进行计算程序化,运用 IPARM 方法估算土壤入渗参数。

运用 IPARM 方法分别用水流推进数据以及水流推进和径流数据估算得到的入渗参数 k、a、f_0 绘制沟灌入渗过程的累积入渗量随时间的变化曲线(图 1),由图 1 可知,尽管两组数据估算的入渗参数之间存在差异,但是累积入渗量曲线具有相同的形状;在水流的推进阶段两组数据计算的累积入渗量基本吻合,两组曲线在水流推进过程结束后出现了较大偏离,如果时间继续延长,这种偏离也会随之增大。

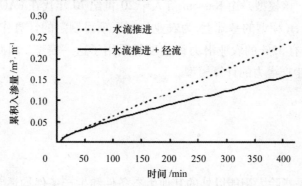

图 2　由水流推进及水流推进和径流数据估算的累积入渗量比较

3　意义

采用 Gillies 提出的 IPARM 沟灌土壤参数估计方法对田间一组沟灌试验的入渗参数进行了估计。沟灌土壤的水量平衡方程表明:用水流推进和径流数据比只用水流推进数据计算的入渗参数的精确度高,可以提高累积入渗量模拟的准确性,并可以将模拟时间延长;在模拟径流量时预测值和实测值的吻合较好,预测精度较高。用 IPARM 方法估算土壤入渗参数在沟灌模拟和管理中具有较高的可靠性。

参考文献

[1]　管孝艳,杨培岭,吕烨. 基于 IPARM 方法估算沟灌土壤入渗参数. 农业工程学报,2008,24(1):85 – 88.

[2]　缴锡云,王文焰,雷志栋,等. 估算土壤入渗参数的改进 Maheshwari 法. 水利学报,2001,32(1):62 – 67.

[3]　Gillies M H,Smith R J. Infiltration parameters from surface irrigation advance and runoff data. Irrigation science, 2005, 24(1):25 – 35.

粮食生产潜力的计量模型

1　背景

农业生态区模型(Agro – ecological Zone，AEZ)是目前世界上应用范围最广的一个农业生产潜力评估模型。该模型是由 Kassam 等人于 20 世纪 70 年代在 FAO 及 IIASA 等机构的支持下，在 Wageningen 模型的基础上，为农业生态区项目制定的计算作物光温水潜力的一种方法。在我国，约有 35% 的农业潜力评估项目采用了这一模型。因此，毕继业等[1]选取 AEZ 模型作为粮食生产潜力的计算模型。

2　公式

2.1　光合生产潜力

光合生产潜力是指除太阳能以外的其他生态条件和生产条件均适宜时，理想作物群体在当地光照条件下单位面积上所形成的最高产量。光合生产潜力被认为是粮食产量的理论上限。本研究光合生产潜力值的计算公式为：

$$Y_0 = F \cdot y_0 + (1 - F) y_c \tag{1}$$

式中：Y_0 为某种标准作物的干物质总产量，$kg/(hm^2 \cdot d)$；F 为一天中阴天所占部分；y_0，y_c 分别为一定地区某种标准作物在一全阴天和全晴天的干物质生产率，$kg/(hm^2 \cdot d)$。

2.2　光温生产潜力

光温生产潜力是指作物在水肥保持最适宜状态时，由光、温两个因子共同决定的产量。实验光温生产潜力的计算采用下式进行[2]：

当 $y_m \geqslant 20 \ kg/(hm^2 \cdot h)$ 时，

$$Y_T = cL \cdot cN \cdot cH \cdot G \cdot [F(0.8 + 0.01y_m)y_o + (1 - F)(0.5 + 0.025y_m)y_c] \tag{2}$$

当 $y_m < 20 \ kg/(hm^2 \cdot h)$ 时，

$$Y_T = cL \cdot cN \cdot cH \cdot G \cdot [F(0.5 + 0.025y_m)y_o + (1 - F)(0.05y_m)y_c] \tag{3}$$

式中：Y_T 为某种作物的光温生产潜力，kg/hm^2；cL、cN 和 cH 为分别是作物生长、干物质生产和收获指数校正系数；G 为作物的全生育期天数，d；F 为白天中的阴天部分；y_m 为在一定气候下某种作物的叶片最大干物质总生产率，$kg/(hm^2 \cdot d)$；y_o 和 y_c 含义与光合生产潜力意义相同。

130

2.3 光温水生产潜力

光温水生产潜力是光温生产潜力受自然降水条件限制而衰减后的作物生产潜力,也就是当土壤肥力和农业技术措施等参量处于最适宜的条件下,由辐射、温度和降水等气候因素所确定的作物产量。研究中采用下式对光温水生产潜力进行计算:

$$Y_p = Y_T \cdot f(p) = Y_T \cdot (1 - K_y \cdot W_d) \tag{4}$$

式中:Y_p 为某种作物的光温水生产潜力,kg/hm^2;Y_T 为该作物的光温生产潜力,kg/hm^2;$f(p)$ 为降水订正系数;K_y 为产量反应经验系数;W_d 为水分亏缺率,本研究采用下述农田水分平衡模型[3,4]计算 W_d:

$$P_t + S_{t-1} - Q_{st} - Kc \times ET_t = S_t + (Q_{up} - Q_{uc})t + \eta \tag{5}$$

式中:P_t 为平衡时段(t)的降水量,mm;t 为对应于作物生育期的月份序数;Q_{st} 为 t 时段的产流量,mm;ET_t 为 t 时段的参考蒸散量,mm;Kc 为 t 时段的作物系数;S_{t-1} 和 S_t 为分别为 t 时段初期和末期的土壤水含量;$Q_{up} - Q_{uc}$ 为 t 时段内降水入渗量与毛管上升水量之差,mm;η 为 t 时段的误差项。

2.4 水资源生产潜力

考虑到现实农业生产过程中,灌溉是作物水分的重要来源。在县域生产潜力计算过程中,实验以县域灌溉面积为权重,对全国分县水资源生产潜力进行了计算,具体公式如下:

$$f(w) = \left[1 - k_y\left(1 - \frac{P}{ET_m}\right)\right] \times (1 - s) + \left\{1 - k_y\left[1 - \frac{P + (ET_m - P) \times k}{ET_m}\right]\right\} \times s \tag{6}$$

式中:$f(w)$ 为水资源订正系数,k_y 为产量反应经验系数;ET_m 为作物需水量,P 为降水量;s 为灌溉面积占农作物播种面积的比例,对于水稻,s 为灌溉水田占水田面积的比例;k 为灌溉保证率,本研究对其取1。

2.5 土地生产潜力

土地生产潜力是指在其他条件保持最适宜状态下,由光、温度、水分和土壤因子共同决定的产量,它是在水分生产潜力基础上经土壤有效系数衰减后形成的。研究中,采用下式对其进行计算:

$$Y_s = Y_p \cdot f(s) \tag{7}$$

式中:Y_s 为某种作物的土地生产潜力,kg/hm^2;Y_p 为某种作物的水资源生产潜力,kg/hm^2;$f(s)$ 为土壤有效系数。实验选用土壤质地、酸碱度、有机质、全氮、全磷、全钾以及土壤侵蚀度 7 项指标来确定土壤有效系数,采用的方法为层次分析法。

本文采用 GIS 技术,并根据以上模型对全国分县水稻、小麦、玉米等三大主要粮食作物的光合、光温、光温水、水资源以及土地生产潜力进行了汇总。并以 1999—2001 年县域作物平均播种面积为权重,计算了现实种植制度下中国不同县域的各级粮食生产潜力。图1为中国县域各层次粮食生产潜力空间分布图。由图不难看出,整体而言,中国县域粮食生产潜力具有从东南向西北逐渐递减的空间分布规律,县域之间差异明显。

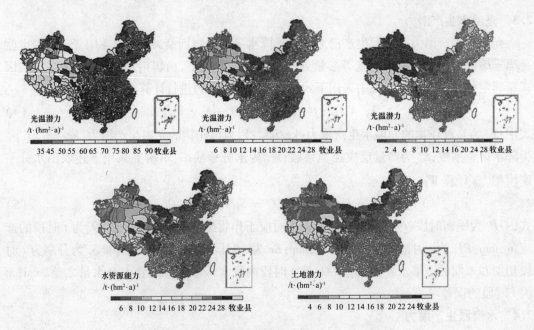

图1 中国县域各层次粮食生产潜力空间分布

3 意义

通过构建粮食生产潜力计量模型,以1 km×1 km栅格为基本单元,利用GIS技术定量计算了县域尺度的中国粮食生产潜力,展示了中国粮食生产潜力的区域差异。结果表明:中国的粮食生产潜力普遍表现为东南高于西北的空间分布格局;县域平均光合、光温、光温水、水资源、土地生产潜力依次为65.12 $t/(hm^2 \cdot a)$,16.82 $t/(hm^2 \cdot a)$,13.74 $t/(hm^2 \cdot a)$,15.27 $t/(hm^2 \cdot a)$和11.07 $t/(hm^2 \cdot a)$;县域平均光合资源、光温资源、水资源和土地资源利用效率分别为10.93%、41.43%、46.93%和65.4%,粮食生产的资源利用效率还有进一步提高的空间。

参考文献

[1] 毕继业,朱道林,王秀芬,等. 基于GIS的县域粮食生产资源利用效率评价. 农业工程学报,2008,24(1):94-100.

[2] 联合国粮农组织. 产量与水的关系. 1979.

[3] 林耀明,任鸿遵,等. 华北平原的水土资源平衡研究. 自然资源学报,2000,15(3):252-258.

[4] 杨艳昭,封志明,刘宝勤. 西北地区县域农业水资源平衡问题研究. 自然资源学报,2005,20(3):347-353.

金莲花需水的模糊评判模型

1 背景

根据机器视觉技术对金莲花不同水分状态特征所提取的数据红色分量 R、绿色分量 G、蓝色分量 B 以及 r 分量、b 分量,谢守勇等[1]利用模糊数学方法建立了金莲花生长发育健康需水多参数模糊评判模型,以减少单参数对其需水判定缺陷,将所测试的数据利用模糊数学知识建立其多指标模糊综合评判模型,并通过试验数据对模糊评判模型进行了验证。

2 公式

2.1 模糊评判模型建立

设某植物有 n 种生长发育状态,其中任一状态 $j(j=1,2,3,\cdots,n)$ 有 m 个可供评价判断的特征指标值 $\mu_i(i=1,2,3,\cdots,m)$,如植物的叶面积、茎秆直径、叶柄夹角、植株颜色、花、果实等生长发育状态,实验采用植株颜色作为植物生长发育的 j 状态,即将通过图像处理得到的红色分量 R、绿色分量 G、蓝色分量 B 以及 r 分量、b 分量(由于 g 分量相关性较差[2],所以模型研究中,不加以考虑)来建立一个植物需水模糊评判模型。

其中:

$$r = \frac{R}{R+G+B} \tag{1}$$

$$b = \frac{B}{R+G+B} \tag{2}$$

不同的特征指标 μ_i 有不同的隶属函数 $u_j(u_i)$,将某特征指标 μ_i 值代入该指标相应于第 j 状态的隶属函数 $u_j(\mu_i)$,则可求其隶属度,并进行归一化处理,使其隶属度均在 $[0,1]$ 区间内变化,构成 m 阶模糊关系矩阵 R,即:

$$\underline{R} = \begin{bmatrix} u_1 \\ u_2 \\ \vdots \\ u_m \end{bmatrix} = \begin{bmatrix} u_{11}(\mu_1) & u_{12}(\mu_1) & \cdots & u_{1n}(\mu_1) \\ u_{21}(\mu_2) & u_{22}(\mu_2) & \cdots & u_{2n}(\mu_2) \\ \vdots & \vdots & & \vdots \\ u_{m1}(\mu_m) & u_{m2}(\mu_m) & \cdots & u_{mn}(\mu_m) \end{bmatrix} \tag{3}$$

m 个特征指标在植物的生长发育过程中所表现出来的重要性不同,因此在进行评价和比较时,必须对这些特征指标的重要性进行分析,根据专家经验利用改进层次分析法分别确定出它们不同的权重值 w,并组成模糊权向量 $W^{[3]}$(不研究),即:

$$W = [\begin{matrix} w_1 & w_2 & \cdots & w_m \end{matrix}] \tag{4}$$

根据模糊合成原理,将模糊权向量 W 与模糊关系矩阵 $\underline{R}$ 相乘组成模糊评判模型向量 $\underline{B}$:

$$\underline{B} = W\underline{R} = [\begin{matrix} w_1 & w_2 & \cdots & w_m \end{matrix}] \begin{bmatrix} u_{11}(\mu_1) & u_{12}(\mu_1) & \cdots & u_{1n}(\mu_1) \\ u_{21}(\mu_2) & u_{22}(\mu_2) & \cdots & u_{2n}(\mu_2) \\ \vdots & \vdots & & \vdots \\ u_{m1}(\mu_m) & u_{m2}(\mu_m) & \cdots & u_{mn}(\mu_m) \end{bmatrix}$$

$$= [\begin{matrix} b_1 & b_2 & \cdots & b_m \end{matrix}] \tag{5}$$

式中: b_j 为第 j 状态的模糊评判值,该值越大说明越接近正常状态。

2.2 确立各指标的隶属函数

在模糊集合中,隶属函数能够很好地描述事物的模糊性,常用的模糊集合中的隶属函数有高斯型隶属函数、广义钟型隶属函数、S 型隶属函数、梯形隶属函数、三角形隶属函数和 Z 型隶属函数等[4]。模糊集中隶属函数的形状,对模型的特性影响不大,而各模糊子集的隶属函数对论域的覆盖面的大小,则对模糊模型的特性影响较大[5,6],实验采用梯形隶属函数。表 1 是金莲花各颜色分量平均值与缺水时间的试验数据,根据试验数据建立各指标的隶属函数。

表 1　叶片各颜色分量平均值与缺水时间的试验数据

缺水时间/h	R	G	B	r	b
正常	27.2	50	20.4	0.279	0.209
12	37.2	67.2	15.8	0.309	0.131
24	37.8	69.2	3.8	0.341	0.034
36	48.8	68.8	0.8	0.412	0.007
48	89.2	80.2	0.6	0.525	0.004

2.2.1　特征指标 R 的隶属函数

当金莲花处于正常状态时,R 平均值小于等于 27.2,随着缺水时间的增加 R 值不断增加,大于 89.2 时植株萎蔫,缺水时间超过 48 h,严重水分亏缺。此时隶属函数符合梯形分布上限型,即:

$$u_1(\mu_1) = \begin{cases} 1 & \mu_1 \leq 27.2 \\ \dfrac{89.2 - \mu_1}{89.2 - 27.2} & 27.2 < \mu_1 \leq 89.2 \\ 0 & \mu_1 > 89.2 \end{cases} \tag{6}$$

2.2.2 特征指标 G 的隶属函数

当金莲花处于正常状态时,随着缺水时间的增加 G 值不断增加,大于 80.2 时植株萎蔫,其生长发育很难恢复正常。正常状态时,G 平均值小于等于 50。此时隶属函数符合梯形分布上限型,随着缺水时间超过 48 h,严重水分亏缺。

$$u_2(\mu_2) = \begin{cases} 1 & \mu_2 \leqslant 50 \\ \dfrac{80.2 - \mu_2}{80.2 - 50} & 50 < \mu_2 \leqslant 80.2 \\ 0 & \mu_2 > 80.2 \end{cases} \tag{7}$$

2.2.3 特征指标 B 的隶属函数

当金莲花处于正常状态时,B 平均值大于等于 20.4,随着缺水时间的增加 B 值不断减少,小于 0.6 时植株萎蔫,缺水时间超过 48 h,严重水分亏缺。此时隶属函数符合梯形分布下限型。

$$u_3(\mu_3) = \begin{cases} 0 & \mu_3 \leqslant 0.6 \\ \dfrac{\mu_3 - 0.6}{20.4 - 0.6} & 0.6 < \mu_3 \leqslant 20.4 \\ 1 & \mu_3 > 20.4 \end{cases} \tag{8}$$

2.2.4 特征指标 r 的隶属函数

当金莲花处于正常状态时,r 平均值小于等于 0.279,随着缺水时间的增加 r 值不断增加,大于 0.525 时植株萎蔫,缺水时间超过 48 h,严重水分亏缺。此时隶属函数符合梯形分布上限型。

$$u_4(\mu_4) = \begin{cases} 1 & \mu_4 \leqslant 0.279 \\ \dfrac{0.525 - \mu_4}{0.525 - 0.279} & 0.279 < \mu_4 \leqslant 0.525 \\ 0 & \mu_4 > 0.525 \end{cases} \tag{9}$$

2.2.5 特征指标 b 的隶属函数

当金莲花处于正常状态时,b 平均值大于等于 0.209,随着缺水时间的增加 b 值不断减少,小于 0.004 时植株萎蔫,缺水时间超过 48 h,严重水分亏缺。此时隶属函数符合梯形分布下限型。

$$u_5(\mu_5) = \begin{cases} 0 & \mu_5 \leqslant 0.004 \\ \dfrac{\mu_5 - 0.004}{0.209 - 0.004} & 0.004 < \mu_5 \leqslant 0.209 \\ 1 & \mu_5 > 0.209 \end{cases} \tag{10}$$

2.2.6 模糊评判模型向量计算

通过对已知样本的试验,在特征提取的基础上,建立模糊评判模型或函数[7]。根据以上所确定的特征指标的隶属函数,结合试验所测试的数据计算出模糊关系矩阵 $\underline{R}$:

$$\underline{R} = \begin{bmatrix} 1 & 0.839 & 0.829 & 0.652 & 0 \\ 1 & 0.430 & 0.364 & 0.397 & 0 \\ 1 & 0.768 & 0.162 & 0.010 & 0 \\ 1 & 0.878 & 0.858 & 0.459 & 0 \\ 1 & 0.620 & 0.146 & 0.015 & 0 \end{bmatrix} \tag{11}$$

根据专家经验利用改进层次分析法确定出模糊权向量矩阵 W :

$$W = \begin{bmatrix} 0.0799, & 0.1145, & 0.2548, & 0.3801, & 0.1708 \end{bmatrix} \tag{12}$$

则,模糊评判向量:

$$B = W\underline{R} = \begin{bmatrix} 1.000 & 0.7515 & 0.5002 & 0.2771 & 0 \end{bmatrix} \tag{13}$$

3 意义

试验表明,该模糊评判模型能够对金莲花的生长发育需水状态进行评判,能够确定其缺水时间长短。利用所建立的模糊评判模型可以对金莲花的生长发育健康需水情况进行分析,并能判断出金莲花缺水状态,即缺水时间长短,从而为其灌溉策略的制订提供指导。结合以前的一些研究工作,如灌溉控制系统研究,可以建立一个植物生长发育健康需水精确控制系统,实现植物的精确灌溉,提高灌溉经济效益。通过该模糊评判模型,为金莲花的灌溉策略的制订打下基础。

参考文献

[1] 谢守勇,宋亚杰,陈翀. 金莲花生长发育需水模糊评判模型研究. 农业工程学报,2008,24(1):64－67.

[2] 刘九庆. 植物需水状况的精密诊断分析技术. 森林工程,2004,20(5):22－24.

[3] 包晓安,钟乐海,张娜. 基于人工神经网络的苹果等级判别方法研究. 中国农业科学,2004,37(3):464－46.

[4] 刘金琨. 智能控制. 北京:电子工业出版社,2005.

[5] 余永权,曾碧. 单片机模糊逻辑控制. 北京:北京航空航天大学出版社,1995.

[6] Kevin M P,Stephen Y. Fuzzy Control. 北京:清华大学出版社,2001.

[7] 欧阳中万. 嫁接苗木自动化品质检测与分级研究. 湘潭师范学院学报(自然科学版),2004,26(1):82－86.

固液两相的湍流模型

1 背景

由于双流道泵叶轮 – 蜗壳之间的动静干涉作用,再加上固液两相的相互影响,叶轮流道内的单相流动数值模拟已无法真实反映其内流特征。鉴于此,赵斌娟等[1]采用 Mixture 多相流模型、扩展的标准 k – ε 湍流模型与 SIMPLEC 算法,应用计算流体力学软件 Fluent 对双流道泵全流道内的固液两相湍流进行了数值模拟,首次对一双流道泵全流道内的固液两相流动进行了数值计算。

2 公式

Mixture(混合)模型可用于模拟各相有不同速度的多相流动,但是假定了在短空间尺度上局部的平衡。相之间的耦合应当是很强的,因此可应用于双流道泵内含沙水流固液两相流动数值计算。

混合模型的连续性方程为:

$$\frac{\partial}{\partial t}(\rho_m) + \nabla \cdot (\rho_m \vec{v}_m) = 0 \tag{1}$$

混合物的动量方程可以通过对所有相各自的动量方程求和来获得,可表示为:

$$\frac{\partial}{\partial t}(\rho_m \vec{v}_m) + \nabla \cdot (\rho_m \vec{v}_m \vec{v}_m) = - \nabla p + \nabla \cdot [\mu_m (\nabla \vec{v}_m + \nabla \vec{v}_m^T)] + \rho_m \vec{g}_m +$$

$$\nabla \cdot (\sum_{k=1}^{n} \alpha_k \rho_k \vec{v}_{dr,k} \vec{v}_{dr,k}) \tag{2}$$

式中:ρ_m 为混合密度,kg/m³;$\vec{v}_m$ 为质量平均速度,m/s;μ_m 为混合黏性系数,Pa·s;$\vec{F}$ 为体积力,N;n 为相数;α_k 为第 k 相的体积分数;ρ_k 为第 k 相的密度,kg/m³;$\vec{v}_{dr,k}$ 为第 k 相的飘移速度,m/s。

定义滑移速度 $\vec{v}_{qp}$ 为第二相(p)相对于主相(q)的速度:

$$\vec{v}_{qp} = \vec{v}_p - \vec{v}_q \tag{3}$$

则,飘移速度和滑移速度的关系为:

$$\vec{v}_{dr,p} = \vec{v}_{qp} - \sum_{k=1} \frac{\alpha_k \rho_k}{\rho_m} \vec{v}_{qk} \tag{4}$$

137

由第二相(p)的连续性方程,可得第二相的体积分数方程为:

$$\frac{\partial}{\partial t}(\alpha_p \rho_p) + \nabla \cdot (\alpha_p \rho_p v_m) = - \nabla \cdot (\alpha_p \rho_p v_{dr,p}) \tag{5}$$

将单相流的标准 $k-\varepsilon$ 模型扩展至多相流湍流模型,将单相流的压力速度耦合 SIM-PLEC 算法扩展至多相流动中,可对双流道泵全流道内的固液两相流动进行数值分析[2,3]。

根据以上模型公式计算了 3 个典型工况下双流道泵全流道内的固液两相流动[1],根据数值计算结果对双流道泵的扬程和效率分别进行了预测并与试验值进行了比较,结果见表1。可知,计算值与试验值的变化趋势基本一致,但是计算值要稍高,最大偏差为9%,这是因为数值模拟仅针对于叶轮和蜗壳水力部件进行,而性能试验则是对整个泵进行的。因此,有理由相信,采用 Mixture 多相流模型的双流道泵内固液两相流动的计算结果具有相当的精度。

表1 不同工况下双流道泵扬程及效率预测

工况	流量/(m³·h⁻¹)	扬程/m		效率/m	
		预测值	试验值	预测值	试验值
小流量	25	12.8	11.7	56.3	53.4
设计流量	50	10.9	10.5	73.2	68.2
大流量	60	10.6	9.8	72.4	66.5

3 意义

采用固液两相的湍流模型,进行的固液两相流动数值计算,能很好地揭示双流道泵全流道内的固液两相流动特征,并可用于预测双流道泵的外特性。研究是在一定基本假设的条件下进行的,在今后的研究中可采用粒子图像测速仪(PIV)测量双流道泵中的流动,为数值计算提供边界条件并进一步验证数值计算的结果。

参考文献

[1] 赵斌娟,袁寿其,刘厚林,等. 基于 Mixture 多相流模型计算双流道泵全流道内固液两相湍流. 农业工程学报,2008,24(1):7-12.

[2] 吴玉林,葛亮,陈乃祥. 离心泵叶轮内部固液两相流动的大涡模拟. 清华大学学报(自然科学版),2001,41(10):93-96.

[3] 陈次昌,杨昌明,熊茂涛. 低比转速离心泵叶轮内固液两相流的数值分析. 排灌机械,2006,24(6):1-3.

黏弹性悬架的缓冲模型

1　背景

针对大型履带式拖拉机用黏弹性悬架（图1），孙大刚等[1]按照黏弹性材料的直接接触、相互压缩变形，从而耗散振动能量的方式，利用体模量罚因子、修正变形张量不变量及两参数的 Mooney – Rivlin 材料模型，根据拖拉机的3个典型工况和其主振动频域进行动态接触的非线性有限元建模研究。

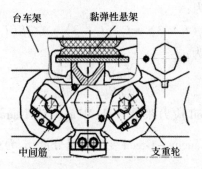

图1　黏弹性悬架结构

2　公式

2.1　黏弹性悬架非线性理论

2.1.1　黏弹性材料的非线性特性

黏弹性悬架中的橡胶材料由天然橡胶加各类填充剂硫化而成，一般视为各向同性、不可压缩的超弹性材料，其力学行为常用适当的应变能密度函数来描述。目前国内外学者已提出了基于统计热力学的 Neo – Hookean 应变能函数、指数 – 双曲（Exponential – Hyperbolic）法则以及基于连续体唯象学方法的 Mooney – Rivlin、Klosenr – Segal 模型和 Ogden – Tschoegl 模型[2]。其中的 Mooney – Rivlin 模型较适合于橡胶类材料的有限元计算[3]，一般将应变能密度函数 W 表示为变形张量不变量的函数，如 $W = W(I_1, I_2)$，或通过水静压力 h（Lagrange 乘子），修正应变能密度函数为 $W = W(I_1, I_2) + h(I_3 - 1)$ [4]，而通过体积弹性模量修正的 Mooney – Rivlin 模型能够很好地描述橡胶类不可压缩材料在大变形下的力学特性。其应变能密度函数为:

$$W = \sum_{i+j=1}^{N} C_{ij}(\overline{I_1} - 3)^i (\overline{I_2} - 3)^j + 1/2K(\overline{I_3} - 1)^2 \tag{1}$$

式中:W 为单位体积变形的应变能,J/m^3;C_{ij} 为材料常数,MPa;i,j 为标号变量($i,j = 0,1,\cdots,$ N,其中 $1 \le i+j \le N$);$\overline{I_X}$ 为第 x 个变形张量不变量的修正量($x = 1,2,3$),$\overline{I_X} = J^{-1/3} I_X$;$J$ 为体积增大比,$J = \lambda_1 \lambda_2 \lambda_3$,$\lambda_1, \lambda_2, \lambda_3$ 为橡胶材料在 3 个方向上的延伸率;K 为体积弹性模量,MPa,具体为:

$$K = \frac{2(C_{10} + C_{01})}{1 - 2v}$$

式中:C_{10}, C_{01} 为橡胶的材料参数;ν 为泊松比。

对于不可压缩或近似不可压缩材料,J 等于或近似等于 1,当 $N = 1$ 时,由式(1)得二参数 Mooney – Rivlin 修正模型为:

$$W = C_{10}(\overline{I_1} - 3) + C_{01}(\overline{I_2} - 3) + 1/2K(\overline{I_3} - 1)^2 \tag{2}$$

橡胶类材料的本构关系为:

$$S_{ij} = \frac{\partial W}{\partial E_{ij}} = 2\frac{\partial W}{\partial C_{ij}} \tag{3}$$

式中:S_{ij} 为第 2 Piola – Kirchhoff 应力张量分量,MPa;E_{ij} 为 Lagrange – Green 应变张量分量,$E_{ij} = \frac{1}{2}(C_{ij} - \delta_{ij})$;$C$ 为右 Cauchy – Green 变形张量分量;δ_{ij} 为克罗内克符号。

$$\delta_{ij} = \begin{cases} 1 & i = j \\ 0 & i \ne j \end{cases},$$

2.1.2　黏弹性悬架的几何、接触非线性问题

几何非线性主要由黏弹性悬架工作时橡胶块的接触大变形引起的。对于本研究,着重讨论变形结果,发生变形后结构的应力应变情况。实验采用全 Lagrange(TL)法模拟大变形带来的刚度硬化等非线性问题。以未变形时结构构形 f_0 为参照构形,在 $t + \Delta t$ 时刻的虚功方程为[5]:

$$\int_{0V}^{t+\Delta t} {}_0 S_{ij} \delta_0^{t+\Delta t} E_{ij} \mathrm{d}V = \delta^{t+\Delta t} W \tag{4}$$

式中:V 为橡胶块未变形时的体积,m^3。

根据 t 时刻与 $t + \Delta t$ 时刻的 Green 应变和 Kirchhoff 应力的表达式,式(4)整理为:

$$\int_{0V}^{t+\Delta t} ({}_0 S_{ij} + \Delta_0 S_{ij}) \delta({}_0 E_{ij} + \Delta_0 E_{ij}) \mathrm{d}V = \delta^{t+\Delta t} W \tag{5}$$

进行有限元离散后,式(5)的最终矩阵可表示为:

$$([K]_0 + [K]_\sigma + [K]_L)\delta q = F_B - F_S - F_E \tag{6}$$

式中：$[K]_0$ 为切线刚度矩阵，表示载荷增量与位移的关系；$[K]_\sigma$ 为初应力刚度矩阵或几何刚度矩阵，表示在大变形情况下初应力对结构的影响；$[K]_L$ 为初位移刚度矩阵或大位移刚度矩阵，表示大位移引起的结构刚度变化；δ_q 为节点坐标增量向量；F_B 为体载荷向量；F_S 为面载荷向量；F_E 为应力在节点上的等效合力向量。

履带式拖拉机在不平地面上作业时，黏弹性悬架中的橡胶块受到来自地面的随机载荷作用，使橡胶块的压缩接触面积不断变化，时而接触、时而分离，形成动态接触问题，导致在有限元分析中节点刚度矩阵和组集总体刚度矩阵是节点位移的函数，随节点位移变化而变化，呈现出高度非线性。实验采用罚函数和拉格朗日乘子混合法来解决接触非线性问题，即在两接触体分离时采用罚函数法；闭合黏式接触时采用拉格朗日乘子法；闭合滑移接触时，法向采用拉格朗日乘子法，切向采用罚函数法。

由变分原理，系统总势能为：

$$\Gamma = E + P + Q \tag{7}$$

式中：Γ、E、P、Q 为分别为系统的总势能、系统的内能、外力势能和接触力势能，单位均为 J。

$$Q = \int_C F^T g \mathrm{d}C + \alpha/2 \int_C g^T g \mathrm{d}C \tag{8}$$

式中：C 为接触边界条件；F 为接触力向量，相当于拉格朗日乘子，$F = (F_t, F_n)^T$，t,n 分别表示切向和法向；g 为接触间隙向量，$g = (g_t, g_n)^T$；α 为罚函数因子。

对式（8）取变分及驻值得：

$$\delta\Gamma = \delta E + \delta P + \delta\int_C F^T g \mathrm{d}C + \delta\alpha/2 \int_C g^T g \mathrm{d}C = 0 \tag{9}$$

用以上模型分析了 $3 \sim 8$ Hz 时，缓冲件在 3 种典型工况下的变形情况，并通过动态实验验证模型是可行的（图2）。

2.2　黏弹性材料特性参数的确定

橡胶材料的特性参数 C_{10}、C_{01}，可通过轴向拉伸、纯剪切、双轴向拉伸等材料试验获得，实验采用文献[6]中的方法来确定其大小。

在小应变时，橡胶材料弹性模量 E_0 与剪切模量 G 用 Love 关系式：

$$G = E_0/2(1 + v) \tag{10}$$

由于橡胶材料的不可压缩性，其泊松比 $v \approx 0.5$，故有 $E_0 \approx 3G$。而 G、C_{10} 和 C_{01} 有以下关系：

$$E_0/3 = G = 2(C_{10} + C_{01}) \tag{11}$$

再由试验数据和拟合曲线（橡胶的硬度和静态剪切弹性模量的关系）得[7]：

$$HA = \frac{G - 0.053}{G + 0.777} \times 100 \tag{12}$$

式中：HA 为橡胶材料的邵氏硬度。

由式（12）可得：

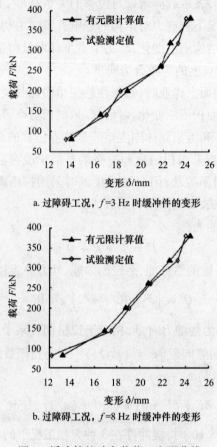

a. 过障碍工况，f=3 Hz 时缓冲件的变形

b. 过障碍工况，f=8 Hz 时缓冲件的变形

图2　缓冲件的动态载荷－变形曲线

$$G = \frac{E_0}{3} = \frac{5.3 + 0.777HA}{100 - HA} \tag{13}$$

3　意义

黏弹性悬架的缓冲模型表明,经有限元计算和分析,得到其应力集中区域、"热点"分布和主要破坏方式及其位置等重要特性,并提出了改进建议。经对模型与试验数据的观察发现,二者具有较好的一致性。研究方法和结果可为高性能黏弹性悬架的研发提供参考。

参考文献

[1]　孙大刚,宋勇,林慕义,等.黏弹性悬架阻尼缓冲件动态接触有限元建模研究.农业工程学报,2008,24

(1):24－28.

[2] 叶珍霞,叶利民,朱海潮.密封结构中超弹性接触问题的有限元分析.海军工程大学学报,2005,17(1):109－112.

[3] 危银涛,杨挺青,杜星文.橡胶类材料大变形本构关系及其有限元方法.固体力学学报,1999,20(4):281－289.

[4] 董峰,孙大刚,解彩雨,等.黏弹性悬挂阻尼材料及结构非线性有限元分析.农业机械学报,2005,36(1):1－4.

[5] 刘锋,李丽娟,杨学贵.轮胎与地面接触问题的非线性有限元分析.应用力学学报,2001,18(4):141－145.

[6] 郑明军,王文静.橡胶 Mooney－Rivlin 模型力学性能常数的确定.橡胶工业.2003,50(8):462－465.

[7] [日]户原春彦.防振橡胶及其应用.牟传文译.北京:中国铁道出版社,1982:293－295.

风压及风载体型的系数计算

1 背景

为了在中国多风的沿江、沿海地区推广互插式连栋塑料温室,王健等[1]对互插式连栋塑料温室(图1)的风压分布特点进行了较为详细的研究,并进一步确定其风载体型系数,计算出最大风压,为该类温室荷载计算提供依据。

2 公式

试验中只需测得模型表面各测点的静压 p_i 和试验段来流静压 p_∞ 以及试验段来流总压 p_0 便可计算出对应各测点的压力系数 C_{pi}。

根据压力系数的定义得[2,3]:

$$C_{pi} = \frac{p_i - p_\infty}{p_0 - p_\infty} \tag{1}$$

式中: C_{pi} 为模型表面第 i 点的压力系数; p_i 为模型表面第 i 点测得的静压,Pa; p_∞ 为试验段来流静压,Pa; p_0 为试验段来流总压,Pa。

风压系数 C_{pi} 是一个无量纲量,由相似定理知模型上某点的风压系数即为温室实物对应点的风压系数。因此认为模型上各测点的风压系数 C_{pi} 即为实物对应点的风压系数。试验中风压系数大于 0 时表示风对温室的作用力为压力,风压系数小于 0 为负压,风力为升力。

在风工程中,风对结构的作用是用单位面积上的风荷载即风压来表示的,结构受风载作用时会产生应力、应变。因而对温室受风载作用进行模拟与分析[2,3]。孙德发[4,5]认为若考虑风压高度变化系数和阵风作用因子,按中国建筑结构荷载规范(GBJ9 – 87)计算风荷载是可行的,可不必进行重现期修正。根据建筑结构荷载规范[6]的规定,温室实际的表面风压按下式计算[7]:

$$W_i = \mu_{si}\mu_{zi}\beta_{zi}W_0 \tag{2}$$

式中: W_0 为基本风压,kN/m²,按照全国风压分布图的规定,结合《农用塑料大棚装配式钢管骨架》(GB4176 – 84)规定和工程实践,连栋温室基本风压取值不得不于 0.35 kN/m²。互插式温室大棚要求抗风能力为 25 m/s,折算成基本风压[4]为 0.391 kN/m²; μ_{si} 为第 i 点的风荷载体型系数(无量纲),一般结构的体型系数可以从荷载规范上查得。当建筑物或者构筑物

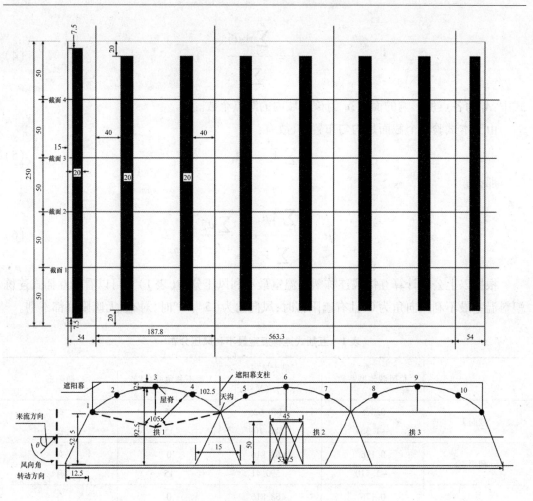

●为测点,阴影部分为通风窗,θ 为风向角

图 1　模型设计图(单位:mm)

的体型系数与规范不同且无参考资料借鉴时,应由风洞试验计算确定;β_{zi} 为第 i 点的风振系数(无量纲)[8],按《建筑结构荷载规范》,建筑物高度小于 30 m 时,可取 $\beta_z = 1$;μ_{zi} 为第 i 点高度变化系数(无量纲);μ_{si} 为第 i 点的局部体型系数。

μ_{si} 与风压系数 C_{pi} 的关系为:

$$\mu_{si} = \left[\frac{z_r}{z_i}\right]^{2\partial} C_{pi} \tag{3}$$

式中:z_r 为参考点高度,m,实验参考点高度取为温室屋顶高度;z_i 为测点高度,m;∂ 为地貌指数(B 类地区取值为 0. 16)。

整体体型系数 μ_s 可由各点 μ_{si} 按面积加权平均所得:

$$\mu_s = \frac{\sum\limits_{i=1}^{n} A_i \mu_{si}}{\sum\limits_{i}^{n} A_i} \tag{4}$$

式中:A_i 为各点所影响的面积;n 为该区域内的测点个数。

由于本试验 4 个截面是均匀布置的,故有:

$$\sum A_i = n A_i \tag{5}$$

那么,

$$\mu_s = \frac{\sum\limits_{i=1}^{n} A_i \mu_{si}}{\sum\limits_{i}^{n} A_i} = \frac{\sum \mu_{si}}{n} \tag{6}$$

根据以上公式计算互插式连栋塑料温室最不利风压分布(表1)。可以看到互插式连栋塑料温室最不利风向角为 0°且有遮阳幕时;风向角为 15°、30°时,对有、无遮阳幕都不利。

表 1　互插式连栋温室最不利风压分布

	总风载体型系数	最大风压 (+ , −)/(N · m²)	最不利角度/(°)	遮阳幕
截面 1	0.375	+ 146.625	15	有
	− 1.384	− 586.109	15	有
截面 2	0.176	+ 68.816	0	有
	− 1.510	− 590.41	15	有
截面 3	0.176	+ 68.816	0	有
	− 1.231	− 481.321	30	有
截面 4	0.228	+ 89.148	30	有
	− 1.327	− 518.857	30	有

3　意义

研究表明:通风窗关闭时的风压系数高于通风窗开启时的风压系数,且风压系数的变化范围较大,因而计算温室表面风压时,应选用通风窗关闭时的风压系数;当气流流经温室屋面时,气流强弱、方向均发生变化,有遮阳幕时正负压交替出现,风压分布比无遮阳幕时复杂;计算互插式连栋塑料温室的风压时,应将有无遮阳幕两种状态下的风载体型系数结合在一起考虑,即选取两种工况的较大值作为结构设计依据。

参考文献

[1] 王健,丁为民,武燕飞. 互插式连栋塑料温室屋面风压分布的风洞试验研究. 农业工程学报,2008,24
(1):230 – 234.

[2] 王之宏. 风荷载的模拟研究. 建筑结构报,1994,15(1):46 – 52.

[3] 刘瑞霞. 风与张拉薄膜结构的耦合作用. 钢结构,2003,18(3):65.

[4] 孙德发,苗香雯,崔绍荣. 连栋温室结构设计中动态风压取值方法初探. 农业工程学报,2002,18(1):
93 – 96.

[5] 孙德发. 连栋温室结构设计理论及工程应用研究. 浙江:浙江大学出版社,2002.

[6] 中国建筑科学研究所. GB50009 – 2001 建筑结构荷载规范. 北京:中国建筑工业出版社,2002:168.

[7] 贾彬,王汝恒,王钦华,等. 巨型框架刚性模型风荷载特性的风洞试验研究. 四川建筑科学研究,2005,
31(6):29 – 31.

[8] 付国宏. 低层房屋风荷载特性及抗台风设计研究. 浙江:浙江大学出版社,2002.

昆虫图像的识别模式

1 背景

只有对害虫进行鉴定才能在农业生产中对害虫进行有目的的防治,而对昆虫进行鉴定只有少数分类专家才能完成,鉴定需求的日益增加与专家相对较少形成了一对尖锐的矛盾。杨红珍等[1]的研究尝试为该矛盾的解决提供一条新的思路:在标准方法下获取昆虫图像,并经由 Internet 网络上传给自动种类识别系统服务器,从而实现远程识别(图1)。

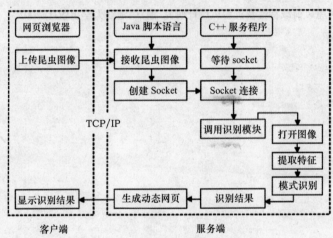

图1 昆虫图像与识别结果数据的远程传输示意图

2 公式

正确选择昆虫模式特征是进行自动识别的关键。如前所述,昆虫的模式特征可分为两类:一类是基于昆虫形态特征的;另一类是基于昆虫颜色与纹理特征的。

2.1 昆虫的形态特征参数

实践证明,以下 12 种形态参数可较好描述昆虫的形态特征:矩形度、延长度、球状型、叶状型、似圆度和 7 个 Hu 不变矩特征[2,3]。

矩形度被定义为物体面积与最小外接矩形面积的比值。延长度被定义为短轴与长轴

148

的比值,其中长轴被定义为轮廓上任意过质心的两点直线的最长距离,短轴被定义为轮廓上在长轴两侧的与长轴距离最长的左右两点的距离。球状型定义为以质心为内切圆的半径与外切圆半径的比值。叶状型被定义为边界上距质心最短的距离与物体长轴长的比值。似圆度由式(1)定义。7 个 Hu 不变矩由式(2)至式(13)来共同定义。

设 R 为似圆度,A 为目标区域面积,L 为长轴长。似圆度(Roundness)R 可以由以下公式计算:

$$R = \frac{4A}{\pi L^2} \tag{1}$$

矩是数字图像的一种统计特征。区域的矩是用所有属于区域内的点计算出来的。设数字图像中一区域 R 中点 x,y 处的灰度为 $f(x,y)$,则区域的 $p+q$ 阶矩定义为:

$$m_{pq} = \sum_x \sum_y x^p y^q f(x,y) \tag{2}$$

区域 R 的中心矩具有与位置无关的特性,被定义为:

$$\mu_{pq} = \sum_x \sum_y (x - \bar{x})^p (y - \bar{y})^q f(x,y) \tag{3}$$

其中 $\bar{x},\bar{y}$ 相当于区域的重心坐标,被定义为:

$$\bar{x} = m_{10}/m_{00} \tag{4}$$

$$\bar{y} = m_{01}/m_{00} \tag{5}$$

区域 R 的中心矩,按面积规一化后具有有大小无关的特性,规一化后的中心矩被定义为:

$$\eta_{pq} = \frac{\mu_{pq}}{\mu_{00}^r},\text{其中} r = \frac{p+q}{2} + 1, p+q = 2,3,\cdots \tag{6}$$

Hu,1962 年首次总结了 7 个对平移、旋转和尺度变换不变的距,它是由上述归一化的二阶和三阶中心矩得到的:

$$\varphi_1 = \eta_{20} + \eta_{02} \tag{7}$$

$$\varphi_2 = (\eta_{20} - \eta_{02})^2 + 4\eta_{11}^2 \tag{8}$$

$$\varphi_3 = (\eta_{30} - 3\eta_{12})^2 + (3\eta_{21} - \eta_{03})^2 \tag{9}$$

$$\varphi_4 = (\eta_{30} - \eta_{12})^2 + (\eta_{21} + \eta_{30})^2 \tag{10}$$

$$\varphi_5 = (\eta_{30} - 3\eta_{12})(\eta_{30} + \eta_{12})[(\eta_{30} + \eta_{12})^2 - 3(\eta_{21} + \eta_{03})^2] + $$
$$(3\eta_{21} - \eta_{03})(\eta_{21} + \eta_{03})[3(\eta_{30} + \eta_{12})^2 - (\eta_{21} + \mu_{03})^2] \tag{11}$$

$$\varphi_6 = (\eta_{20} - \eta_{02})[(\eta_{30} + \eta_{12})^2 - (\eta_{21} + \eta_{03})^2] + 4\eta_{11}(\eta_{30} + \eta_{12})(\eta_{21} + \eta_{03}) \tag{12}$$

$$\varphi_7 = (3\eta_{21} - \eta_{03})(\eta_{30} + \eta_{12})[(\eta_{30} + \eta_{12})^2 - 3(\eta_{21} + \eta_{03})^2] + $$
$$(3\eta_{12} - \eta_{03})(\eta_{21} + \eta_{03})[3(\eta_{30} + \eta_{12})^2 - (\eta_{21} + \mu_{03})^2] \tag{13}$$

2.2 昆虫的颜色特征参数

昆虫的颜色也是其重要的分类鉴定特征。为了量化颜色特征可以用 R(红色)、G(绿

149

色)、B(蓝色)、L(亮度)四个颜色直方图信息来表示。设图像的灰度值为 L,则 L 的计算公式如下:

$$L = \frac{Min(R,G,B) + Max(R,G,B)}{2} \tag{14}$$

对于 R、G、B、L 四个直方图,每一个直方图由原来的 255 个阶缩减为 32 个阶。缩阶后的直方图对于颜色信息的少量变化有一定的容忍度。为减少噪声对直方图的影响,可设计一个一维的高斯低通滤波核(1/4,1/2,1/4)来对直方图进行平滑。最后对直方图进行基于面积的规一化。规一化后的直方图值对于图像大小是不敏感的。

除了 R、G、B、L 四个颜色直方图外,色度直方图也可以表示图像中的颜色特征。它主要表达的是颜色信息,忽略了明暗度的信息,因此对于光照强度对颜色的影响通常是不敏感的。红色(R)、绿色(G)、蓝色(B)的色度信息由公式(15)来定义。

$$R = \frac{r}{r+g+b} \tag{15}$$

$$G = \frac{g}{r+g+b} \tag{16}$$

$$B = \frac{b}{r+g+b} \tag{17}$$

3 意义

通过昆虫图像的识别模式,对昆虫图像进行基于形状和颜色特征值的提取,昆虫图像的形态特征值由矩形度、延长度、球状型、叶状型、似圆度和 7 个 Hu 不变矩 12 个特征值组成,颜色特征值由红、绿、蓝、灰度直方图及基于红、绿的二维色度直方图特征值分别组成,然后建立径向基神经网络分类器,每一特征向量由独立的径向基神经网络作为分类器,最终识别由每个分类器识别结果的线性组合而成。采用该系统对 16 种昆虫进行了测试,每种昆虫取 40 个样本,20 个用做训练、20 个用做测试,准确率达到 96% 以上。

参考文献

[1] 杨红珍,张建伟,李湘涛,等.基于图像的昆虫远程自动识别系统的研究.农业工程学报,2008,24(1):188 – 192.

[2] Hu MK. Visual pattern recognition by moment invariants. IEEE Transactions on Information Theory, 1962, 8:179 – 187.

[3] 张建伟.基于计算机视觉技术的蝴蝶自动识别研究.北京:中国农业大学,2006:14 – 75.

植被覆盖度的光谱模型

1 背景

植被覆盖度是描述植被质量及反映生态系统变化的重要基本参数,也是地面蒸散、光合作用等多种地表过程研究的控制性因子[1]。干旱区降水稀少、蒸发强烈,导致植被生长稀疏、类群结构简单,在光谱谱线上往往不具备健康植被的典型特征,没有明显的强吸收谷和反射峰,使遥感影像上获取的植被光谱信息极其微弱,甚至于难以检测。古丽·加帕尔等[2]采用线性光谱混合模型、亚像元分解模型、三波段最大梯度差法提取了塔里木河干流中下游地区荒漠稀疏植被的覆盖度信息,提出了2个三波段梯度差法的变异模型,探讨了各模型在干旱区的适用性及局限性,并通过简单平均尺度扩展方法,以 TM 覆盖度影像为基础,模拟了不同尺度(MODIS 500 m、1 000 m)的覆盖度模拟影像,以模拟影像作为验证信息源,检验了模型在不同尺度上的反演效应及普适性,以期为准确提取不同尺度上干旱区稀疏荒漠植被覆盖度奠定基础。

2 公式

2.1 线性光谱分离模型

混合像元分解的基础是线性光谱混合模型,在线性混合模型中,每一光谱波段中单一像元的反射值表示为它的端元组分特征反射值与各自丰度的线性组合。因此,第 i 波段像元反射值(r_i)可表示为:

$$r_i = \sum_{i=1}^{m} \sum_{j=1}^{n} (a_{ij} x_j) + e_i \tag{1}$$

式中:a_{ij} 为第 i 波段第 j 端元组分的反射值;x_j 为该像元第 j 端元组分的丰度;m 为光谱波段数;n 为像元内端元组分数目;e_i 为第 i 波段的误差项。

对水体像元进行掩膜处理,不参与端元的选取计算,以提高植被作为端元的提取精度。水体像元的提取采用 Xu[3] 提出的归一化差异水体指数(MNDWI):

$$MNDWI = (Green - MIR)/(Green + MIR) \tag{2}$$

式中:$Green$ 为绿波段反射率(%);MIR 为短波红外波段反射率(%)。

2.2 亚像元分解模型

上述线性光谱分解模型在实际操作过程中较繁琐,而 Gutman 和 Ignalov[4] 在线性光谱分离二分模型的基础上提出了亚像元分解模型,将像元分为均一像元和混合像元,又将混合像元的亚像元结构进一步划分为等密度、非密度和混合密度 3 种模型,建立了利用归一化植被指数(NDVI)计算植被覆盖度的公式。

等密度模型假设植被类型单一且像元中植被密度足够高($LAI\to\infty$,且 $NDVI\to NDVI_\infty$),植被覆盖度(f_g)可表示为:

$$f_g = (NDVI - NDVI_0)/(NDVI_g - NDVI_0) \tag{3}$$

类似于等密度模型,变密度模型假设像元中植被类型单一,但植被的垂直密度较小($LAI\to 0$,且 $NDVI\to NDVI_0$),f_g 可表示为:

$$f_g = (NDVI - NDVI_0)/(NDVI_\infty - NDVI_0) \tag{4}$$

$$NDVI_g = NDVI_g - (NDVI_\infty - NDVI_0)\exp(-kLAI) \tag{5}$$

在混合模型中,像元中植被类型、垂直密度多样化,f_g 表示为:

$$\sum f_g = \sum \frac{NDVI - NDVI_0}{NDVI_g - NDVI_0} \tag{6}$$

式中:$NDVI_0$ 为裸土的 $NDVI$ 值;$NDVI_\infty$ 为高垂直密度植被($LAI\to\infty$)的 $NDVI$ 值;$NDVI_g$ 为植被覆盖区的 $NDVI$ 值;k 为消光系数;LAI 为叶面积指数。

2.3 三波段最大梯度差模型

Tang 等[5]基于地物的生物物理特性在光谱上的体现,提出了三波段最大梯度差法模型:

$$A = \frac{d}{d_{max}}, \quad d = \frac{R_{ir} - R_r}{\lambda_{ir} - \lambda_r} - \frac{R_r - R_g}{\lambda_r - \lambda_g} \tag{7}$$

式中:R_{ir}、R_r、R_g 分别为近红、红、绿波段反射率(%);λ_{ir}、λ_r、λ_g 分别为近红、红、绿波段波长(nm);A 为植被覆盖度;d 为像元梯度差;d_{max} 为像元最大梯度差。

图 1 为 TM 影像上获取的完全郁闭农田、阿其克试验区稀疏芦苇(覆盖度为 19%)、完全无植被覆盖沙漠区 25 m 像元尺度的光谱曲线。从中可见,稀疏芦苇与无植被覆盖沙漠区光谱在波段 485～830 nm 区间相似,均随波长呈线性增长;在 1 650～2 220 nm 区间,二者的差异明显,裸土继续呈线性增长,稀疏植被则表现为线性递减。完全郁闭的农田具备了健康植被的典型特征,绿波段有 1 个小的反射峰出现,830 nm 近红外波段呈现强反射,而稀疏植被在 660 nm 波段没有出现吸收谷的特征。

由图 1 并结合式(7)可知,裸土与稀疏植被在 485 nm、660 nm、830 nm 波长处的谱线特征相似,而高覆盖的农田与稀疏植被在 830 nm、1 650 nm、2 220 nm 波长处的谱线特征相似。如果以 1 650 nm 或 2 220 nm 替代绿波段,对原三波段梯度差法方程进行以下调整,则可使植被的 d 值为正、裸土的 d 值为负,从而增大植被 - 非植被区梯度差的差异:

$$A = \frac{d}{d_{max}}, \quad d = \frac{TM_4 - TM_3}{\lambda_{TM_4} - \lambda_{TM_3}} - \frac{TM_3 - TM_4}{\lambda_{TM_5} - \lambda_{TM_4}} \tag{8}$$

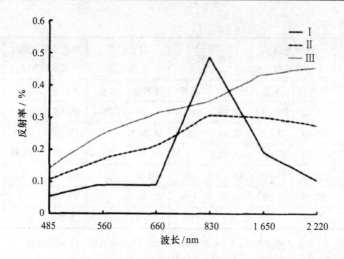

图1 TM影像中典型植被与土壤的光谱特征

$$A = \frac{d}{d_{\max}} , \quad d = \frac{TM_4 - TM_3}{\lambda_{TM_4} - \lambda_{TM_3}} - \frac{TM_7 - TM_4}{\lambda_{TM_7} - \lambda_{TM_4}} \tag{9}$$

式中,TM_3、TM_4、TM_5分别为红、近红、短波红外波段反射率(%);λ_{TM_3}、λ_{TM_4}、λ_{TM_5}分别为红、近红、短波红外波段波长(nm)。

对式(7)～式(9)所提取的结果与地面实测值进行对比分析,以探讨提取干旱区荒漠稀疏植被覆盖度信息的适宜模型。

2.4 覆盖度信息的提取

以线性光谱分析模型、亚像元分解模型、三波段最大梯度差法模型及该模型的2个修正模型,来提取阿其克与英苏试验区的植被覆盖度信息。以地面实测12个样点覆盖度值作为检测点,分析不同模型提取覆盖度信息精度,以相对误差检验不同方法在塔河干流中下游地区的适应性(表1)。

表1 不同模型提取覆盖度信息的精度分析

样点*	实测值	线性光谱分离模型		亚像元模型		最大梯度差法模型		修正的最大梯度差法模型1		修正的最大梯度差法模型2	
		预测值	误差	预测值	误差	预测值	误差	预测值	误差	预测值	误差
1	30.83	30.38	-1.46	30.32	-1.7	11.31	-63.3	28.00	-9.2	29.61	-4.0
2	29.73	28.92	-2.72	29.59	-0.5	14.51	-51.2	27.00	-9.2	29.10	-2.1
3	38.16	38.18	0.05	37.23	-2.4	38.18	0.1	38.02	-0.4	38.80	1.7
4	19.03	17.35	-8.83	15.54	-18.3	4.50	-76.4	18.64	-2.0	19.44	2.2
5	19.94	19.85	-0.45	21.53	8.0	9.20	-53.9	20.48	2.7	21.62	8.4
6	20.00	19.73	-1.35	29.84	49.2	8.50	-57.5	20.52	2.6	21.89	9.5

样点[*]	实测值	线性光谱分离模型		亚像元模型		最大梯度差法模型		修正的最大梯度差法模型1		修正的最大梯度差法模型2	
		预测值	误差	预测值	误差	预测值	误差	预测值	误差	预测值	误差
7	26.76	21.22	-20.70	14.89	-44.4	6.50	-75.7	21.65	-19.1	22.36	-16.4
8	19.79	19.88	0.45	13.69	-30.8	4.50	-77.3	19.30	-2.5	20.40	3.1
9	35.00	35.30	0.86	34.92	-0.2	21.93	-37.3	34.66	-1.0	35.23	0.7
10	100.00	100.00	0	100.00	0	100.00	0	99.99	0	100.00	0
11	61.00	62.56	2.50	63.11	3.5	63.01	3.3	65.43	7.3	66.49	9.0
12	0	0.59	—	0	0	0	0	3.29	—	4.50	—

注:1~4表示乔木;5~6表示稀疏芦苇;7~9表示灌木;10~11表示农田;12表示裸地。

2.5　植被覆盖度的尺度扩展

由表 2 可见,阿其克研究区覆盖度的最小值和最大值分别为 0 和 1,均值在 0.27 上下振荡,标准差由 0.349 逐渐减小至 0.308,英苏研究区模拟覆盖度影像的最大值没有出现变化,最小值与均值的变化微弱,标准差从 0.090 降到 0.074。阿其克地区覆盖度变化的差异小于英苏地区。研究区模拟影像特征值与 MODIS 影像提取的覆盖度信息有一定差异,阿其克研究区的差异主要体现在均值与标准差,英苏研究区除了均值及标准差有差异外,同尺度下,最大值小于尺度上推所得到的模拟值。这是因为模拟影像基于 TM 影像,尺度扩展并没有改变原有的观测视角和分辨率。

表 2　阿其克和英苏研究区原始覆盖度影像与模拟覆盖度影像特征

地区	类型	分辨率	最小值	最大值	均值	标准差
阿其克地区	TM 影像提取覆盖度	25 m×25 m	0	1	0.277	0.349
	模拟覆盖度影像	500 m×500 m	0	1	0.278	0.317
	模拟覆盖度影像	1 km×1 km	0	1	0.278	0.308
	MODIS 影像提取覆盖率	500 m×500 m	0	1	0.282	0.301
	MODIS 影像提取覆盖度	1 km×1 km	0	1	0.261	0.265
英苏地区	TM 影像提取覆盖度	25 m×25 m	0	1	0.079	0.090
	模拟覆盖度影像	500 m×500 m	0	1	0.076	0.081
	模拟覆盖度影像	1 km×1 km	0.02	1	0.079	0.074
	MODIS 影像提取覆盖度	500 m×500 m	0.05	0.87	0.106	0.066
	MODIS 影像提取覆盖度	1 km×1 km	0.04	0.58	0.095	0.059

2 个研究区 MODIS 反演覆盖度信息与模拟信息较一致,无论是 500 m 尺度还是 1 km 尺

度上,植被覆盖度范围基本相同(图2)。

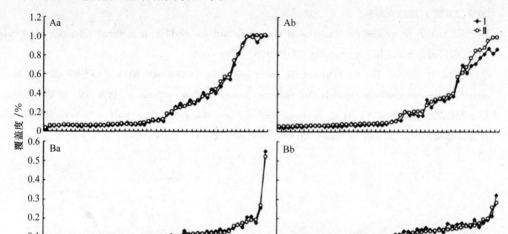

a. 分辨率500 m; b. 分辨率1 km

图2　MODIS提取(Ⅰ)与模拟(Ⅱ)的植被覆盖度

3　意义

建立干旱区荒漠稀疏植被覆盖度信息的适宜模型[2],并以简单平均法模拟了不同尺度的覆盖度影像,通过尺度上推检验了模型在MODIS尺度上的反演效应。植被覆盖度的光谱模型表明,线性混合像元分解模型反演覆盖度的精度高于其他模型,适于稀疏植被地区,但端元的正确选取较难,从而影响其运用;亚像元分解模型是一个通用模型,植被分类图越精细,通过亚像元分解模型得到的覆盖度精度越高,但这也同时意味着该模型需要测定大量的输入参数;最大三波段梯度差法的算法简单、易于操作,其在农田等中高植被覆盖区及裸土区的预测值与实测值接近,但对干旱区稀疏植被的估计精度偏低;修正后的三波段最大梯度差法模型在稀疏植被覆盖区的预测值与实测值基本一致,在不同尺度上反演的覆盖度信息与实测值的一致性较好。该方法可有效提取干旱区低覆盖度植被信息。

参考文献

[1]　Price JC. Estimating leaf area index from satellite data. IEEE Transactions on Geoscience and Remote Sensing,1993,31: 727 - 734.

［2］ 古丽·加帕尔,陈曦,包安明. 干旱区荒漠稀疏植被覆盖度提取及尺度扩展效应. 应用生态学报. 2009,20(12):2925-2934.

［3］ Xu HQ. A study on information extraction of water body with the modified normalized difference water index (MNDWI). Journal of Remote Sensing, 2005,9(5): 589-595.

［4］ Gutman G, Ignalov A. The derivation of the green vegetation fraction from NOAA/AVHRR data for use in numerical weather prediction models. International Journal of Remote Sensing, 1998,19: 1533-1543.

［5］ Tang SH, Zhu QJ, Zhou YY,et al. A simple method to estimate crown cover fraction and rebuild the background information. Journal of Image and Graphics,2003,8(11): 1304-1309.

大麦叶面积的指数模型

1 背景

作物群体叶面积指数是反映作物群体结构的重要因子,也是作物生长发育模拟模型的一个重要变量,其模拟的精度直接影响整个模型的模拟效果[1]。目前已有的叶面积指数模拟模型还不足以充分反映温光水肥和作物遗传特性对叶面积指数的作用。刘铁梅等[2]借鉴其他作物的模拟模型优点,基于大麦生长发育的源库关系,构建了大麦叶面积指数动态模拟模型,以期为发展大麦光合生产和产量形成的模拟模型奠定基础。

2 公式

2.1 模型的构建与检验

采用线性函数、三角函数、指数函数等多种函数,对叶面积指数与生理发育时间、累积光合有效辐射进行相关与回归分析,选择最佳拟合曲线作为叶面积指数的模拟计算公式。采用遗传算法[3]与模拟退火算法[4]相结合的随机搜索方法确定模型的参数,代入叶面积指数子程序中得到的各发育阶段的叶面积指数预测值,然后选出与观测值间根均方差 RMSE 最小的结果得到各参数的终值。模型中用到的参数见表1。

表1　大麦叶面积指数模型中使用的参数

参数	含义	取值范围
K	大麦群体消光系数	$0.7 \sim 1.0$
τ	大麦叶面积指数的遗传参数	$1 \sim 2$
Ic	大麦群体光补偿点$/(\mu mol \cdot m^{-2} \cdot s^{-1})$	$40 \sim 100$
b	抽穗后调节叶面积指数下降的参数	$1 \sim 5$

采用检验模型时常用的统计方法——根均方差(RMSE)对模拟值和观测值之间的符合度进行统计分析[5]。$RMSE$ 值越小,模拟值和观测值之间的偏差越小,模拟值与观测值的一致性越好,模型的模拟结果越准确可靠。其计算公式为:

$$RMSE = \sqrt{\frac{\sum_{i=1}^{n} (O_i - P_i)^2}{n}} \qquad (1)$$

式中:O_i 为实际观测值;P_i 为模型模拟值;n 为样本容量。

采用观测值与模拟值的 $y = x$ 线性回归方程的相关系数 R^2 对模型进行检验。R^2 值越大,模拟值与观测值间的偏差越小,即模拟的结果越准确、可靠。

$$R^2 = 1 - \frac{\sum_{i=1}^{n} (X_i - Y_i)^2}{\sum_{i=1}^{n} (X_i - \bar{X}_i)^2} \qquad (2)$$

式中:X_i、Y_i 分别为第 i 组的观测值和模拟值。

2.2　大麦叶面积指数动态模型

2.2.1　孕穗抽穗期大麦高产群体最适叶面积指数(LAI_{0max})的模拟

大麦高产群体在孕穗抽穗期的最适叶面积指数(LAI_{0max})可由 Monsi 公式[6]定量模拟:

$$LAI_{0max} = \left[-\frac{\ln(\bar{I}/DTR)}{K} \right] \qquad 25.75 \leqslant PDT \leqslant 28.7 \qquad (3)$$

$$\bar{I} = \sum Is/40 \qquad (4)$$

$$Is = f \times Ic = \frac{(24 - DL) \times m + DL}{DL} \times Ic \qquad (5)$$

$$m = Q_{10}^{(T_{night} - T_{day})/10} = Q_{10}^{\frac{Tr}{20}} \qquad (6)$$

式中:LAI_{0max} 为大麦孕穗抽穗期最适叶面积指数;$\bar{I}$ 为孕穗抽穗前后 20 d 内平均每日群体基部光量子通量密度[$\mu mol/(m^2 \cdot s)$];DTR 为孕穗抽穗前后 20 d 内平均群体上方水平自然光强[$MJ/(m^2 \cdot s)$][7];K 为不同大麦品种群体叶片消光系数,是模型中的参数,取值范围 0.7 ~ 1.0;PDT 为生理发育时间,生理发育时间介于 25.75 ~ 28.70 d 是指大麦处在孕穗抽穗期;Is 为孕穗抽穗前后 20 d 内每日群体基部平均光量子通量密度[$\mu mol/(m^2 \cdot s)$];f 为温光影响因子[6];Ic 为大麦群体光补偿点[$\mu mol/(m^2 \cdot s)$],为模型中的参数;DL 为日长[8];m 为由于夜间与白昼气温差异而造成的夜间暗呼吸量与白昼暗呼吸量的比值;Q_{10} 为呼吸作用的温度系数,一般取 2;T_{night} 和 T_{day} 分别为每日的夜间平均温度和白天平均温度;Tr 为每日的日较差,即日最高气温与最低气温之差。

2.2.2　孕穗抽穗期不同大麦品种高产群体最大叶面积指数(LAI_{max})与 LAI_{0max} 的比较

作物的 LAI_{0max} 常被作为不同作物品种生育期最大叶面积指数应用到模拟模型中[6]。但对试验 Ⅰ ~ Ⅴ 的孕穗抽穗期不同品种最大叶面积指数(LAI_{max})观测值和计算求出的 LAI_{0max}(其中消光系数和群体光补偿点均设为可使 LAI_{0max} 达到最大的值)进行比较(表 2),结果发现二者之间差异极显著($P < 0.001$)。

表2　不同地区不同大麦品种 LAI_{max} 和 LAI_{0max} 的比较

地点	品种	播期	孕穗期	LAI_{max}	LAI_{0max}
昆明	单二	2005 年 10 月 20 日	2006 年 2 月 13 日	8.67	3.96
		2005 年 10 月 30 日	2006 年 2 月 30 日	8.57	5.07
		2005 年 11 月 9 日	2006 年 2 月 26 日	9.38	5.28
	如东 7 号	2005 年 10 月 20 日	2006 年 2 月 10 日	10.57	4.90
		2005 年 10 月 30 日	2006 年 2 月 20 日	8.72	4.99
		2005 年 11 月 9 日	2006 年 3 月 4 日	6.26	4.99
	苏三	2005 年 10 月 20 日	2006 年 2 月 13 日	10.79	4.76
		2005 年 10 月 30 日	2006 年 2 月 20 日	12.06	4.94
		2005 年 11 月 9 日	2006 年 3 月 4 日	9.83	5.50
	ST20	2005 年 10 月 20 日	2006 年 2 月 13 日	10.70	4.71
		2005 年 10 月 30 日	2006 年 2 月 20 日	9.90	4.96
		2005 年 11 月 9 日	2006 年 3 月 4 日	8.54	4.87
扬州	苏引 5 号	2004 年 10 月 25 日	2005 年 4 月 2 日	7.03	6.03
		2004 年 11 月 5 日	2005 年 4 月 5 日	7.39	5.94
		2004 年 11 月 15 日	2005 年 4 月 7 日	7.10	5.89
		2004 年 11 月 25 日	2005 年 4 月 12 日	6.30	5.89
	扬农 1	2004 年 10 月 25 日	2005 年 4 月 2 日	6.62	6.30
		2004 年 11 月 5 日	2005 年 4 月 6 日	6.88	5.97
		2004 年 11 月 15 日	2005 年 4 月 9 日	6.49	5.95
		2004 年 11 月 25 日	2005 年 4 月 16 日	6.20	5.80
	扬饲麦 3	2004 年 10 月 25 日	2005 年 4 月 4 日	6.48	5.91
		2004 年 11 月 5 日	2005 年 4 月 6 日	6.92	5.77
		2004 年 11 月 15 日	2005 年 4 月 7 日	6.87	5.68
		2004 年 11 月 25 日	2005 年 4 月 15 日	6.03	5.77
武汉	华大麦 6	2005 年 11 月 15 日	2005 年 3 月 30 日	7.67	5.33
	S500	2005 年 11 月 15 日	2005 年 3 月 30 日	8.12	5.60
南京	单二	2005 年 11 月 8 日	2005 年 3 月 28 日	6.28	5.19
	苏啤	2005 年 11 月 8 日	2005 年 3 月 30 日	6.53	5.25

2.2.3　孕穗抽穗期不同大麦品种 LAI_{max} 的模拟

同大麦品种高产群体在孕穗抽穗期的最大叶面积指数（LAI_{max}）是该期最适叶面积指数（LAI_{0max}）和遗传参数、水肥丰缺因子的函数。

$$LAI_{\max} = LAI_{0\max} \times \tau \times WNF \quad 25.75 \leqslant PDT \leqslant 28.7 \tag{7}$$

$$WNF = \min(WDF, NDF) \tag{8}$$

$$WDF = AEVC/PEVC \tag{9}$$

$$NDF = (ANCL - LNCL)/(MNCL - LNCL) \tag{10}$$

式中:τ 为不同大麦品种 LAI 的遗传参数;WNF 为大麦出苗到孕穗抽穗前平均水肥丰缺因子对 $LAI_{\max}$ 的影响,取值范围 $0.8 \sim 1.5$;NDF 为氮素丰缺因子;WDF 为水分丰缺因子;$AEVC$ 和 $PEVC$ 分别为作物冠层实际蒸腾和潜在蒸腾;$ANCL$、$LNCL$ 和 $MNCL$ 分别为进入叶组织中的实际氮浓度、不可逆氮浓度和叶片自由生长氮浓度。

2.2.4 不同大麦品种高产群体叶面积指数全生育期变化动态的模拟

不同大麦品种高产群体全生育期的叶面积指数变化动态是不同的。因此,采用试验 I (扬州地区)、试验 III(武汉地区)的不同播期不同品种高产群体叶面积指数数据与当地气象资料和生理发育时间(PDT)资料,建立了大麦高产群体叶面积指数的动态变化方程,它是最大叶面积指数($LAI_{\max}$)、PDT 和 $\sum PAR$(从播种开始累积的每日光合有效辐射量[8])的正弦函数的指数函数。

$$LAIP = \begin{cases} LAI_{\max}[1.17294 \times \sin(PDT/51.5 \times \pi)] \times \sin\left(\sum PAR/1000 \times \dfrac{\pi}{2}\right) \\ 0 \leqslant PDT \leqslant 25.75 \\ LAI_{\max}\{1.17294 \times [\sin(PDT/51.5 \times \pi)]^b\} \times \sin\left(\sum PAR/1000 \times \dfrac{\pi}{2}\right) \\ 25.75 \leqslant PDT \leqslant 51.5 \end{cases} \tag{11}$$

式中:$LAIP$ 为不同大麦品种高产群体生育期的叶面积指数;b 为抽穗后调节叶面积指数下降的参数,体现不同品种在抽穗后外界环境对绿叶衰老死亡的影响,是模型中的一个参数;PDT 为生理发育时间。

2.2.5 实际生产条件下大麦群体叶面积指数全生育期变化动态的模拟

实际生产条件下,大麦叶面积指数还会受到氮素与水分不足的制约,因此模型采用水肥丰缺因子对高产群体叶面积指数变化速率进行修正。

$$LAI_{i+1} = LAI_i + (LAIP_{i+1} - LAI_i) \times WNF \tag{12}$$

式中:LAI_{i+1} 为第 $i+1$ 天的叶面积指数。

3 意义

准确模拟叶面积指数是作物生长模拟模型预测作物生长和产量的关键。通过系统分析扬州和武汉地区不同大麦品种高产群体叶面积指数变化动态,建立了大麦群体的叶面积指数模拟模型[2],利用扬州、南京和昆明地区不同品种的播期试验及氮肥试验资料对模型进行了检验,大麦叶面积的指数模型表明,模型对大麦叶面积指数的模拟效果较好,模拟值与观测值吻合度高,根均方差 $RMSE$ 介于 0.742~2.865,平均值为 1.348。对模拟值与观测值进行 $y = x$ 的线性回归分析,相关系数 R^2 介于 0.511~0.954,均呈极显著正相关。

参考文献

[1] Yu Q, Fu BP, Yao KM. A general simulation model of leaf area index in rice. Chinese Journal of Agrometeorology, 1995,16(2):6-8.

[2] 刘铁梅,王燕,邹薇,等. 大麦叶面积指数模拟模型. 应用生态学报. 2010,21(1):121-128.

[3] Amaducci S, Colauzzi M, Bellocchi G, et al. Modelling post-emergent hemp phenology (Cannabis sativaL.): Theory and evaluation. European Journal of Agronomy,2008,28:90-102.

[4] Back T, Schwefel HP. An overview of evolutionary algorithms for parameter optimization. Evolutionary Computation, 1993,1:1-23.

[5] Hu JC, Cao WX, Luo WH. A soil-water balance model underwater logging condition in winter wheat. Journal of Applied Meteorological Science, 2004,15(1):41-50.

[6] Wang JC, Ma FY, Feng SL,et al. Studies on dynamic knowledge model for design of leaf area index in processing tomato. Journal of Shihezi University, 2008,26(1):35-40.

[7] Ling QH. Crop Population Quality. Shanghai: Shanghai Science & Technology Publishers, 2000.

[8] Goudriaan J, van Laar HH. Modeling Potential Crop Growth Processes. Textbook with Exercises. The Netherlands: Kluwer Academic Publishers, 1994.

大气和林冠的热通量模型

1 背景

森林冠层内/上标量源汇分布和垂直通量的估算一直是生物圈－大气圈交换过程研究中的一个重要问题[1]。从 20 世纪 80 年代末开始,利用实测的标量浓度廓线估算标量通量的方法受到广泛关注,并且被成功地应用于地－气的物质和能量交换[2]。刁一伟等[3]采用欧拉二阶闭合模型,研究了长白山阔叶红松林林冠层与大气之间的热量交换,结合观测数据结果,分析了林冠内/上显热的源汇分布和热通量输送特征,检验不同大气稳定度条件下模型的模拟精度,并且通过在模型中加入温度协方差项,探讨了局地浮力效应对反演模型的影响,以期提高欧拉二阶闭合模型在实际大气中的模拟精度。

2 公式

2.1 显热通量收支方程

对于水平均匀、稳态和高雷诺数(Reynolds number)的流体(忽略分子扩散),其连续性守恒方程可表示为[4]:

$$\frac{\partial \langle \overline{T} \rangle}{\partial t} = 0 = \frac{\partial \langle \overline{w'T'} \rangle}{\partial z} + S_T \tag{1}$$

式中:上横线和〈·〉分别表示时间平均和水平空间平均;单撇号代表变量脉动量;T 代表空气温度(℃);w 代表垂直风速($\text{m} \cdot \text{s}^{-1}$);$\langle \overline{w'T'} \rangle = F_T$ 代表显热的垂直湍流通量即显热通量(W/m^2);S_T 代表显热的源/汇 $[\text{W}/(\text{m}^2 \cdot \text{s})]$。

运用时间和空间平均法,则可得到 $\langle \overline{w'T'} \rangle$ 的方程表达式:

$$\frac{\partial \langle \overline{w'T'} \rangle}{\partial z} = 0 = -\langle \overline{w'^2} \rangle \frac{\partial \langle \overline{T} \rangle}{\partial z} - \frac{\partial \langle \overline{w'w'T'} \rangle}{\partial z} - \frac{1}{\rho} \langle \overline{T' \frac{\partial p'}{\partial z}} \rangle + \frac{g}{\langle \overline{T} \rangle} \langle \overline{T'^2} \rangle \tag{2}$$

式中:ρ 为空气密度(kg/m^3)。式(2)忽略了标量阻曳力和波动源产生项,等式右端 4 项从左至右分别表示湍流热通量产生项(production term)、由湍流运动引起的热传输项(transport term)、压力－温度互相作用产生的热耗散项(dissipation term)和浮力产生项(buoyancy term)。

采用上面模型计算模拟值,并与实测值进行比较(图 1)。可见,研究区显热通量日变化过程的模拟值变化趋势与实测值基本吻合,白天的显热通量模拟值略高于实测值,夜间的

162

模拟值略小于实测值。

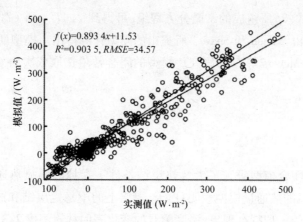

图1　显热通量的模拟值与涡动相关实测值的比较

2.2　闭合近似方案

在式(2)的右端四项中,传输项和耗散项为未知量,因此需要对它们进行闭合近似。在本研究中,传输项采用 Meyers 和 Paw[4] 提出的方案,耗散项采用 Finnigan[5] 推导出的方程,这两项的闭合近似方程如下:

$$\langle \overline{w'w'T'} \rangle = \frac{\tau}{C_8}\Big[-\langle \overline{w'w'w'} \rangle \frac{\partial \langle \overline{T} \rangle}{\partial z} - \langle \overline{w'T'} \rangle \frac{\partial \langle \overline{w'w'} \rangle}{\partial z} - 2\langle \overline{w'w'} \rangle \frac{\partial \langle \overline{w'T'} \rangle}{\partial z} \Big] \quad (3)$$

$$\langle \overline{T' \frac{\partial p'}{\partial z}} \rangle = C_4 \frac{\langle \overline{w'T'} \rangle}{\tau} - \frac{1}{3} \frac{g}{\langle \overline{T} \rangle} \langle \overline{T'^2} \rangle \quad (4)$$

式中:C_4 和 C_8 均为闭合常量;τ 为欧拉松弛时间尺度(Eulerian relaxation time scale),其算式如下:

$$\tau = \frac{q^2}{\langle \varepsilon \rangle} \quad (5)$$

式中:$q = \sqrt{\langle u'_i u'_i \rangle}$ 为湍流特征速度(m/s);$\langle \varepsilon \rangle$ 为平均黏滞耗散率(m^2/s^3);$u_i(u_1 = u, u_2 = v, u_3 = w)$ 分别代表沿 $x_i(x_1 = x, x_2 = y, x_3 = z)$ 方向的瞬时速度(m/s)。

为了计算 $\langle \overline{T'^2} \rangle$,给出温度方差收支方程:

$$\frac{\partial \langle \overline{T'^2} \rangle}{\partial t} = 0 = -2\langle \overline{w'T'} \rangle \frac{\partial \langle \overline{T} \rangle}{\partial z} - \frac{\partial \langle \overline{w'T'T'} \rangle}{\partial z} - 2\langle \varepsilon_{TT} \rangle \quad (6)$$

上式中的传输项 $\langle \overline{w'T'T'} \rangle$ 和耗散项 $\langle \varepsilon_{TT} \rangle$ 由以下闭合模型近似表达:

$$\langle \overline{w'T'T'} \rangle = \frac{\tau}{C_8}\Big[-2\langle \overline{w'w'T'} \rangle - \overline{w'^2} \frac{\partial \langle \overline{T'^2} \rangle}{\partial t} - 2\langle \overline{w'T'} \rangle \frac{\partial \langle \overline{w'T'} \rangle}{\partial z} \Big] \quad (7)$$

$$\langle \varepsilon_{TT} \rangle = C_5 \frac{\langle \overline{T'^2} \rangle}{\tau} \quad (8)$$

式中: C_5 为闭合常量。

求解式(2)~式(8)所组成的常微分方程组,可得到 $\langle \overline{w'T'} \rangle$ 和 $\langle \overline{T'^2} \rangle$。 $\langle \overline{w'^2} \rangle$ 和 $\langle \overline{w'^3} \rangle$ 等的湍流统计量可由 Wilson 和 Shaw[6] 所提出的模型计算得出。模型的边界条件参考 Katul 和 Albertson[7] 以及 Meyers 等[4] 的研究。模型的闭合常量选取依次为 $C_4 = 2.5$、 $C_8 = 3.0$ 和 $C_5 = 0.5$[8]。

3　意义

应用欧拉二阶闭合模型研究了大气热层结条件下森林冠层显热通量源汇分布和通量特征[3],大气和林冠的热通量模型表明:白天,冠层上的不稳定层结和冠层下的稳定层结是森林冠层大气层结的一种特有现象;温度廓线的变化表明林冠高度2/3处存在较强的热源;冠层内大气处于弱稳定状态时,热量继续向上输送,呈现出热通量的反梯度输送。显热通量日变化的模拟值与实测值吻合,其 R^2 为 0.903 5($P < 0.01$)。在显热收支方程中添加浮力项,可提高反演模型在实际大气中的模拟精度,从而改善模型对热通量收支的模拟能力。

参考文献

[1] Wofsy SC, Goulden ML, Munger JW, et al. Net exchange of CO_2 in a mid – latitude forest. Science, 1993,260: 1314 – 1317.

[2] Raupach MR, Denmead OT, Dunin FX. Challenges in linking atmospheric CO_2 concentrations to fluxes at local and regional scales. Australian Journal of Botany,1992,40: 697 – 716.

[3] 刁一伟,王安志,关德新,等. 大气热层结条件对林冠显热的影响. 应用生态学报. 2010,21(1): 145 – 151.

[4] Meyers T, Paw U. Modeling the plant canopy micrometeorology with higher – order closure principles. Agricultural and Forest Meteorology, 1987,41: 143 – 163.

[5] Finnigan J J. Turbulent transport in plant canopies//Hutchinson BA, Hicks BB, eds. The Forest – Atmosphere Interactions. Dordrecht: Reidel Press, 1985:443 –480.

[6] Wilson N R, Shaw R H. A higher order closure model for canopy flow. Journal of Applied Meteorology, 1977,16:1198 – 1205.

[7] Katul G G, Albertson J D. Modeling CO_2 sources, sinks, and fluxes within a forest canopy. Journal of Geophysical Research, 1999,104: 6081 – 6091.

[8] Duxbury JM, Harper LA, Mosier AR, et al. Agricultural ecosystem effects on trace gases and global climate change. American Society of Agronomy, 1993,206:19 – 43.

毛竹林生物量的遥感模型

1 背景

遥感是当前大面积、快速获取地面信息的唯一手段,并且遥感图像光谱信息具有良好的综合性和现势性,与森林生物量之间存在相关性,使基于遥感信息的森林生物量估算比传统方法更加优越[1]。大气校正指消除或减少大气对遥感影像的影响,尽可能真实地反映地物空间和波谱信息。森林生物量在碳循环中的地位及其对碳循环的影响历来受到研究者的关注,遥感技术在生物量定量估算方面也已得到广泛应用,是森林碳循环及其动态变化规律研究的重要手段之一。范渭亮等[2]采用多种大气校正方法,利用多元线性回归模型和植被指数模型,分析和评价了大气校正对毛竹林生物量遥感估算的影响,旨在为毛竹林生物量遥感估算时大气校正方法的选择提供研究思路。

2 公式

2.1 样地生物量的计算

样地单株毛竹生物量采用式(1)进行计算。该模型是使用浙江省安吉县和临安市的调查数据建立,模型的相关系数 $R^2 = 0.937$,在 0.05 置信水平下的预估精度为 96.43%,总系统误差为 -0.021%,符合生物量估算精度要求[3]。

$$M = 747.787D^{2.771}\left[\frac{0.1484}{0.028 + A}\right]^{5.555} + 3.772 \tag{1}$$

式中:M 为生物量(kg);D 为胸径单位为(cm);A 为年龄。根据单株毛竹生物量得到各样地毛竹的总生物量(kg)。

2.2 遥感数据的几何精校正与辐射定标

卫星遥感数据为 2008 年 7 月 5 日的 LandSat5 - TM 数据。通过 1:50 000 的地形图对影像采用二次多项式进行几何精校正,采用最邻近法将像元重采样到 30 m,总精度为 0.29 个像元。在大气校正之前,采用式(2)将 DN 值转化为传感器处的辐亮度值,即传感器定标。

$$L_\lambda = \left(\frac{LMAX_\lambda - LMIN_\lambda}{Q_{calmax}}\right)Q_{cal} + LMIN_\lambda \tag{2}$$

式中:L_λ 为传感器处的辐亮度值[W/(m^2 · sr · μm)];Q_{cal} 为像元的 DN 值;Q_{calmax} 为传感器

处最大辐亮度值所对应的 *DN* 值;*LMIN*$_\lambda$ 为光谱辐亮度的最小值[W/(m² · sr · μm)];*LMAX*$_\lambda$ 为光谱辐亮度的最大值[W/(m² · sr · μm)]。

2.3 大气校正模型

本研究采用多种大气校正模型用于遥感数据的大气校正,包括:基于辐射传输的大气校正模型——6S 和 FLAASH 模型以及 6S 模型内置的中纬度夏季模式(midlatitude summer)和大陆模式(continental model)、FLAASH 模型内置的乡村模式(rural);基于影像特征的大气校正模型——DOS1 ~ DOS4 模型[4],其校正参数如表 1 所示。

表 1　4 种 DOS 模型的参数

波段	DOS1			DOS2			DOS3			DOS4		
	T_z	T_v	E_{down}	T_z	T_v	E_{down}	T_z	T_v	E_{down}	T_z	T_v	E_{down}
TM1	1	1	0	0.906	1	0	0.836	0.850	133.19	0.709	0.733	128.852
TM2	1	1	0	0.906	1	0	0.905	0.914	66.60	0.763	0.782	98.26
TM3	1	1	0	0.906	1	0	0.950	0.955	32.01	0.836	0.850	57.692
TM4	1	1	0	0.906	1	0	0.980	0.982	7.77	0.803	0.820	46.266
TM5	1	1	0	1	1	0	0.990	0.999	0.09	0.920	0.927	3.920
TM7	1	1	0	1	1	0	0.999	0.999	0.01	1	1	0

注:T_v 为地物到传感器的大气透过率;T_z 为太阳到地物的大气透过率;E_{down} 为下行的大气散射辐照度。

2.4 植被指数的计算

归一化植被指数(normalized difference vegetation index, NDVI),是植被生长状态及植被覆盖的最佳指示因子,其可以部分消除大气影响,所以在植被遥感中,NDVI 的应用相当广泛[5]。利用遥感数据进行定量分析时,在植被指数的提取、应用研究中,需要考虑大气效应对 NDVI 的影响[6]。Hardisky 等[7]发现,基于 Landsat TM 的近红外和中红外波段的红外指数(infrared index, II)在植物生物量响应方面比 NDVI 敏感。Musick 和 Pelletier[8]指出,土壤含水量与中红外指数(midinfrared index, MI)有很强的相关性。

$$NDVI = \frac{TM4 - TM3}{TM4 + TM3} \tag{3}$$

$$II = \frac{TM4 - TM5}{TM4 + TM5} \tag{4}$$

$$MI = \frac{TM5}{TM7} \tag{5}$$

式中:*TM3*、*TM4*、*TM5* 和 *TM7* 分别为 Landsat TM 第 3、4、5、7 波段的 *DN* 值/反射率。

2.5 大气校正对毛竹林反射率的影响

与 TOA 相比,大气校正后毛竹林所在像元各波段的反射率均显著减小(图 1)。对可见光波段(TM1、TM2、TM3)而言,大气窗口内的辐射衰减主要由散射引起,受大气分子吸收的影响较小[6]。

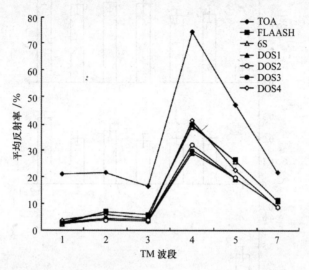

TOA:大气顶部的实测反射率值;FLAASH、6S、DOS1 ~ DOS4:大气校正方法

图1　不同大气校正模型下研究区毛竹林的平均反射率

2.6　大气校正对毛竹林植被指数的影响

不同大气校正方法得到的植被指数与直接用 *DN* 值计算的植被指数有较大差异(图2)。相对于 DN_VI 方法而言,6 种大气校正方法得到的 *NDVI* 和 *II* 有较大幅度的增加,而 *MI* 则明显减小,说明大气对植被指数的影响较显著,这 6 种大气校正方法均能显著改善植被指数,只是不同大气校正方法校正后植被指数均值的差异很小,植被指数的变化范围也不大。

2.7　大气校正对毛竹林生物量估算的影响

2.7.1　多元线性回归模型估算毛竹林生物量

分别利用 TM1 ~ TM5、TM7 波段的 *DN* 值及大气校正后的反射率建立多元线性回归模型估算毛竹林生物量(式6)。不同大气校正方法校正过的影像与生物量之间的模型参数如表 2 所示。

$$生物量 = a \times TM1 + b \times TM2 + c \times TM3 + d \times TM4 +$$
$$e \times TM5 + f \times TM7 + Intercept \tag{6}$$

式中:*a*、*b*、*c*、*d*、*e*、*f* 均为方程系数;*Intercept* 为模型的截距。

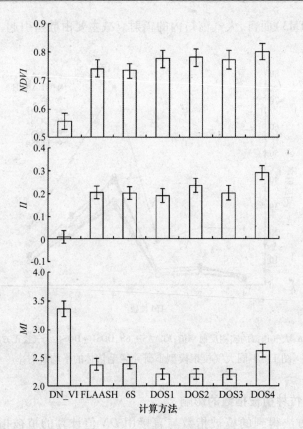

DN_VI:基于 *DN* 值的植被指数计算方法

图 2　研究区毛竹林地的植被指数

表 2　多元线性回归模型参数

计算方法	截距	a	b	c	d	e	f	R	R	R²
DN_VI	6 545.00	−96.35	76.15	11.52	67.48	−147.71	289.74	0.59**	0.35	
FLAASH	3 325.78	−4.78	1.49	0.61	1.90	−6.36	8.35	0.59**	0.35	
6S	3 154.54	−5.20	2.12	0.39	1.95	−6.32	8.44	0.59**	0.35	
DOS1	3 339.63	−7.13	2.78	0.50	2.31	−7.64	10.33	0.59**	0.35	
DOS2	3 325.18	−6.46	2.52	0.45	2.09	−7.64	10.33	0.59**	0.35	
DOS3	2 858.13	−1.52	4.01	−4.44	2.37	−9.31	13.92	0.62**	0.38	
DOS4	3 118.06	−4.09	1.79	0.37	1.61	−6.66	10.77	0.59**	0.35	

　　注:a、b、c、d、e、f为式(6)的系数;DN_VI:基于 *DN* 值的植被指数计算方法;FLAASH、6S、DOS1～DOS4:大气校正方法; ＊P<0.05; ＊＊P<0.01。

2.7.2　植被指数模型估算毛竹林生物量

由表 3 可以看出,相对原始 *DN* 值而言,6 种大气校正模型校正后的 *NDVI* 与毛竹林生物量之间的关系有明显提高,FLAASH 模型提高最多。虽然提高量未达到显著水平,也说明大气校正在一定程度上改善了 *NDVI* 对生物量的敏感性。

表 3　植被指数与毛竹林生物量的关系

计算方法	归一化植被指数 *NDV* I		红外指数 II		近红外指数 *M* I	
	R	*R*²	*R*	*R*²	*R*	*R*²
DN_VI	0.048	0.002 3	0.326 0 *	0.106 3	0.364 *	0.133
FLAASH	0.194	0.038 0	0.337 1 *	0.114 0	0.357 * *	0.128
6S	0.143	0.020 4	0.326 3 *	0.107 0	0.354 * *	0.125
DOS1	0.168	0.028 3	0.336 0 *	0.113 0	0.370 * *	0.137
DOS2	0.172	0.029 4	0.336 4 *	0.113 2	0.370 * *	0.137
DOS3	0.167	0.028 0	0.325 3 *	0.106 0	0.391 * *	0.153
DOS4	0.178	0.032 0	0.337 0 *	0.113 0	0.371 * *	0.138

注:P < 0.05; * * P < 0.01。

3　意义

基于 Landsat TM 影像对毛竹林生物量进行了估算,并利用 6 种大气校正方法(FLAASH、6S、DOS1 ~ DOS4)分析了大气校正对毛竹林生物量遥感估算的影响[2]。毛竹林生物量的遥感模型表明:6 种大气校正模型均能有效地消除大气影响;不同大气校正模型校正后,归一化植被指数(*NDVI*)与毛竹林生物量之间的关系得到很好改善;对于同一种大气校正方法而言,*NDVI*、红外指数(*II*)和近红外指数(*MI*)与生物量之间关系的差异较大,说明在探讨植被指数的生物物理意义时必须进行大气校正;与其他 5 种模型相比,DOS3 模型校正后的 Landsat TM 数据与毛竹林生物量之间具有最高的相关系数,但 6 种校正模型校正前后 Landsat TM 数据与毛竹林生物量之间的相关系数没有显著差异,说明采用单一时相遥感影像建立多元线性回归模型估算生物量时,可以不进行大气校正。

参考文献

[1]　Friedl MA, Davis FW, Michaelsen J, et al. Scaling and uncertainty in the relationship between the NDVI and land surface biophysical variables: An analysis using a scene simulation model and data from FIFE. Remote Sensing of Environment, 1995, 54: 233 – 246.

[2]　范渭亮,杜华强,周国模,等.大气校正对毛竹林生物量遥感估算的影响.应用生态学报.2010,21(1):1-8.

[3]　Zhou GM. Carbon Storage, Fixation and Distribution in Mao Bamboo (Phyllostachys pubescens) Stands Ecosystem. PhD Thesis. Hangzhou: Zhejiang University, 2006.

[4]　Song CH, Woodcock CE, Seto KC,et al. Classification and change detection usingLandsatTM data: When and how to correct atmospheric effects. Remote Sensing of Environment, 2001,75: 230 - 244.

[5]　Rouse JW, Haas RH, Schell JA,et al. Monitoring vegetation systems in the Great Plains with ERTS proceedings. 3rd Earth Resource Technology Satellite (ERTS)Symposium, United States, 1974: 48 - 62.

[6]　Xu CY, Feng XZ. Atmospheric correction on TM image and its influence analysis on spectral response characteristics. Journal of Nanjing University(Natural Science), 2007,43(3): 309 - 317.

[7]　Hardisky MA, Klemas V, Smart RM. The influence of soil salinity, growth form, and leaf moisture on the spectral radiance of Spartina alterniflora canopies. Photogrammetric Engineering & Remote Sensing, 1983, 49:77 - 83.

[8]　Musick HB, Pelletier RE. Response to soil moisture of spectral indexes derived from bidirectional reflectance in the matic mapper wave bands. Remote Sensing of Environment, 1988,25: 167 - 184.

秸秆还田的固碳计算

1 背景

农田固碳措施主要是通过提高农田土壤有机碳含量来实现固碳的目标。但是,在实施固碳措施过程中,一些活动或过程可引起温室气体增排,从而部分或全部抵消最初措施的固碳效果[1]。逯非等[2]在搜集和整理全国典型的农业长期定位试验站数据的基础上,估算了中国不同种植制度单季稻田、水旱轮作稻田、双季稻田秸秆还田的土壤固碳潜力以及秸秆还田对中国稻田 CH_4 排放的影响,分析了稻田 CH_4 增排对秸秆还田固碳效益的抵消作用,以期为农业温室气体减排和固持措施的选择及可行性评价提供科学依据。

2 公式

2.1 土壤固碳速率和潜力估算

气候条件、土壤性质及耕作栽培措施对稻田土壤碳含量的变化会产生很大影响。为了排除这些因素的影响,本研究在计算秸秆还田的土壤固碳速率时,将秸秆还田后土壤有机碳的变化量减去该试验站空白区土壤有机碳的变化量。由于气候条件、土壤性质和耕作措施等对化肥区土壤碳产生影响的同时,也同样会对空白区土壤碳产生影响,因此其具体计算过程如式(1)~式(3):

$$SOC = 10^3 soc \cdot BD \cdot H \tag{1}$$

式中:SOC 为以 g/m^2 计的土壤有机碳含量;soc 为以 g/kg 计的土壤有机碳含量;BD 为土壤容重;H 为土层厚度(m),本研究中为 0.2 m。

$$DSOC = (SOC_2 - SOC_1/t) \tag{2}$$

式中:$DSOC$ 为土壤碳年变化量 $[g/(m^2 \cdot a)]$;SOC_2 为经过长期定位试验 t 年后土壤碳含量的末值(g/m^2);SOC_1 为同一试验区长期定位试验布置前土壤碳含量的初值(g/m^2);t 为长期定位试验的年数。

$$CSR = 10(DSOC_S - DSOC_0) \tag{3}$$

式中:CSR 为采用秸秆还田后农田土壤的固碳速率 $[kg/(hm^{-2} \cdot a)]$;DSOCS 为秸秆还田后稻田土壤的碳年变化量 $[g/(m^{-2} \cdot a)]$;$DSOC_0$ 为秸秆不还田时(空白)稻田土壤的碳年变化量 $[g/(m^{-2} \cdot a)]$。

我国的稻田分布广泛,自然条件和种植制度差异较大。为估算不同自然条件和种植制度下秸秆还田的稻田土壤固碳速率,根据种植制度等因素将全国分为两个稻区,即单季区和双季区,其中双季区又细分为水旱轮作稻田和双季稻田(表1),在各农业区内分别分析秸秆还田量与土壤固碳速率的关系[3]。

表1 稻田的分区和分类

分区	地区	稻田种类
单季区	山西、内蒙古、辽宁、吉林、黑龙江、陕西、甘肃、宁夏、新疆	仅有单季稻田
双季区	北京、天津、河北、山东、河南、西藏	仅有水旱轮作稻田
	上海、江苏、浙江、安徽、福建、江西、湖北、湖南、广东、广西、海南、重庆、四川、贵州、云南	水旱轮作稻田和双季稻田

注:香港特别行政区、澳门特别行政区和台湾省数据暂缺;2005年青海省无水稻种植。

在本研究中,假定单位耕地面积秸秆还田量与固碳速率呈线性相关关系,即:

$$CSR_i = a \cdot s_i + b \tag{4}$$

式中:a 和 b 分别为线性关系式的斜率和截距;CSR_i 为秸秆还田的土壤固碳速率[kg/(hm^{-2}·a)];s_i 为单位耕地面积秸秆还田量[t/(hm^{-2}·a)]。

稻田土壤的固碳潜力可按照式(5)计算:

$$CSP_i = 10^{-9} CSR \cdot A \tag{5}$$

式中:CSP_i 为秸秆还田的农田土壤固碳潜力(Tg/a);A 为稻田面积(hm^2)。

在各地区稻田固碳速率的估算中,单位面积秸秆还田量(s_i)是分区计算的。考虑到我国当前的秸秆还田技术水平,稻草还田量为稻草总量的一半[4]。在单季区,本研究假定在稻田还田的秸秆为上一年稻草的一半,则单位面积秸秆还田量可以通过式(6)得出。

$$s_i = HY_i \cdot SGR_P \cdot ISR_P \tag{6}$$

式中:HY_i 为 i 省稻谷单产量(t/hm^2)[5];SGR_P 是水稻的草谷比,为 0.623[6];ISR_P 为稻谷的秸秆还田系数,表示当前技术水平下稻草还田占稻草产量的比例,取值为 0.5[4]。在双季区,由于可以与水稻搭配轮作的作物较多,本研究采用各地区农田的平均秸秆还田量作为稻田的年秸秆还田量,s_i 可以通过式(7)得出:

$$s_i = \sum CY_{ij} \cdot SGR_j \cdot ISR_j / AC_i \tag{7}$$

式中:CY_{ij} 为 2005 年 i 地区作物 j 的产量(t);SGR_j 为作物 j 的草谷比[6];AC_i 为 2005 年 i 地区的耕地面积(hm^2)[5];ISR_j 为作物 j 的秸秆还田系数。

稻田面积的计算是基于我国各地区 2005 年水稻种植面积[5]进行的。对当年单季区的所有地区(A_{Ii})和双季区的北京、天津、河北、山东、河南、西藏等没有种植双季水稻的地区(A_{IIi}),稻田面积为其水稻种植面积。对于其他 15 个地区,由于有双季水稻和水旱轮作两种种植制度,各种植制度下的稻田面积按照式(8)和式(9)计算。

$$A_{\text{III}i} = PA_{3i} \tag{8}$$

$$A_{\text{II}i} = PA_{1i} + PA_{2i} - PA_{3i} \tag{9}$$

式中:$A_{\text{III}i}$和$A_{\text{II}i}$分别为2005年i地区双季稻田和水旱轮作稻田的面积(hm^2)。PA_{1i}、PA_{2i}和PA_{3i}分别为2005年早稻种植面积、中稻或单季晚稻种植面积以及双季晚稻种植面积(hm^2)。

为将稻田土壤固碳和秸秆还田后CH_4增排的温室效应进行对比,本研究通过式(10)将稻田土壤固碳折算为土壤碳库固持大气CO_2的量。

$$MCSP_i = CSP_i \cdot 44/12 \tag{10}$$

式中:$MCSP_i$为i省稻田秸秆还田后土壤固碳对减缓全球变暖的贡献,单位为Tg/a。

根据2005年相关统计数据,采用以上公式对单季区各省单季稻田,双季区的水旱轮作稻田和双季稻田的面积进行了推算,并在此基础上估算了各地区稻田秸秆还田的固碳潜力(表2)。

表2　稻田秸秆还田的固碳速率和固碳潜力

分区	地区	单位面积秸秆还田量 s_i /($\text{t} \cdot \text{hm}^{-2}$)	固碳速率 CSR /($\text{kg} \cdot \text{hm}^{-2} \cdot \text{a}^{-1}$)			稻田面积/($\times 10^3 \text{hm}^2$)			固碳潜力 CSP /($\text{Tg} \cdot \text{a}^{-1}$)
			$CSR_{\text{I}i}$	$CSR_{\text{II}i}$	$CSR_{\text{III}i}$	$A_{\text{I}i}$	$A_{\text{II}i}$	$A_{\text{III}i}$	
单季区	山西	1.206	363.0	–	–	3.1	–	–	<0.01
	内蒙古	2.092	398.9	–	–	67.0	–	–	0.026 7
	辽宁	2.187	402.7	–	–	500.6	–	–	0.201 6
	吉林	1.832	388.3	–	–	541.0	–	–	0.210 1
	黑龙江	2.034	396.5	–	–	1 290.9	–	–	0.511 8
	陕西	1.686	382.4	–	–	139.5	–	–	0.053 3
	甘肃	2.336	408.7	–	–	4.8	–	–	<0.01
	宁夏	2.468	414.1	–	–	46.7	–	–	0.019 3
	新疆	2.350	409.3	–	–	67.2	–	–	0.027 5
双季区	北京	2.700	–	611.7	–	–	1.6	–	<0.01
	天津	5.487	–	766.3	–	–	7.0	–	<0.01
	河北	5.842	–	786.0	–	–	75.6	–	0.059 4
	上海	1.782	–	560.8	235.9	–	92.4	6.9	0.053 4
	江苏	4.336	–	702.4	397.0	–	1 826.1	7.4	1.286 0
	浙江	1.786	–	561.0	236.1	–	623.2	178.1	0.391 7
	安徽	3.694	–	666.8	356.5	–	1 471.4	250.5	1.070 0
	福建	1.538	–	547.2	220.4	–	432.0	265.3	0.294 9

续表

分区	地区	单位面积秸秆还田量 s_i /$(t \cdot hm^{-2})$	固碳速率 CSR /$(kg \cdot hm^{-2} \cdot a^{-1})$			稻田面积/$(\times 10^3 hm^2)$			固碳潜力 CSP /$(Tg \cdot a^{-1})$
			CSR_{Ii}	CSR_{IIi}	CSR_{IIIi}	A_{Ii}	A_{IIi}	A_{IIIi}	
双季区	江西	1.963	–	570.9	247.3	–	441.9	1 121.7	0.529 6
	山东	7.426	–	873.9	–	–	112.6	–	0.098 4
	河南	6.399	–	816.9	–	–	503.0	–	0.410 9
	湖北	3.357	–	648.2	335.2	–	1 055.9	374.6	0.810 0
	湖南	3.237	–	641.5	327.7	–	605.6	1 402.2	0.847 9
	广东	1.824	–	563.1	238.5	–	–	1 110.8	0.264 9
	广西	2.714	–	612.5	294.7	–	135.9	1 110.2	0.410 4
	湖南	1.274	–	532.6	203.8	–	–	184.0	0.037 5
	重庆	3.263	–	643.0	329.3	–	746.9	1.8	0.480 8
	四川	3.691	–	666.7	356.3	–	2 038.3	1.0	1.359 0
	贵州	2.229	–	585.6	264.0	–	719.7	0.4	0.421 6
	云南	2.265	–	587.6	266.3	–	999.7	21.7	0.593 2
	西藏	1.393	–	539.2	–	–	1.0	–	<0.01

2.2 CH₄ 排放的计算

2.2.1 无秸秆还田的稻田 CH₄ 排放估算

考虑到我国氮肥施用普遍,本研究选择施用化学氮肥但不施用任何一种有机肥(秸秆、绿肥、粪肥等)的全生育期 CH_4 排放量,取其平均值作为该类水稻 CH_4 排放系数(EF_{ik})。则省级尺度的稻田 CH_4 排放总量可以由式(11)计算。

$$E_i = 10^{-9} \sum EF_{ik} \cdot PA_{ik} \tag{11}$$

式中:E_i 为 i 地的稻田 CH_4 年排放总量(Tg/a);EF_{ik} 为 i 地 k 类水稻的 CH_4 排放系数[kg/$(hm^{-2} \cdot a)$];k 可以为早稻、中稻或单季晚稻以及双季晚稻;PA_{ik} 为 i 地 k 类水稻的种植面积(hm^2)[5]。

2.2.2 秸秆还田后的稻田 CH₄ 排放估算

施用有机物会造成稻田 CH_4 排放增加,对此,IPCC[7] 推荐了稻田 CH_4 排放修正系数 SFo 的方法。则秸秆还田后的稻田 CH_4 排放 Es_i(Tg/a)可通过式(12)计算。

$$Es_i = 10^{-9} \sum EF_{ik} \cdot PA_{ik} \cdot SFo_i \tag{12}$$

本研究中我国稻田秸秆还田后的 CH_4 排放修正系数 SFo 采用 IPCC[7] 2006 年提供的公式(12)和参数进行计算。

$$SFo_i = (1 + SDMA_i \cdot CFOA)^{0.59} \tag{13}$$

式中：$SDMA$ 为每季秸秆干物质还田量（t/hm^2）。

每季秸秆干物质还田量 $SDMA$ 的计算在单季区和双季区有所区别。在单季区，我们认为稻田用于还田的秸秆为上一季稻草，则各地每季秸秆干物质还田量 $SDMA_i$ 可通过式（14）计算。

$$SDMA_i = HY_i \cdot SGR_P \cdot ISR_P \cdot DMF_{ps} \tag{14}$$

式中：DMF_{ps} 是风干稻草的干物质含量，为 0.85[8]。

在双季区，本研究假设每年每季秸秆干物质还田量为该地每年平均还田秸秆干物质量的一半，则各地每季秸秆干物质还田量 $SDMA_i$ 可以通过式（15）计算得出。

$$SDMA_i = 0.5 \sum (CY_{ij} \cdot SGR_j \cdot ISR_j \cdot DMF_j)/AC_i \tag{15}$$

式中：CY_{ij} 为 i 地 2005 年作物 j 的产量（t）[5]；DMF_j 是作物 j 秸秆的干物质含量[8]；AC_i 为 i 地的耕地面积（hm^2）[5]。

应用搜集到的 132 组数据，根据以上公式，以取平均值的方法得出单季区水稻和双季区早稻、中稻或单季晚稻以及双季晚稻的排放系数，并在此基础上计算出在无秸秆还田情况下我国稻田的排放情况（表3）

表3　稻田 CH_4 排放及其对秸秆还田土壤固碳的抵消

地区	还田前 CH_4 排放 $E/(\times 10^{-3}$ $Tg \cdot a^{-1})$	每季干物质还田量 $SDMA_i/t$	SFo	还田后 CH_4 排放 Es_j $/(\times 10^{-3}$ $Tg \cdot a^{-1})$	CH_4 增排 $/(\times 10^{-3}$ $Tg \cdot a^{-1})$	增排 CH_4 的 GWP $MGWP_i$ $/(Tg \cdot a^{-1})$	土壤固碳对减缓全球变暖的贡献 $MCSP_i$ $/(Tg \cdot a^{-1})$	减缓效益抵消率 $RMO_i/\%$
山西	<0.5	1.03	1.17	<0.5	<0.5	<0.1	<0.1	40.8
内蒙古	8.8	1.78	1.28	11.2	2.4	<0.1	<0.1	62.3
辽宁	65.6	1.86	1.29	84.6	19.0	0.47	0.74	64.3
吉林	70.9	1.56	1.25	88.3	17.4	0.44	0.77	56.6
黑龙江	169.1	1.73	1.27	214.9	45.8	1.15	1.88	61.0
陕西	18.3	1.43	1.23	22.4	4.2	0.10	0.20	53.2
甘肃	0.6	1.99	1.31	0.8	<0.5	<0.1	<0.1	67.3
宁夏	6.1	2.10	1.32	8.1	2.0	<0.1	<0.1	69.8
新疆	8.8	2.00	1.31	11.5	2.7	<0.1	0.11	67.5
北京	<0.5	1.08	1.54	0.5	<0.5	<0.1	<0.1	130.5
天津	1.5	2.24	2.00	3.0	1.5	<0.1	<0.1	192.8
河北	16.4	2.37	2.05	33.5	17.2	0.43	0.22	196.9
上海	23.6	0.75	1.39	32.8	9.2	0.23	0.20	117.5

地区	还田前 CH_4 排放 $E/(\times 10^{-3}$ $Tg \cdot a^{-1})$	每季干物质还田量 $SDMA_i/t$	SFo	还田后 CH_4 排放 Es_j $/(\times 10^{-3}$ $Tg \cdot a^{-1})$	CH_4 增排 CH_4 $/(\times 10^{-3}$ $Tg \cdot a^{-1})$	增排 CH_4 的 GWP $MGWP_i$ $/(Tg \cdot a^{-1})$	土壤固碳对减缓全球变暖的贡献 $MCSP_i$ $/(Tg \cdot a^{-1})$	减缓效益抵消率 $RMO_i/\%$
江苏	398.8	1.81	1.84	734.5	335.7	8.39	4.71	178.0
浙江	221.8	0.75	1.39	308.6	86.9	2.17	1.44	151.3
安徽	437.5	1.54	1.73	758.2	320.7	8.02	3.92	204.2
福建	219.4	0.65	1.34	294.5	75.1	1.88	1.08	173.7
江西	632.7	0.83	1.43	904.6	271.8	6.80	1.94	349.9
山东	24.4	3.03	2.28	55.4	31.1	0.78	0.36	215.2
河南	108.8	2.65	2.15	233.7	124.9	3.12	1.51	207.2
湖北	410.3	1.40	1.68	688.2	277.9	6.95	2.97	234.0
湖南	809.5	1.35	1.66	1 341.0	531.6	13.30	3.11	427.5
广东	514.3	0.76	1.40	718.1	203.7	5.09	0.97	524.4
广西	559.3	1.12	1.56	870.6	311.3	7.78	1.51	517.3
海南	83.4	0.53	1.29	107.3	23.8	0.60	0.14	433.2
重庆	162.5	1.33	1.65	267.5	105.0	2.62	1.76	148.9
四川	<0.5	1.52	1.72	760.6	319.3	7.98	4.98	160.1
贵州	<0.5	0.90	1.46	227.8	71.9	1.80	1.55	116.3
云南	<0.5	0.92	1.47	330.5	105.4	2.63	2.18	121.1
西藏	<0.5	0.59	1.31	<0.5	<0.5	<0.1	<0.1	86.0
全国	5 796.0	–	–	9 114.0	3 318.0	82.95	38.43	215.8

2.2.3 增排 CH_4 的全球增温潜势及其对土壤固碳减排效益的抵消

为分析秸秆还田后增排 CH_4 对土壤固碳效益的抵消,采用 CH_4 100 年 GWP(为同质量 CO_2 的 25 倍)[3],按照式(16)将其折算为等温室效应的 CO_2 量。

$$MGWP_i = 25(Es_i - E_i) \qquad (16)$$

式中:$MGWP_i$ 为 i 地稻田增排 CH_4 以等温室效应 CO_2 量计的 GWP 值,单位为 Tg/a。本研究将秸秆还田后稻田 CH_4 增排的全球增温潜势 $MGWP_i$ 与土壤固碳对减缓全球变暖的贡献进行对比,分析前者对后者的抵消作用,其结果通过减缓效益抵消率(ratio of mitigation offset, RMO_i)来表示,计算过程如式(17)。

$$RMO_i = MGWP_i/MCSP_i \cdot 100\% \qquad (17)$$

3　意义

根据秸秆还田的固碳计算[2]，分析了秸秆还田在我国两个稻田区的单季稻田、水旱轮作稻田和双季稻田的固碳潜力。同时根据我国稻田甲烷(CH_4)排放试验数据，采用取平均排放系数的方法，估算了我国稻田在无秸秆还田情况下的甲烷排放总量；结合 IPCC 推荐的方法和参数，估算了我国稻田秸秆还田后甲烷排放总量及增排甲烷的全球增温潜势。推广秸秆还田后，中国稻田增排甲烷的温室效应会大幅抵消土壤固碳的减排效益，是一项重要的温室气体泄漏，为农业温室气体减排和固持措施的选择及可行性评价提供科学依据。

参考文献

[1]　Watson RT, Noble IR, Bolin B, etal. Land Use, Land – Use Change, and Forestry［EB/OL］. (2000 – 11 – 30)［2009 – 03 – 26］. http：//www. ipcc. ch/ipccreports/sres/land_use/index. Htm.

[2]　逯非,王效科,韩冰,等. 稻田秸秆还田：土壤固碳与甲烷增排. 应用生态学报. 2010,21(1)：99 – 108.

[3]　IPCC. Climate Change 2007：Working Group I Report"The Physical Science Basis"［EB/OL］. (2007 – 09 – 20)［2009 – 03 – 26］. http：//www. ipcc. ch/ipccreports/ar4 – wg1. htm.

[4]　Liu XH, Gao WS, Zhu WS. Mechanism and Technical Pattern of Straw Returning. Beijing：China Agriculture Press, 2001.

[5]　EditorialBoard of China Agriculture Yearbook. China Agriculture Yearbook 1980 – 2005. Beijing：China Agriculture Press, 2007.

[6]　MOA/DOE Project Expert Team. Assessment of Biomass Resource Availability in China. Beijing：China Environmental Science Press, 1998.

[7]　IPCC. 2006 IPCC Guidelines for National Greenhouse Gas Inventories［EB/OL］. (2007 – 04 – 20)［2009 – 03 – 26］. http：//www. ipcc – nggip. iges. or. jp/public/2006gl/pdf/4_Volume4/V4_05_Ch5_Cropland. Pdf.

[8]　IPCC. Good PracticeGuidance and Uncertainty Management in National Greenhouse Gas Inventories［EB/OL］. (2000 – 05 – 08)［2009 – 03 – 26］. http：//www. ipccnggip. iges. or. jp/public/gp/english/.

耕作方式的碳释放方程

1 背景

在人类社会日益关注全球环境问题的今天,温室气体排放及其影响的日益加剧,使土壤固碳能力研究成为国内外应对气候变化策略中一个极其活跃的研究领域。West 和 Marland[1]结合已有研究数据,利用能耗折算出因农用物资的使用引起的碳排放,并在重新定义农田生态系统边界的基础上,综合农田土壤碳累积量与农资使用引起的碳排放量,提出了农田生态系统净碳释放方程与相对释放方程,用于衡量农田生态系统的固碳能力和因农田管理措施改变引起的固碳能力的变化。韩宾等[2]基于 8 年(2001—2008 年)定位保护性耕作试验,研究了太行山前平原区麦/玉两熟农田土壤有机碳的变化,并借助农田碳释放方程,分析了不同耕作方式下农田生态系统固碳能力的差异,旨在为我国小麦/玉米两熟区减少农田温室气体排放及高固碳能力耕作方式的应用提供理论依据。

2 公式

采用与 West 和 Marland[3]相同的农田生态系统边界(图 1)。作物固定的碳绝大部分来自大气,就长远来看,该部分碳最终将进入土壤或在腐解过程中回到大气中,因此此作物仅为碳的"缓存"。作物固碳及土壤呼吸对该系统碳固定能力的影响最终体现为土壤有机碳含量的变化,因此结合生产过程中因农田投入引起的碳排放可得农田生态系统绝对净碳释放方程[3]:

$$ANCF = C_{emi} - C_{seq}$$

式中:$ANCF$ 为系统绝对净碳释放量($kg \cdot hm^{-2} \cdot a^{-1}$);$C_{emi}$ 为系统碳释放量($kg \cdot hm^{-2} \cdot a^{-1}$);$C_{seq}$ 为系统碳固定量($kg \cdot hm^{-2} \cdot a^{-1}$)。

耕作方式转变后,新农田生态系统的相对净碳释放方程为[3]:

$$RNCF = C_{sys2} - C_{sys1}$$

式中:$RNCF$ 为系统相对净碳释放量($kg \cdot hm^{-2} \cdot a^{-1}$);$C_{sys2}$ 为耕作方式转变后新系统的绝对净碳释放量($kg \cdot hm^{-2} \cdot a^{-1}$);$C_{sys1}$ 为原系统绝对净碳释放量($kg \cdot hm^{-2} \cdot a^{-1}$)。当净碳释放为负值时,农田生态系统为"碳汇",其绝对值越大,该系统固碳能力越强;反之,当净碳释放为正值时,农田生态系统则为"碳源"。

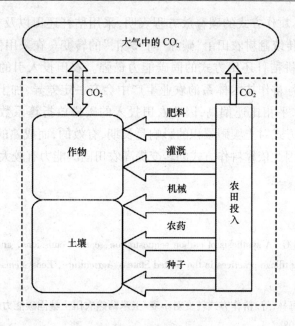

图 1　农田生态系统结构

土壤碳累积量采用下式计算[4]：

$$M_{ele} = M_{soil} \times conc \times 10^{-3}$$

$$M_{soil} = \rho_b \times T \times 10^7$$

式中：M_{soil} 为单位面积土壤质量（kg·hm^{-2}）；$conc$ 为土壤有机碳含量（mg·g^{-1}）；T 为土体深度（m）；ρ_b 为土壤容重（g·cm^{-3}）。因不同耕作方式仅对耕层土壤有较大影响[5]，且在 30 cm 以下土层，不同耕作方式间有机碳含量的差异不显著或不确定[6]，故本研究中土体深度以 0～30 cm 计算。

　　柴油、化肥、农药等农用物资碳排放系数的计算需要综合考虑其生产、运输和使用过程中的总能耗，并将其折算为 CO_2 排放当量。而限于国内目前缺乏一套统一的工业能折算系数，本研究借鉴美国橡树岭国家生态实验室的折算数据（表1）[2]。

表 1　不同农用物资碳排放系数

柴油	农药	除草剂	N	P₂O₅	K₂O	小麦种	玉米种
1.35	4.93	4.70	0.86	0.17	0.12	0.11	1.05

3　意义

　　尝试将土壤碳累积量与农田投入引起的碳排放相结合，用以表征耕作方式转变对农田固碳能力的影响[2]。耕作方式的碳释放方程表明,采用秸秆还田以及少、免耕等保护性耕作措施后,可以实现传统翻耕农田由"碳源"向"碳汇"的转变。在采用保护性耕作措施的3种耕作方式中,以旋耕秸秆还田方式的固碳能力最强。农田投入引的碳排放在实际生产中,尤其在采用保护性耕作技术体系的农业生产中会有一定差异,加上我国单位工业产品耗能量与国际先进水平相比还偏高,因此农田投入的碳排放折算系数还有待于进一步完善。总体来看,耕作方式对土壤碳累积的影响是长期、有效的,而成熟的配套技术体系中农田投入也相对稳定,因此依靠耕作方式的转变提高农田固碳能力有较大的潜力。

参考文献

[1] West TO, Marland G. A synthesis of carbon sequestration, carbon emissions, and net carbon flux in agriculture: Comparing tillage practices in the United States. Agriculture, Ecosystems and Environment, 2002, 91:217 - 232.

[2] 韩宾,孔凡磊,张海林,等. 耕作方式转变对小麦/玉米两熟农田土壤固碳能力的影响. 应用生态学报. 2010,21(1):91 - 98.

[3] West TO, Marland G. Net carbon flux from agricultural ecosystems: Methodology for full carbon cycle analyses. Environmental Pollution, 2002, 116: 439 - 444.

[4] Ellert BH, Bettany JR. Calculation of organic matter and nutrients stored in soils under contrasting management regimes. Canadian Journal of Soil Science, 1995, 75: 529 - 538.

[5] McCarty GW, Lyssenko NN, Starr JL. Short - term changes in soil carbon and nitrogen pools during till age management transition. Soil Science Society of America Journal, 1998, 62: 1564 - 1571.

[6] Baker JM, Ochsner TE, Venterea RT, et al. Tillage and soil carbon sequestration: What do we really know? Agriculture, Ecosystems and Environment, 2007, 118:1 - 5.

[7] Wu FL, Li L, Zhang HL, et al. Effects of conservation tillage on net carbon flux from farm land ecosystems. Chinese Journal of Ecology, 2007, 26(12): 2035 - 2039.

玉米光合产物的分配模型

1 背景

植物生长受光照、水分、养分和 CO_2 浓度等环境因子的影响[1]。环境胁迫将使植物调整其光合产物向各器官的分配比例以确保资源的最优利用[2],进而影响植物的生长与发育。由于植物光合产物分配的机理研究远落后于光合、呼吸及叶片生长的机理研究[3],制约了陆地生态系统生产力及碳收支的准确评估,是当前植物生态学和遗传学研究中的热点问题[4]。平晓燕等[5]试图基于中国气象局沈阳大气环境研究所锦州农田生态系统野外观测站玉米各器官生物量及相应环境因子的连续动态观测资料(2004—2008 年),检验 Friedlingstein 模型在站点尺度上的适用性,并发展了基于功能平衡假说的玉米光合产物分配模型,以期为准确模拟玉米农田生态系统生产力及其陆－气通量交换提供参考。

2 公式

2.1 指标的测定和推算

考虑到玉米种植密度及水热因子的影响,需要对数据进行归一化处理[6]。由于 2005 年测量的玉米各组分生物量资料较齐全,对 2004 年及 2006—2008 年的数据进行归一化处理,再用 2005 年数据对方程进行验证。以玉米总生物量为例,归一化处理如下:

$$y_r = y_t/y_{max} \tag{1}$$

式中:y_r 为相对总生物量;y_t 为出苗第 t 天的总生物量(g);y_{max} 为生长季最大总生物量(g)。

玉米出苗后将经历苗期、抽雄期和成熟期 3 个阶段。Luo 和 An[7]研究表明,玉米出苗到抽雄所需不小于 10℃ 有效积温为 686℃·d,自标准抽雄日(7 月 16 日)至成熟期所需不小于 10℃ 活动积温为 1 500℃·d。抽雄期提前一天,抽雄至成熟所需活动积温将相应增加 13℃·d;反之,则减少 13℃·d。由此,依据积温将玉米从出苗到成熟划分为 2 个阶段来进行归一化处理:

$$DS = \begin{cases} T_1/686 & T_1 \leqslant 686 \\ 1 + T_2/[1500 - 13(a - 72)] & T_1 > 686 \end{cases} \tag{2}$$

$$T_1 = \sum_{i=1}^{a} \Delta(T_i - 10) \tag{3}$$

$$T_2 = \sum_{i=a+1}^{t} T_i \quad T_i \geqslant 10\text{℃} \tag{4}$$

式中:DS 为标准化的生育期;T_1 为不小于 10℃有效积温(℃·d);T_2 为自抽雄期开始不小于 10℃活动积温(℃·d),DS 值为 1 表示抽雄期开始;T_i 为日均气温(℃);a 为出苗到抽雄的天数(d)。有研究得出锦州地区玉米 25 年的平均出苗期为 5 月 3 日[7],则该区的 a 平均值为 72。

用 Sigmaplot 10.0 对 2004 年和 2006—2008 年标准化生育期与相对总生物量、相对穗生物量和相对叶面积指数进行 Logistic 回归,回归方程如下:

$$y = a/[1 + \exp(b + cx + dx^2)] \tag{5}$$

式中:y 为相对总生物量、相对穗生物量或相对叶面积指数;x 为标准化生育期;a 为最大负载量;c 和 d 为固有增长率;b 为常数。

2.2 Friedlingstein 模型的改进

玉米光合产物分配模型的发展基于月尺度的 Friedlingstein 模型机理[8]。基于功能平衡假说,光照、水分和养分等资源限制对植物光合产物向根、茎和叶分配的影响可计算如下:

$$P_{Root} = 3r_0\{L/[L + 2\min(W,N)]\} \tag{6}$$

$$P_{Stem} = 3s_0\{\min(W,N)/[2L + \min(W,N)]\} \tag{7}$$

$$P_{Leaf} = 1 - (P_{Root} + P_{Stem}) \tag{8}$$

式中:P_{Root}、P_{Stem} 和 P_{Leaf} 分别为光合产物向根、茎和叶的分配比例;r_0 和 s_0 为在没有资源限制时光合产物分别向根和茎的分配比例,取值均为 0.3;L 为植物光利用系数,可用每天的叶面积指数(LAI)来估算:$L = e^{-K \cdot LAI}$,式中,K 为消光系数,取值 0.5;$min(W,N)$ 为土壤有效水分系数(W)和土壤有效养分系数(N)中较小的一个,其值介于 0(资源极端匮乏)与 1(资源最充足)之间。

$$W = (SW_m - WP)/(FC - WP) \tag{9}$$

$$N = T_{factor} \times W_{factor} \tag{10}$$

式中:SW_m 为土壤质量含水量(%);FC 为土壤田间持水量(%);WP 为土壤萎蔫系数(%);土壤有效养分系数(N)用土壤氮素表示,其反映了微生物的矿化作用,与水热因子密切相关;T_{factor} 为温度限制因子;W_{factor} 为水分限制因子。

Friedlingstein 模型在利用式(10)计算 N 时,W_{factor} 为土壤有效水分系数(W),T_{factor} 的算式如下:

$$T_{factor} = 2^{[(T_{air}-30)/10]} \tag{11}$$

式中:T_{air} 为空气温度(℃)。

由于土壤温度较空气温度能更好地反映温度对微生物矿化作用的影响[9],因此,Kirschbaum[9]基于大量的温室试验数据建立了基于土壤温度的 T_{factor} 计算方法:

$$T_{factor} = \exp[3.36(T - 40)/(T + 31.79)] \tag{12}$$

式中:T 为 5 cm 深处的土壤温度(℃)。

尽管式(10)通过土壤有效水分系数反映了水分对微生物矿化作用的影响,但并没有实测资料的验证。Paul 等[10]基于 12 个样地的观测数据指出,将土壤有效水分系数(W)作为 W_{factor} 并不合适,并建立了基于土壤有效水分系数的 W_{factor} 计算方程:

$$W_{factor} = \{1/[1 + 6.63\exp(-5.69W)]\} \tag{13}$$

考虑到本研究样地在播种前施加了氮肥,这将影响土壤有效养分系数(N),进而影响玉米光合产物的分配。为此,需对土壤有效养分系数进行校正。Guo 等[11]研究表明,当施肥量为 300(kg/hm², 以氮计)时,植物氮的回收利用率为 22.33%。所以,本研究对土壤有效养分系数进行施肥校正的公式为:

$$N = T_{factor} \times W_{factor} + 0.22 \tag{14}$$

根据式(12)~式(14)可以计算基于施肥、土壤温度和土壤有效水分系数的玉米农田土壤有效养分系数,结合式(6)~式(10),就可以模拟玉米光合产物的分配动态。

用 2005—2008 年研究区不同生育期的实测玉米根、茎、叶生物量对 Friedlingstein 模型和改进后模型进行适用性检验(F)结果表明,与 Friedlingstein 模型相比,改进后模型能更好地模拟玉米根、茎和叶生物量动态,降低了茎和根的均方差,提高了模型对根、茎和叶的模拟值与观测值之间的决定系数以及茎与根模拟的 NS 值(图1)。

2.3 模型验证

采用 2004—2008 年实测的研究区玉米各器官生物量资料对模型进行验证。利用均方差(mean square error, MSE)、决定系数(R^2)和 Nash-Sutcliffe 效率系数(NS)对建立的玉米光合产物分配模型与 Friedlingstein 模型的模拟效果进行比较。

$$MSE = \frac{\sum_{i=1}^{n}(O_i - P_i)}{n} \tag{15}$$

$$R^2 = \left[\frac{\sum_{i=1}^{n}(O_i - \overline{O})(P_i - \overline{P})}{(\sum_{i=1}^{n}(O_i - \overline{O})^2 \sum_{i=1}^{n}(P_i - \overline{P})^2)^{1/2}}\right]^2 \tag{16}$$

$$NS = 1 - \frac{\sum_{i=1}^{n}(O_i - P_i)^2}{\sum_{i=1}^{n}(O_i - \overline{O})^2} \tag{17}$$

式中:O_i 为观测值,P_i 为模拟值;n 为样本容量;$\overline{O}$ 和 $\overline{P}$ 分别为观测值和模拟值的平均值。MSE 值越小,表明模型的模拟效果越好[12];R^2 值越大,表示模拟值对观测值的解释率越高[13];NS 越趋近于 1,表示模拟值与观测值之间的方差越接近 0,模型的模拟效果越好[14]。

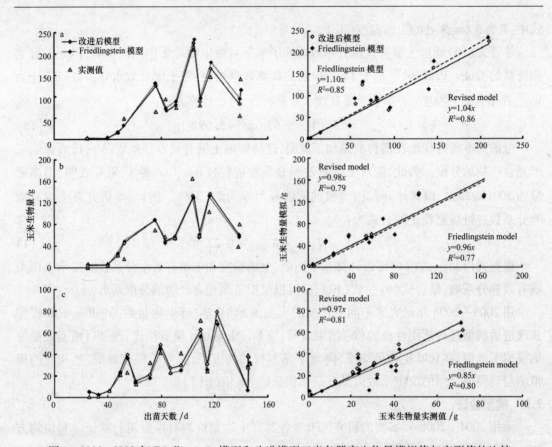

图1　2005—2008 年 Friedlingstein 模型和改进模型玉米各器官生物量模拟值与实测值的比较

3　意义

　　基于中国气象局沈阳大气环境研究所锦州农田生态系统定位观测站 2004—2008 年玉米各器官（根、茎和叶）生物量及相应环境因子的连续动态观测资料，检验了 Friedlingstein 模型在站点与日尺度上的适用性，并发展了基于施肥、土壤温度和土壤有效水分系数的玉米农田土壤有效养分系数模型，建立了基于功能平衡假说的日尺度的玉米光合产物的分配模型[5]*。与 Friedlingstein 模型相比，所建的玉米光合产物分配模型能更好地模拟玉米光合产物分配动态，为准确模拟日尺度的玉米农田生态系统生产力提供了技术支持。

参考文献

［1］　Knapp AK, Smith MD. Variation among biomes in temporal dynamics of aboveground primary production.

Science, 2001,291: 481 – 484.

[2] Bloom AJ, Chapin III FS, Mooney HA. Resource limitation in plants: An economic analogy. Annual Reviews in Ecology and Systematics, 1985,16: 363 – 392.

[3] Cannell MGR, Dewar RC. Carbon allocation in trees: A review of concepts for modelling. Advances in Ecological Research, 1994,25: 59 – 104.

[4] Lacointe A. Carbon allocation among tree organs: A review of basic processes and representation in functional – structural tree models. Annals of Forest Science, 2000,57: 521 – 533.

[5] 平晓燕,周广胜,孙敬松,等. 基于功能平衡假说的玉米光合产物分配动态模拟. 应用生态学报. 2010, 21(1):129 – 135.

[6] Zhang XD, Cai HJ, Fu YJ, et al. Study on leaf area index of summer maize in Loess areas. Agricultural Research in the Arid Areas, 2006,24(2): 25 – 29.

[7] Luo XL, An J. Heat index of maize growth and development, and distribution of variety types. Journal of Shenyang Agricultural University, 2000,31(4): 318 – 323.

[8] Friedlingstein P, Joel G, Field CB, et al. Toward an al – location scheme for global terrestrial carbon models. Global Change iology, 1999,5: 755 – 770.

[9] Kirschbaum MUF. Will changes in soil organic carbon actas a positive ornegative feedback on globalwarming? Biogeochemistry, 2000,48: 21 – 51.

[10] Paul KI, Polglase PJ, O'Connell AM, et al. Defining the relation between soil water content and net nitrogen mineralization. European Journal of Soil Science, 2003,54: 39 – 48.

[11] Guo JH, Zhao CJ, Meng ZJ, et al. The effect ofnitrogen on nitrate leaching and absorption under spring corn in dry areas of north China. Chinese Journal of Soil Science, 2008,39(3): 562 – 565.

[12] Kramer K, Leinonen I, Bartelink HH, et al. Evaluation of six process – based forestgrowthmodels using eddy – co – variance measurements of CO_2 and H_2O fluxes at six forest sites in Europe. Global Change Biology, 2002,8:213 – 230.

[13] Kucharik CJ, Barford CC, Maayar ME, et al. A multi – year evaluation of a dynamic global vegetation model at Three Ameri Flux forest sites: Vegetation structure, phenology, soil temperature, and CO_2 and H_2O vapor exchange. Ecological Modelling, 2006,196: 1 – 31.

[14] Krause P, Boyle DP, Baese F. Comparison of different efficiency criteria for hydrological model assessment. Advances in Geosciences, 2005,5: 89 – 97.

流域生态系统的服务价值模型

1 背景

生态系统服务指通过生态系统结构、过程和功能直接或间接为人类福利提供的产品和服务,是人类生存和发展的物质基础和基本条件,是人类所拥有的关键自然资本[1]。土地利用/覆被变化(LUCC)能改变生态系统的结构、过程和功能,进而影响生态系统服务。阿克苏河属典型的干旱区内陆跨境河流,是唯一一条常年向塔里木河输水的河流。在国家政策调整、山前绿洲人类活动增强、流域径流变化和气候变化[2]等因子的驱动下,流域土地变化显著,严重影响流域生态系统服务的提供。周德成等[3]利用研究区 1960 年的地形图、1973—2008 年遥感影像数据和中国生态系统服务价值单价表估算了阿克河流域生态系统服务价值,通过土地利用/覆被类型的面积及其净变化和净变化速度重建了阿克苏河流域LUCC 过程,并利用生态系统服务价值、生态系统单项功能的服务价值和敏感性指数,分析了流域生态系统服务价值的变化过程,旨在探讨阿克苏河流域土地利用/覆被变化对生态系统服务价值的影响,为流域土地利用规划与决策及生态环境保护提供参考。

2 公式

2.1 土地利用/覆被分类的研究方法

本研究所需的土地利用/覆被分类数据包括地形图、MSS、TM 和 ETM 影像(表 1)。

表 1　研究区土地利用/土地覆被数据的来源

年份	数据源类型	地形图绘制时间/遥感影像(轨道号,采集时间)
1960 年	地形图	基于 1960 年航测绘制的 1:10 万地形图(中国境内)
	MSS	158/31,1970 - 10 - 16;159/31,1973 - 09 - 18;160/31,1975 - 08 - 13;162/31 160/31 160/32,1975 - 08 - 13,1977 - 05 - 23(境外部分)
1990 年	TM	146/32,1990 - 10 - 05;147/31,1990 - 09 - 10;147/32,1989 - 10 - 25;148/31,1990 - 07 - 31;148/32,1990 - 07 - 31;149/31,1991 - 10 - 28;149/32,1992 - 06 - 09
2008 年	ETM	146/32,2008 - 08 - 27;147/31,2007 - 09 - 01;147/32,2008 - 05 - 14;148/31,2007 - 06 - 20;148/32,2007 - 06 - 20;149/31,2007 - 07 - 29;149/32,2007 - 07 - 29

某土地利用/覆被类型面积的相对变化(N_c)采用下式计算：

$$N_c = \frac{U_b - U_a}{U_a} \times 100\% = \frac{\Delta U_{in} - \Delta U_{out}}{U_a} \times 100\% \qquad (1)$$

式中：U_a、U_b 分别为研究初期和末期某土地利用类型的面积，ΔU_{out} 为研究时段内该土地利用类型转变为其他土地利用类型的面积；ΔU_{in} 为其他土地利用类型转变为该土地利用类型的面积。

相应的某土地利用/覆被类型净变化速度(R_s)的算式如下：

$$R_s = \left[\sqrt[T]{\frac{U_b}{U_a}} - 1 \right] \times 100\% = \left[\sqrt[T]{\frac{U_a + (\Delta U_{in} - \Delta U_{out})}{U_a}} - 1 \right] \times 100\% \qquad (2)$$

式中：T 为研究时段。

2.2 生态系统服务价值

为了尽量减少在中国应用时的误差，Xie 等[4]基于对我国 200 位生态学者的问卷调查，制订出我国生态系统生态服务价值当量因子表(表2)，生态系统服务价值当量因子指生态系统潜在产生的生态服务的相对贡献大小，是 1 hm^2 农田每年自然粮食产量的经济价值。

表2 中国陆地生态系统单位面积生态系统服务价值当量表

生态系统功能	森林	草地	农田	湿地	水体	荒漠
气体调节	3.5	0.80	0.50	1.80	0	0
气候调节	2.70	0.90	0.89	17.10	0.46	0
水源涵养	3.20	0.80	0.60	15.50	20.40	0.03
土壤形成与保护	3.90	1.95	1.46	1.71	0.01	0.02
废物处理	1.31	1.31	1.64	18.18	18.20	0.01
生物多样性保护	3.26	1.09	0.71	2.50	2.49	0.34
食物生产	0.10	0.30	1.0	0.30	0.10	0.01
原材料	2.60	0.05	0.10	0.07	0.01	0
娱乐文化	1.28	0.04	0.01	5.55	4.34	0.01

利用单位面积生态系统服务价值当量表可算出研究区所有土地类型对应于 Costanza 等[5]所划分生态系统类型的生态价值系数(表3)。

表3 阿克苏河流域各土地利用/覆被类型所对应的生态系统类型及其生态价值系数

单位:元·hm^{-2}·a^{-1}

土地利用/覆被类型	相应生态系统类型	气体调节	气候调节	水源涵养	土壤形成与保护	废物处理	生物多样性保护	食物生产	原材料	娱乐文化	合计
耕地	农田	429.8	765	515.7	1 254.9	1 409.6	610.2	859.5	86	8.6	5 939.1
林地	森林	3 008.3	2 320.7	2 750.4	3 352.1	1 125.9	2 802	86	2 234.7	1 100.2	18 780.1

土地利用/覆被类型	相应生态系统类型	气体调节	气候调节	水源涵养	土壤形成与保护	废物处理	生物多样性保	食物生产	原材料	娱乐文化	合计
草地	草地	687.6	773.6	687.6	1 676	1 125.9	936.9	257.9	43	34.4	6 222.8
水域	水体	0	395.4	17 533.8	8.6	15 642.9	2 140.2	86	8.6	3 730.2	39 545.6
沼泽	湿地	1 547.1	14 697.5	13 322.3	1 469.7	15 625.7	2 148.8	257.9	60.2	4 770.2	53 899.2
其他未利用地	荒漠	0	0	25.8	17.2	8.6	292.2	8.6	0	8.6	361
建设用地	城镇	0	0	0	0	0	0	0	0	0	0

提取每种土地利用/覆被类型单位面积生态服务价值系数后,运用 Costanza 等[5]的计算方法来分析各种土地利用/覆被类型的生态系统服务价值和单项功能的服务价值,其算式如下:

$$ESV = \sum (A_k \times VC_k) \tag{3}$$

$$ESV_f = \sum (A_k \times VC_{fk}) \tag{4}$$

式中:ESV 为生态系统服务价值(元);A_k 为研究区第 k 种土地利用/覆被类型的面积(hm^2);VC_k 为第 k 种土地利用/覆被类型的单位面积生态系统服务价值系数(元·hm^{-2}·a^{-1});ESV_f 为生态系统第 f 项功能的服务价值(元);VC_{fk} 为第 k 种土地利用/覆被类型所对应生态系统第 f 项功能的服务价值系数(元·hm^{-2}·a^{-1})。

为了确定生态系统服务价值随时间的变化对生态服务价值指数的依赖程度,选取经济学中常用的弹性系数概念来计算价值指数的敏感性指数(CS)[6]。将各类土地利用/覆被类型的价值指数分别调整 50%,来衡量总生态系统服务价值的变化。如果 CS 大于1,表明生态系统服务价值相对于 VC 是富有弹性的;如果 CS 小于1,生态系统服务价值则被认为缺乏弹性。CS 值越大,表明生态服务价值指数的准确性越关键。敏感性指数的算式如下:

$$CS = \left| \frac{(ESV_j - ESV_i)/ESV_i}{(VC_{jk} - VC_{ik})/VC_{ik}} \right| \tag{5}$$

式中:ESV_i 和 ESV_j 分别表示初始的生态系统服务价值和生态服务价值指数调整后的生态系统价值。

2.3 阿克苏河流域的土地利用/覆被变化

阿克苏河流域总面积 5 108 008 hm^2,研究期间,该区的土地利用/覆被类型以草地和其他未利用地为主,在研究区总面积中占有绝对优势;沼泽和建设用地面积所占比例最小(表4)。在整个研究时段内,耕地、水域和建设用地面积逐渐增加,林地、沼泽和其他未利用地面积不断减少,草地面积先增后减,整体处于减少趋势。

表 4　阿克苏河流域土地利用/覆被类型的变化

土地利用/覆被类型	面积/hm²			1960—1990年			1990—2008年			1960—2008年		
	1960年	1990年	2008年	面积变化/hm²	净变化/%	净变化速度/%	面积变化/hm²	净变化/%	净变化速度/%	面积变化/hm²	净变化/%	净变化速度/%
耕地	291 977.6	372 896.8	545 338.9	80 919.2	27.7	0.8	172 442.1	46.2	2.1	253 361.4	86.8	1.3
林地	262 556.7	231 356.3	217 911.9	−31 200.4	−11.9	−0.4	−13 444.4	−5.8	−0.3	−44 644.8	−17.0	−0.4
草地	2 814 618.9	2 865 812.7	2 763 813.2	51 193.8	1.8	0.1	−101 999.4	−3.6	−0.2	−50 805.6	−1.8	0
水域	71 048.2	77 900.8	86 999.2	6 852.6	9.6	0.3	9 098.5	11.7	0.6	15 951.1	22.5	0.4
沼泽	29 334.8	12 395.3	6 673.4	−16 939.5	−57.7	−2.8	−5 721.9	−46.2	−3.4	−22 661.4	−77.3	−3.0
其他未利用地	1 624 133.1	1 524 109.7	1 450 783.7	−100 023.4	−6.2	−0.2	−73 326	−4.8	−0.3	−173 349.4	−10.7	−0.2
建设用地	14 339.0	23 536.7	36 487.7	9 197.7	64.1	1.7	12 951	55.0	2.5	22 148.7	154.5	2.0

2.4 阿克苏河流域生态系统服务价值的变化

由图1可以看出,研究区林地、沼泽、水域生态系统服务价值占总价值的比例远大于其土地面积在总土地面积中所占的比例;其他未利用地在整个研究时段内的面积比例均大于28.4%,但其在生态系统服务价值中所占比例均小于2.0%。造成这种格局的主要原因是研究区沼泽、林地、水域的生态系统服务价值系数远大于其他未利用地的价值系数。

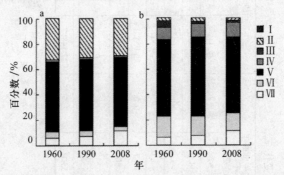

Ⅰ:建设用地;Ⅱ:其他未利用地;Ⅲ:沼泽;Ⅳ:水域;Ⅴ:草地;Ⅵ:林地;Ⅶ:耕地

图1 研究区土地利用/覆被类型面积结构(a)及生态系统服务价值结构(b)

2.5 敏感性分析

将研究区各土地利用/覆被类型的价值系数分别上下调整50%,计算价值系数调整后总生态系统服务价值变化的百分比,并估算出敏感性指数(表5)。

表5 调整生态系统服务价值后研究区总生态系统服务价值的变化及敏感性指数

土地利用类型	1960 年		1990 年		2008 年	
	变化百分比/%	敏感性指数	变化百分比/%	敏感性指数	变化百分比/%	敏感性指数
耕地	2.97	0.06	3.86	0.08	5.61	0.11
林地	8.46	0.17	7.57	0.15	7.09	0.14
草地	30.04	0.60	31.08	0.62	29.80	0.60
水域	4.82	0.10	5.37	0.11	5.96	0.12
沼泽	2.71	0.05	1.16	0.02	0.62	0.01
其他未利用地	1.01	0.02	0.96	0.02	0.91	0.02
建设用地	0.00	0.00	0.00	0.00	0.00	0.00

3 意义

基于遥感与GIS技术,运用中国陆地生态系统服务价值当量表,结合当地粮食产量与粮食平均收购价格,分析了1960—2008年阿克苏河流域生态系统服务价值的变化,探讨了干旱区跨境河流流域生态系统服务变化对土地利用/覆被变化(LUCC)的响应[3]。流域生态系统的服务价值模型表明:阿克苏河流域生态系统服务价值整体变化较小,总价值先减后增,沼泽、林地、草地面积的减少是总服务价值减少的主要原因,耕地和水域面积的增加补偿了总价值的部分损失,但损失略大于收益;各项生态功能的服务价值对总生态系统服务价值贡献大小的等级基本稳定。其中,土壤形成与保护和废物处理功能的贡献率最大;研究区生态系统服务价值大小及变化的空间差异较大,以流域下游的变化最频繁。敏感性分析表明,研究区内生态系统服务价值对服务价值指数缺乏弹性,研究结果具有稳健性。

参考文献

[1] Wang ZM, Zhang B, Zhang SQ. Study on the effects of land use change on ecosystem service values of Jilin Province. Journal of Natural Resources, 2004,19(1): 55 – 61.

[2] Liu WP, Wei WS, Yang Q, et al. Study on climate change in the Aksu River Basin since recent 40 years. Arid Zone Research, 2005,22(3): 336 – 340.

[3] 周德成,罗格平,许文强,等. 1960 – 2008 年阿克苏河流域生态系统服务价值动态. 应用生态学报. 2010,21(2):399 – 408.

[4] Xie GD, Lu CX, Leng YF, et al. Ecological assets valuation of the Tibetan Plateau. Journal of Natural Resources, 2003,18(2): 189 – 196.

[5] Costanza R, d'Arge R, de Groot R, et al. The value of the world's ecosystem services and natural capital. Nature, 1997,387: 253 – 260.

[6] Kreuter UP, Harris HG, Matlock MD, et al. Change in ecosystem service values in the San Antonio area, Texas. Ecological Economics, 2001,39: 333 – 346.

稻麦生育期的氮积累模型

1 背景

建立作物适宜氮素营养指标动态的定量化模型,可为作物生长特征的精确设计与实时调控提供参考标准,对推动作物栽培模式向智能化和数字化方向发展具有重要意义[1]。曹静等[2]以水稻和小麦为研究对象,运用系统分析方法和数学建模技术,根据作物生理发育时间(PDT)恒定的原理[3],以 PDT 为生育期预测器,动态计算了不同环境条件下的主要生育期以及播种到各主要生育期所需要的生长度日(GDD),对稻麦氮素营养指标以及播种到各主要生育期所需的 GDD 进行归一化处理,得到相对氮素营养指标和相对 GDD,通过量化分析相对氮素营养指标与相对 GDD 之间的动态关系,建立稻麦适宜氮素营养指标动态的设计模型,以期为水稻和小麦生长的实时调控提供参考标准。

2 公式

2.1 模型的构建

2.1.1 植株氮积累动态

作物在生长过程中需要吸收一定的养分,以满足植株正常的生长发育以及产量和品质的形成[4]。用式(1)来定量描述稻、麦适宜植株氮积累动态(ONA)。

$$ONA = RNA \times NUR \tag{1}$$

式中:RNA 为相对 GDD 时刻的相对植株氮积累量(式2);NUR 为作物整个生育期的氮需求量(式3)。

$$RNA = \frac{1.0557}{1 + b \times e^{-r \times RGDD_{sm}}} \tag{2}$$

$$NUR = GYT \times ND_h \tag{3}$$

式中:$RGDD_{sm}$ 为相对生长度日,其计算方法见式(4)。

$$RGDD_{sm} = \frac{GDD_{as}}{GDD_{sm}} \tag{4}$$

式中:GDD_{as} 为播种到某一时刻的生长度日;GDD_{sm} 为播种到成熟的生长度日;b、r 为待定系数;1.0557 为公式中的拟合系数,来源于对已有文献资料的归纳总结(以下同)。

式(2)中,当 $RGDD_{sm} = 0$ 时,$RNA = 1.0557/(1 + b)$。作物最初的植株氮积累量为籽粒中的氮积累量,所以系数 b 可以通过式(5)~式(6)来定量描述。

192

$$b = \frac{1.0557}{RNA_s} - 1 \tag{5}$$

$$RNA_s = \frac{SR \times GNC}{NUR} \tag{6}$$

式中:RNA_s 为播种时的相对植株氮积累量;SR 为单位面积播种量($kg \cdot hm^{-2}$),由用户提供或根据播种量设计知识模型[5]计算得到;GNC 为籽粒中的氮含量($kg \cdot kg^{-1}$);NUR 的意义同上。

系数 r 的计算方法:

$$r = -\frac{\ln\left(\dfrac{1.0557 - RNA_j}{RNA_j \times b}\right)}{RGDD_j} \tag{7}$$

式中:$RGDD_j$ 为拔节期的相对 GDD;RNA_j 为拔节期的相对植株氮积累量。高产条件下水稻拔节期的植株氮积累量约为水稻植株整个生育期总积累量的37%,小麦拔节期的植株氮积累量约为小麦植株整个生育期总积累量的42%[4]。

式(3)中,GYT 为目标产量,$kg \cdot hm^{-2}$,由用户提供或根据产量目标知识模型计算得到;ND_h kg 为百千克籽粒吸氮量,kg,可以根据以下公式计算:

$$ND_h = ND_{hym} \times \min(FY,1) - FV \tag{8}$$

式中:ND_{hym} 为高产条件下的百千克籽粒吸氮量,单位为 kg,可以通过高产条件下的历史数据获得,取值见表1;FY 为目标产量影响因子,可以通过式(9)计算得到;FV 为品种类型影响因子,水稻中籼稻取 0,粳稻取 0.2,杂交稻取 -0.1,小麦的 FV 计算见式(10)。

$$FY = \delta \times \frac{GYT}{GY_{max}} + \lambda \tag{9}$$

$$FV = \begin{cases} 0 & GPC \geqslant 14\% \\ \dfrac{1}{2} \times \left(\phi \times \dfrac{GYT}{GY_{max}} - \theta\right) & 11.5\% < GPC \\ \phi \times \dfrac{GYT}{GY_{max}} - \theta & GPC \leqslant 11.5\% \end{cases} \tag{10}$$

式中:GY_{max} 为决策地适宜条件下的最高产量,$kg \cdot hm^{-2}$;GPC 为籽粒蛋白质含量,%;α、β、δ、θ 为公式中的系数,它们的取值见表1。

表1　模型中采用的参数及其取值

取值	参数				
	ND_{hym}/kg	δ	λ	φ	θ
水稻	2.2	0.477 3	0.50	-	-
小麦	3.2	0.684 1	0.32	0.702 4	0.193 6

2.1.2　植株氮含量动态

根据适宜植株氮积累动态和植株干物质积累动态，可以计算得到稻、麦适宜植株氮含量动态（ONC），见式（11）。其中，植株干物质积累动态（ODMA）的计算方法见式（12）～式（19）。

$$ONC = \frac{ONA}{ODMA} \tag{11}$$

$$ODMA = DMA_{max} \times RDMA \tag{12}$$

式中：DMA_{max} 为植株干物质的最大积累量（$kg \cdot hm^{-2}$），可以近似地用作物收获时的植株干物质积累量来表示，见式（13），其中，HI 为收获指数。$RDMA$ 为 $RGDD$ 时刻的相对植株干物质积累动态（$kg \cdot hm^{-2}$），其计算见式（14）：

$$DMA_{max} = \frac{GYT}{HI} \tag{13}$$

$$RDMA = \frac{1.0032}{1 + a \times e^{-k \times RGDD_{sm}}} \tag{14}$$

式中：$RGDD_{sm}$ 的意义同上；a、k 为待定系数；1.003 2 为公式中的拟合系数。当 $RGDD_{sm} = 0$ 时，$RDMA = 1.003\ 2/(1 + a)$，由此可以计算出系数 a。

$$a = \frac{1.0032}{RDMA_s} - 1 \tag{15}$$

$$RDMA_s = \frac{SR \times R}{DMA_{max}} \tag{16}$$

式中：$RDMA_s$ 为播种时的相对植株干物质积累量；R 为种子中供前期生长用的营养物质比例，水稻取 0.92，小麦取 0.94[5]。

式（14）中系数 k 的计算方法见式（17）。

$$k = -\frac{\ln\left(\dfrac{1.003\ 2 - RDMA_i}{RDMA_i \times a}\right)}{RGDD_i} \tag{17}$$

式中：$RGDD_i$ 为某生育期的相对 GDD；$RDMA_i$ 为某生育期的相对植株干物质积累量。

综合分析文献资料表明[4]，水稻高产群体抽穗时的相对植株干物质积累量（RDM_{rh}）约为 0.62～0.72，小麦高产群体开花时的相对植株干物质积累量（RDM_{wf}）约为 0.56～0.62；且随着产量水平的提高，相对植株干物质积累量减小，其计算方法分别见式（18）和式（19）。

$$RDMA_{rh} = \begin{cases} 0.62 & GYT \leqslant 0.8GY_{max} \\ 0.71 - 0.15 \times \dfrac{GYT}{GY_{max}} & 0.8GY_{max} < GYT < GY_{max} \\ 0.56 & GYT \geqslant 0.8GY_{max} \end{cases} \tag{18}$$

$$RDMA_{wf} = \begin{cases} 0.72 & GYT \leqslant 0.8GY_{max} \\ 1.12 - 0.5 \times \dfrac{GYT}{GY_{max}} & 0.8GY_{max} < GYT < GY_{max} \\ 0.62 & GYT \geqslant GY_{max} \end{cases} \qquad (19)$$

2.2 模型的检验

采用国际上常用的观测值与模拟值之间的根均方差(RMSE)对模型模拟值与观测值之间的符合度进行统计分析,并绘制观测值与模拟值之间的1:1关系图,以直观展示模型的模拟能力和精度[6]。$RMSE$ 的计算方法见式(20):

$$RMSE = \sqrt{\dfrac{\sum_{i=1}^{n}(P_i - O_i)^2}{n}} \times \dfrac{100}{\bar{O}} \qquad (20)$$

模型模拟结果中,适宜条件下水稻和小麦主要生育期的相对 GDD 如表2所示,相对植株氮积累动态见图1。南京水稻和小麦不同类型品种不同产量等级的田间试验结果如表3所示。利用水稻和小麦不同品种、不同生育时期的植株氮积累量和氮含量对稻、麦适宜氮素营养指标动态模型进行了检验。结果表明,水稻在适宜条件下的植株氮积累量和氮含量的 $RMSE$ 平均值分别为0.1245和0.1316;小麦在适宜条件下的植株氮积累量和氮含量的 $RMSE$ 平均值分别为0.1166和0.1301。以模型模拟值和田间观测值作1:1关系图(图

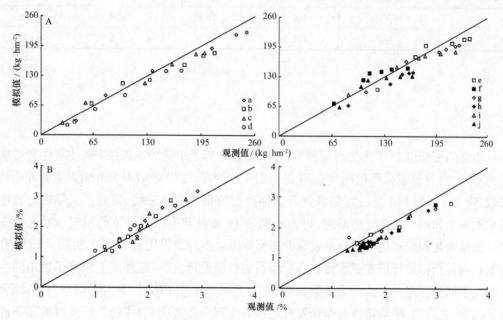

a:高产杂交稻;b:中产杂交稻;c:高产粳稻;d:中产粳稻;e:高产强筋小麦;f:中产强筋小麦;
g:高产中筋小麦;h:中产中筋小麦;i:高产弱筋小麦;j:中产弱筋小麦
图1 水稻和小麦植株氮积累量(A)及氮含量(B)的模拟值与观测值比较

1），可以看出模拟值与观测值之间具有较好的一致性。

表2 水稻和小麦主要生育期的相对 *GDD*

品种	拔节期	孕穗期	抽穗期	开花期	灌浆期	成熟期
水稻	0.19	0.35	0.57	0.78	0.84	1.00
小麦	0.25	0.58	0.62	0.78	0.86	1.00

表3 南京不同水稻和小麦品种不同产量等级下的产量及其构成

品种	产量等级	有效穗数 /($\times 10^4 \cdot hm^{-2}$)	每穗实粒数	重粒重/g	产量 /($kg \cdot hm^{-2}$)
两优培九	高产	226.9	176.0	26.0	10 382
	中产	212.1	163.0	25.0	8 643
武香粳14号	高产	201.2	162.0	29.0	9 499
	中产	175.1	156.0	28.0	7 920
预麦34	高产	503.6	32.9	46.5	7 704
	中产	426.6	32.5	45.3	6 281
扬麦	高产	493.7	42.5	37.2	7 805
	中产	421.9	40.0	36.8	6 210
宁麦9号	高产	488.7	45.9	34.4	7 716
	中产	427.1	42.0	33.6	6 027

3 意义

建立的模型以 *PDT* 为生育期预测器[2]，动态计算了不同环境条件下各主要生育时期所需的 *GDD*，并将氮素营养指标和 *GDD* 进行归一化处理，以相对 *GDD* 和相对氮素营养指标为参数，建立了水稻和小麦适宜氮素营养指标动态的相对变化曲线，得到了实际的适宜植株氮素积累量和植株氮含量的动态，可为不同环境、品种和生产条件下的稻麦诊断与管理调控提供精确化和数字化的适宜氮素营养指标体系。本模型采用基于 *PDT* 的相对 *GDD* 和相对氮素营养指标进行稻麦氮素营养指标动态的精确设计，在一定程度上消除了由不同生长状况及不同指标定量方法带来的数值差异，并且模型采用 *PDT* 作为生育期预测器，综合考虑了温度、光周期、灌浆特性对作物发育进程的生理生态效应，为作物生长发育的动态进程提供了普适性的时间尺度，模拟的准确性较高。模型中参数的确定不是通过简单的曲线拟合，而是综合考虑了品种、气象、土壤以及产量和品质目标对植株干物质积累、植株氮素积累及植株氮含量指标动态的影响，因而具有较强的实用性。

参考文献

[1] Cao WX. Intelligent crop culture: Combination of information science and crop culture science. Science and Technology Review, 2000,139(1): 37 – 41.

[2] 曹静,刘小军,汤亮,等. 稻麦适宜氮素营养指标动态的模型设计. 应用生态学报. 2010,21(2): 359 – 364.

[3] Cao WX, Luo WH. Crop System Simulation and Intelligent Management. Beijing: Higher Education Press, 2003.

[4] Ling QH. Crop Population Quality. Shanghai: Shanghai Science and Technology Press, 2000.

[5] Cao WX, Zhu Y. Crop Management Knowledge Model. Beijing: China Agricultural Press, 2005.

[6] Rinaldi M, Losavio N, Flagella Z. Evaluation and application of the OILCROP – SUN model for sunflower in southern Italy. Agricultural Systems, 2003,78: 17 – 30.

污染物排放的环境压力函数

1 背景

自工业革命以来,随着经济的持续增长,特别是城市化和工业化步伐的不断加快,人类活动对生态系统的干扰越来越强烈,随之而来的是一系列生态环境问题的加剧。结构分解分析(SDA)模型是将因变量的变动分解为若干自变量变动之和,从而测算各自变量变动对因变量变动贡献的大小[1],该模型有助于揭示环境压力与各驱动因子之间的关系,从而可更好地解释经济增长与环境压力关系的动态变化。张子龙等[2]运用 SDA 模型,基于以环境污染物排放为表征的环境压力函数,构建了用于解释和分析"经济增长 – 环境压力"关系动态变化的驱动因子及其影响程度的方法,分析了甘肃省 1990—2005 年经济增长与环境压力的时序关系以及甘肃环境压力变化与各驱动因子之间的关系,以期为缓解经济发展带来的环境压力及制订环境政策提供科学的参考依据。

2 公式

基于经济与环境系统之间的物质交换和流动,环境压力不仅要考虑物质流动的平衡与效率,还需考虑物质流对于生态系统的规模与总量效应[3]。t 年份经济水平下的环境压力(S_t)公式如下:

$$S_t = O_t \cdot U_t \tag{1}$$

式中:O_t 为 t 年份的经济产出;U_t 为 t 年份单位产出的环境需求(或环境使用)。S_t 为经济与环境系统之间物质 – 能量的实物流量,其由经济系统的物质投入(M_t)和经济系统向环境的排放(污染,W_t)两部分构成,据此,式(1)可变为:

$$S_t = O_t \cdot U_t(M_t, W_t) \tag{2}$$

式中:$U_t(M_t, W_t)$ 为单位产出的物质投入和污染物排放量的函数。

S_t 又可分解为人口、人均收入或人均福利、单位物质福利带来的环境压力,其公式如下:

$$S_t = P_t \cdot y_t \cdot E_t(M_t, W_t) \tag{3}$$

式中:P_t 为 t 年份的人口数;y_t 为 t 年份的人均国内生产总值(GDP);$E_t(M_t, W_t)$ 为 t 年份单位物质福利带来的环境压力。

198

为了便于分析,本研究仅考虑经济系统对环境污染产生的环境压力,即:

$$S_t = P_t \cdot y_t \cdot E_t(W_t) \tag{4}$$

以污染物排放为表征的环境压力(S_t)可表示如下:

$$S_t = P_t y_t \frac{W_{t,j}}{Y_t} \text{ 或 } S_t = P_t y_t I_{it} \tag{5}$$

式中:Y_t 为 t 年份的 GDP;$W_{t,i}$ 为 t 年份第 i 种污染物的排放量;I_{it} 为 t 年份第 i 种污染物单位 GDP 的排放量,即排放强度。

可持续性评价的经典等式将人类的环境影响(I)分解成人口(P)、富裕(A)和技术(T)3种驱动因素的联合影响[4]。式(5)将以废弃物为表征的环境压力分解为人口、人均收入(即财富)和单位 GDP 的排放量(即技术)3种驱动因素的影响。下一步将运用结构分解分析,对环境压力函数进行分解,以明确各因素对环境压力变化的影响。

根据修正后的 Laspeyres 方法,可以得到人口因子、经济增长因子和技术因子变化对以污染物排放为表征的环境压力变化的影响程度,分别用 $\Delta P_i^{\text{effect}}$、$\Delta y_i^{\text{effect}}$、$\Delta I_i^{\text{effect}}$ 表示:

$$\begin{cases} \Delta S_i = S_t - S_0 = \Delta P_i^{\text{effect}} + \Delta y_i^{\text{effect}} + \Delta I_i^{\text{effect}} \\ \Delta P_i^{\text{effect}} = \Delta P y_0 I_{i0} + \frac{1}{2}(\Delta p \Delta y i_0) + \frac{1}{2}(\Delta P y_0 \Delta I_i) + \frac{1}{3}(\Delta P \Delta y \Delta I_i) \\ \Delta y_i^{\text{effect}} = P_0 \Delta y I_{i0} + \frac{1}{2}(\Delta P \Delta y I_{i0}) + \frac{1}{2}(P \Delta y_0 \Delta I_{i0}) + \frac{1}{3}(\Delta P \Delta y \Delta I_i) \\ \Delta I_i^{\text{effect}} = P_0 y_0 \Delta I_i + \frac{1}{2}(\Delta P y_0 \Delta I_i) + \frac{1}{2}(P_0 \Delta y \Delta I_i) + \frac{1}{3}(\Delta P \Delta y \Delta I_i) \end{cases} \quad (i = 1,2,3) \tag{6}$$

根据以上公式分析以污染物排放为表征的环境压力与驱动因子关系的结构(表1)。可以看出,总体上经济增长因素对甘肃省环境压力的增大具有显著的正效应,即经济增长加大了对环境的压力。三因素对工业固体废弃物排放的累积综合效应为1.15,低于对废气的累积综合效应值,这正是工业固体废弃物排放量的上升速度比废气排放量慢的原因。

表1 以污染物排放为表征的环境压力与驱动因子关系的结构分解分析

时段	废水排放			废气排放			工业固体废弃物排放		
	$\Delta P_1^{\text{effect}}$	$\Delta y_1^{\text{effect}}$	$\Delta I_1^{\text{effect}}$	$\Delta P_2^{\text{effect}}$	$\Delta y_2^{\text{effect}}$	$\Delta I_2^{\text{effect}}$	$\Delta P_3^{\text{effect}}$	$\Delta y_3^{\text{effect}}$	$\Delta I_3^{\text{effect}}$
1990—1991 年	0.01	0.10	-0.13	0.01	0.10	0.01	0.02	0.11	0.16
1991—1992 年	0.01	0.14	-0.14	0.17	-0.13		0.02	0.18	-0.35
1992—1993 后	0.01	0.14	-0.18	0.02	0.17	-0.14	0.02	0.17	-0.11
1993—1994 年	0.01	0.17	-0.17	0.02	0.23	-0.08	0.02	0.22	-0.16
1994—1995 年	0.02	0.17	-0.13	0.03	0.24	-0.29	0.03	0.23	-0.17
1995—1996 年	0.01	0.24	-0.27	0.02	0.33	-0.33	0.02	0.32	-0.35

续表

时段	废水排放			废气排放			工业固体废弃物排放		
	$\Delta P_1^{\text{effect}}$	$\Delta y_1^{\text{effect}}$	$\Delta I_1^{\text{effect}}$	$\Delta P_2^{\text{effect}}$	$\Delta y_2^{\text{effect}}$	$\Delta I_2^{\text{effect}}$	$\Delta P_3^{\text{effect}}$	$\Delta y_3^{\text{effect}}$	$\Delta I_3^{\text{effect}}$
1996—1997 年	0.01	0.07	-0.18	0.02	0.11	-0.01	0.01	0.11	-0.03
1997—1998 年	0.01	0.09	-0.09	0.01	0.14	-0.08	0.01	0.14	0.01
1998—1999 年	0.01	0.05	-0.17	0.01	0.09	-0.16	0.01	0.09	-0.11
1999—2000 年	0	0.03	-0.19	0	0.07	0.01	0.01	0.07	-0.07
2000—2001 年	0	0.05	-0.13	0.01	0.12	-0.14	0.01	0.11	-0.49
2001—2002 年	0	0.04	-0.07	0.01	0.12	-0.02	0.01	0.10	0.30
2002—2003 年	0	0.06	-0.03	0.01	0.21	0.36	0.01	0.19	0.11
2003—2004 年	0	0.09	-0.16	0.01	0.37	-0.56	0.01	0.33	-0.28
2004—2005 年	0	0.10	-0.14	-0.02	0.49	-0.17	-0.02	0.45	-0.34

3 意义

　　基于宏观环境经济学思想，建立了以污染物排放为表征的环境压力函数[2]，并运用结构分解分析（SDA）模型，结合"修正后的 Laspeyres 方法"，构建了用于分析和解释"经济增长 – 环境压力"关系动态变化的驱动因子及其影响程度的方法，并分析了 1990—2005 年甘肃省经济增长与环境压力之间时序关系的变化趋势以及各驱动因素对时序关系变化的影响程度。污染物排放的环境压力函数表明：甘肃省由污染物排放所产生的环境压力主要是由经济增长过程中产生的废气和工业固体废弃物所致，且环境压力在后期呈现出较快的增长趋势；人口因素对甘肃省环境压力变化的影响不大，经济增长因素对环境压力增大具有明显的正向效应，而技术因素则相对表现出抑制效应，但不足以抵消经济增长带来的正向效应，且经济增长和技术因素对环境压力的影响程度视不同类型污染物而有所差异。

参考文献

[1] Bruijn SM. Economic Growth and the Environment：An Empirical Analysis. Dordrecht：Kluwer Academic Publishers，2000.

[2] 张子龙，陈兴鹏，杨静，等.甘肃省经济增长与环境压力关系动态变化的结构分解分析.应用生态学报.2010.21(2):429 – 433.

[3] Daly H. Steady State Economics：Second Edition with New Essays. Washington：Island Press，1991.

[4] Xu ZM, Cheng GD, Qiu GY. Impacts identify of sustainable assessment. Acta Geographica Sinica, 2005, 60(2):198 – 208.

长白山地区的降水模型

1 背景

多时间尺度分析可以展现降水序列在不同时间尺度上的丰枯变化和周期特征,长白山地区降水变化的多时间尺度分析,对研究中国东北地区乃至整个东亚地区的气候变化规律具有重要意义。胡乃发等[1]运用小波分析方法,对1959—2006年长白山地区6个站点的降水时间序列变化特征和规律进行了研究,分析了生长季、降雪季和年降水量的结构和周期变化,旨在为该地区河流水库的调蓄和降水预测提供依据。

2 公式

2.1 资料的选取及预处理

本研究选择植被生长季(5—9月)和降雪季(11月至次年4月)各站月降水量与全年降水量的平均值进行分析,对天池站缺测资料用同时段多年平均值进行插补。为消除月际变化的影响,分别对生长季和降雪季序列进行距平比率计算,对距平比率序列进行连续小波变换。距平比率的计算公式如下:

$$R_{j,i} = \frac{x_{j,i} - \overline{X}_i}{\overline{X}_i} \tag{1}$$

式中:$x_{j,i}$ 为第 j 年第 i 月的降水量(mm);$\overline{X}_i$ 为第 i 月降水量的多年平均值(mm);$R_{j,i}$ 为第 j 年第 i 月的降水量距平比率。

2.2 小波变换

小波是函数空间 $L^2(R)$ 中满足下述条件的一个函数或信号。

$$C_\phi = \int_{R^*} \frac{|\phi(x)|^2}{|x|} dx < \infty \tag{2}$$

式中:R^* 为非零实数体;$\psi(x)$ 为小波母函数。小波母函数依赖于任意的实数对(a 和 b,其中,参数 a 必须为非零实数)所产生的函数形式[2]:

$$\phi_{(a,b)}(x) = \frac{1}{\sqrt{|a|}} \phi\left(\frac{x-b}{a}\right) \tag{3}$$

对于任意的函数或信号 $f(x)$ 的连续小波变换为:

$$W_{f(a,b)} = \int_R f(x) \overline{\phi}_{(a,b)}(x) dx = \frac{1}{\sqrt{|A|}} \int_R f(x) \overline{\phi}\left(\frac{x-b}{a}\right) dx \tag{4}$$

式中:a 为尺度因子;b 为平移因子;$W_f(a,b)$ 为小波系数。

连续小波变换的重构(逆变换)公式为:

$$f(x) = \frac{1}{C_\phi} \int_{-\infty}^{\infty} \int_{-\infty}^{\infty} \frac{1}{|a|^2} W_{f(a,b)} \phi\left(\frac{x-b}{a}\right) da db \tag{5}$$

定义函数 $\varphi(T) \in L^2R$ 为尺度函数,其在 $L^2(R)$ 空间张成的闭子空间为 V_0,则任意函数 $f(T) \in V_0$ 可分解成高频部分(d_1)与低频部分(a_1)。低频部分进一步分解可得到任意分辨率下的高频部分与低频部分,算法[3] 如下:

$$a_{j+1,k} = \sum_m h_0(m-2k) a_{j,m} \tag{6}$$

$$d_{j+1,k} = \sum_m h_1(m-2k) d_{j,m} \tag{7}$$

式中:j 为分解尺度(分辨率);k、m 为平移系数;$a_{j+1,k}$ 为尺度系数(低频成分);$d_{j+1,k}$ 为小波系数(高频成分);$h_0(n)$、$h_1(n)$ 分别为低通和高通滤波器。

分解得到的低频和高频成分可以反映降水时间序列的趋势、周期等特征,利用小波系数的重构公式还可以预测降水序列,其重构公式为:

$$a_{j-1,m} = \sum_k a_{j,k} h_0(m-2k) + \sum_k d_{j,k} h_1(m-2k) \tag{8}$$

本研究利用 Matlab 小波分析工具箱中的 morlet 小波[4] 为小波母函数,对长白山地区降水时间序列进行连续小波变换。morlet 小波是具有解析表达式的小波,虽然不具备正交性,但能满足连续小波变换的可允许条件,且具有良好的时、频局部性,其解析形式如下:

$$\kappa(x) = Ce^{-x^2/2}\cos(5x) \tag{9}$$

2.3 小波方差分析

在一定的时间尺度下,小波方差表示时间序列在该尺度中周期波动的强弱(能量大小),小波方差随尺度的变化过程能反映时间序列中所包含的各种时间尺度(周期)及其强弱(能量大小)随尺度的变化特征。通过小波方差可以判断一个时间序列中起主要作用的周期。小波方差的算式[5] 如下:

$$W_{p(a)} = \int_{-\infty}^{\infty} |W_f(a,b)|^2 db \tag{10}$$

根据上面公式对长白山地区降水时间序列的小波方差分析如图 1 所示。可见,不同的时间尺度都表现出一定的周期性特征。

3 意义

基于长白山地区松江、东岗、长白、和龙、临江和天池 6 个气象站 1959—2006 年的月均

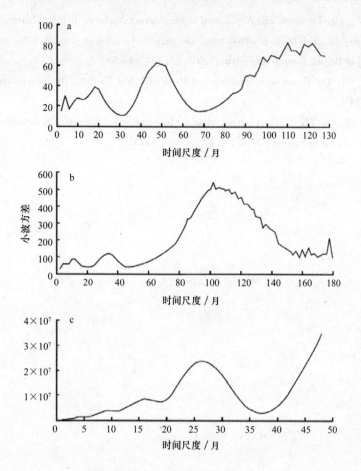

图1 各降水时间序列的小波方差

降水量和年降水量数据,采用 Morlet 小波分析方法[1],对 1959—2006 年长白山地区植被生长季(5—9 月)降水量、降雪季(11 月至次年 4 月)降水量和年降水量序列进行多尺度特征分析,并运用 Daubechies 小波系中的 db5 小波对各降水序列进行不同层次的分解和低频重构,对重构序列进行了趋势识别和分析。结果表明:研究期间,长白山地区植被生长季降水量存在 3 ~ 6 a、10 ~ 13 a 和 24 ~ 30 a 的特征周期;降雪季降水量存在 1 ~ 2 a、5 ~ 7 a 和 17 ~ 20 a 的特征周期;年降水存在 8 ~ 10 a、16 ~ 20 a、25 ~ 30 a 的特征周期;研究区年降水量序列呈现整体下降的趋势。

参考文献

[1] 胡乃发,王安志,关德新,等. 1959—2006 年长白山地区降水序列的多时间尺度分析. 应用生态学报. 2010,21(3):549 – 556.

[2] Yang FS. Wavelet Transform and Application of Engineering Analysis. Beijing: Science Press,2000.

[3] Liu JM, Wang AZ, Pei TF,et al. Flow trend and periodic variation of Zagunao River using wavelet analysis. Journal of Beijing Forestry University, 2005,27(4): 49 – 55.

[4] Gao Z, Yu XH. The Theory and Application of Matlab Wavelet Toolbox. Beijing: National Defense Industry Press, 2004.

[5] Xu YQ, Li SC, Cai YL. Study of rainfall variation based on wavelet analysis in the HebeiPlain. Science in China Series D: Earth Science, 2004,34(12):1176 – 1183.

膜孔灌溉的入渗模型

1 背景

覆膜灌溉具有提高地温、改善土壤养分、促进根系发育和改善土壤性状等优点。采用地膜覆盖不仅可改善常规灌溉的生态环境,还能有效地控制杂草生长和病虫害的发生。膜孔入渗特性与数学模型研究是膜孔灌溉方案设计和灌水质量评价的基础[1]。孙秀娟等[2]对不同开孔率和膜孔直径下膜孔控制区域的平均入渗水深进行数值模拟,建立了以黏粒含量、开孔率和膜孔直径等因素为自变量的膜孔灌溉点源平均入渗水深通用模型,以期为确定膜孔灌溉灌水技术要素的合理组合提供技术支撑。

2 公式

2.1 数学模型

膜孔入渗为充分供水条件下的三维入渗,假设土壤为各向同性均质,忽略水分流动时的空气阻力和温度势作用,则膜孔灌溉土壤水分运动的偏微分方程为:

$$C(\phi_m) = \frac{\partial \phi}{\partial t} = \frac{\partial}{\partial x}\Big[K(\phi_m)\frac{\partial \phi}{\partial x}\Big] + \frac{\partial}{\partial y}\Big[K(\phi_m)\frac{\partial \phi}{\partial y}\Big] + \frac{\partial}{\partial z}\Big[K(\phi_m)\frac{\partial \phi}{\partial z}\Big] + \frac{\partial K(\partial_m)}{\partial z} \tag{1}$$

式中:$C(\phi_m)$ 为比水容量(cm^{-1});ϕ_m 为基质势(cm);ϕ 为总水势(cm);t 为入渗时间(min);x 为横坐标(cm);y 为纵坐标(cm);z 为垂直坐标(cm),向上为正,向下为负;$K(\phi_m)$ 为非饱和导水率($cm \cdot min^{-1}$)。

2.2 水力特性参数的分析方法

为分析膜孔入渗特性,确定膜孔灌溉的合理灌水技术要素,将累积入渗量折算成膜孔控制区域面积上的平均入渗水深。平均入渗水深符合 Kostiakov 模型,公式如下:

$$Z = kt^{\alpha} \tag{2}$$

式中:Z 为平均入渗水深(cm);k 为入渗系数($cm \cdot min^{-1}$);α 为入渗指数。

2.3 膜孔灌溉点源平均入渗水深的数学模型

当土壤质地和容重相同时,入渗系数 k 与开孔率和膜孔直径的通用模型[3]如下:

$$Z = A\Big(\frac{\rho^{1.12}}{D^{0.68}}\Big)t^{B-P} \tag{3}$$

205

结合 $k = A\dfrac{\rho^{1.12}}{D^{0.68}}$、$\alpha = B - P$,利用表 1 中的 k 值和 α 值拟合得出不同土壤的 A、B 值及模型的相关系数 R^2。由表 2 可以看出,不同质地土壤的模型相关系数均在 0.98 以上,说明该通用模型的适用性较高。

表 1 典型土壤不同开孔率和膜孔直径条件下 Kostiakov 入渗参数的拟合值

样本	ρ/%	d/m	D/m	K	α	样本	ρ/%	d/m	D/m	K	α	样本	ρ/%	d/m	D/m	K	α
	2.18	18	3	2.042 0	0.929 8		2.18	18	3	0.102 1	0.903 8		2.18	18	3	0.242 4	0.903 2
		24	4	1.476 7	0.921 9			24	4	0.077 8	0.904 6			24	4	0.179 4	0.908 1
		30	5	1.262 7	0.929 3			30	5	0.068 7	0.894 0			30	5	0.137 2	0.920 8
	3.14	10	2	3.832 7	0.943 8		3.14	10	2	0.196 1	0.915 9		3.14	10	2	0.434 2	0.934 9
S₁		15	3	2.951 1	0.925 4	S₂		15	3	0.156 4	0.890 3	S3		15	3	0.367 3	0.889 0
		20	4	2.174 2	0.915 2			20	4	0.117 2	0.895 2			20	4	0.266 9	0.899 8
	4.91	12	3	4.614 5	0.922 0		4.91	12	3	0.242 4	0.903 2		4.91	12	3	0.616 3	0.867 4
		16	4	3.423 9	0.906 0			16	4	0.179 4	0.908 1			16	4	0.431 5	0.889 4
		20	5	2.893 2	0.916 1			20	5	0.137 2	0.920 8			20	5	0.333 1	0.901 6
	2.18	18	3	0.762 4	0.922 2		2.18	18	3	2.519 8	0.931 6		2.18	18	3	0.007 5	0.922 2
		24	4	0.575 4	0.911 1			24	4	1.978 1	0.916 8			24	4	0.006 5	0.908 7
		30	5	0.474 2	0.921 8			30	5	1.55 17	0.930 5			30	5	0.005 4	0.908 0
	3.14	10	2	0.413 8	0.931 4		3.14	10	2	5.175 5	0.946 1		3.14	10	2	0.025 7	0.864 0
S₄		15	3	1.110	0.917 0	S₅		15	3	3.637 0	0.927 7	S₆		15	3	0.012 6	0.901 3
		20	4	0.847 4	0.902 3			20	4	2.871 4	0.909 5			20	4	0.010 2	0.896 9
	4.91	12	3	1.749 0	0.911 3		4.91	12	3	5.681 9	0.924 2		4.91	12	3	0.010 2	0.896 9
		16	4	1.348 7	0.892 9			16	4	4.217 7	0.907 6			16	4	0.016 8	0.880 5
		20	5	1.100 8	0.909 7			20	5	3.569 6	0.914 8			20	5	0.015 8	0.872 7
	2.18	18	3	0.007 7	0.876 9		2.18	18	3	1.206 3	0.953 1		2.18	18	3	0.195 0	0.951 7
		24	4	0.006 1	0.873 0			24	4	0.991 6	0.932 0			24	4	0.175 3	0.922 2
		30	5	0.005 2	0.869 5			30	5	0.853 8	0.920 1			30	5	0.140 1	0.927 9
	3.14	10	2	0.018 0	0.860 8		3.14	10	2	2.499 4	0.944 7		3.14	10	2	0.481 5	0.902 7
S₇		15	3	0.013 2	0.854 5	S₈		15	3	1.765 2	0.946 0	S₉		15	3	0.300 2	0.935 0
		20	4	0.010 4	0.853 1			20	4	1.432 2	0.929 6			20	4	0.262 5	0.912 0
	4.91	12	3	0.026 4	0.820 4		4.91	12	3	2.843 5	0.930 5		4.91	12	3	0.510 6	0.911 0
		16	4	0.020 0	0.822 8			16	4	2.244 5	0.926 4			16	4	0.357 2	0.924 8
		20	5	0.018 2	0.814 1			20	5	2.004 4	0.897 6			20	5	0.362 5	0.892 7

膜孔灌溉的入渗模型

样本	ρ/%	d/m	D/m	K	α	样本	ρ/%	d/m	D/m	K	α	样本	ρ/%	d/m	D/m	K	α
S10	2.18	18	3	0.471 8	0.951 9	S11	2.18	18	3	0.318 0	0.913 6	S12	2.18	18	3	0.337 2	0.919 7
		24	4	0.355 0	0.959 3			24	4	0.263 4	0.904 7			24	4	0.281 4	0.906 5
		30	5	0.313 6	0.941 1			30	5	0.207 8	0.914 0			30	5	0.224 4	0.914 0
	3.14	10	2	0.982 7	0.944 5		3.14	10	2	0.696 3	0.897 8		3.14	10	2	0.749 9	0.895 4
		15	3	0.698 1	0.941 8			15	3	0.501 1	0.886 9			15	3	0.529 0	0.894 2
		20	4	0.529 9	0.947 4			20	4	0.397 8	0.891 3			20	4	0.424 3	0.893 4
	4.91	12	3	1.109 0	0.932 3		4.91	12	3	0.864 4	0.851 6		4.91	12	3	0.920 3	0.855 6
		16	4	0.755 3	0.950 6			16	4	0.580 0	0.886 7			16	4	0.629 4	0.886 0
		20	5	0.760 6	0.914 2			20	5	0.519 5	0.885 1			20	5	0.576 0	0.877 2
S13	2.18	18	3	0.305 9	0.943 9	S14	2.18	18	3	0.012 7	0.921 4	S15	2.18	18	3	0.049 2	0.951 0
		24	4	0.239 5	0.928 0			24	4	0.010 7	0.914 0			24	4	0.043 6	0.929 4
		30	5	0.225 0	0.914 3			30	5	0.009 6	0.905 1			30	5	0.035 7	0.930 1
	3.14	10	2	0.700 1	0.884 7		3.14	10	2	0.033 8	0.887 9		3.14	10	2	0.096 5	0.959 1
		15	3	0.473 0	0.925 1			15	3	0.023 6	0.884 6			15	3	0.070 5	0.950 9
		20	4	0.352 4	0.921 2			20	4	0.017 5	0.897 1			20	4	0.066 1	0.919 9
	4.91	12	3	0.804 6	0.897 2		4.91	12	3	0.051 2	0.832 9		4.91	12	3	0.111 1	0.949 4
		16	4	0.582 8	0.904 5			16	4	0.026 2	0.891 4			16	4	0.109 0	0.908 5
		20	5	0.546 6	0.891 0			20	5	0.031 0	0.854 8			20	5	0.089 4	0.909 6
S16	2.18	18	3	0.237 7	0.862 2	S17	2.18	18	3	0.213 1	0.953 2	S18	2.18	18	3	0.076 6	0.913 1
		24	4	0.114 4	0.945 5			24	4	0.158 6	0.965 7			24	4	0.049 3	0.938 9
		30	5	0.169 0	0.844 9			30	5	0.139 4	0.957 6			30	5	0.054 2	0.895 9
	3.14	10	2	0.284 1	0.964 3		3.14	10	2	0.403 3	0.970 3		3.14	10	2	0271 7	0.805 6
		15	3	0.495 3	0.776 7			15	3	0.326 8	0.936 1			15	3	0.126 9	0.885 5
		20	4	0.167 8	0.941 3			20	4	0.243 4	0.948 3			20	4	0.074 8	0.929 2
	4.91	12	3	2.117	0.510 1		4.91	12	3	0.528 4	0.923 2		4.91	12	3	0.253 3	0.833 7
		16	4	0.256 4	0.932 7			16	4	0.423 4	0.918 2			16	4	0.111 7	0.924 3
		20	5	1.011 8	0.601 0			20	5	0.352 6	0.925 1			20	5	0.176 3	0.825 3
S19	2.18	18	3	0.199 4	0.847 0	S20	2.18	18	3	0.130 8	0.881 3	S21	2.18	18	3	0.223 3	0.944 9
		24	4	0.079 9	0.967 7			24	4	0.067 2	0.949 0			24	4	0.174 4	0.941 9
		30	5	0.122 1	0.873 4			30	5	0.082 8	0.890 1			30	5	0.149 9	0.930 8
	3.14	10	2	0.229 0	0.946 8		3.14	10	2	0.181 5	0.953 8		3.14	10	2	0.433 1	0.960 2
		15	3	0.395 6	0.773 8			15	3	0.242 4	0.892 3			15	3	0.326 7	0.939 3
		20	4	0.119 2	0.958 7			20	4	0.105 1	0.933 3			20	4	0.263 3	0.929 3
	4.91	12	3	1.521 1	0.551 9		4.91	12	3	0.526 3	0.749 6		4.91	12	3	0.523 7	0.930 0
		16	4	0.201 1	0.928 1			16	4	0.157 6	0.930 1			16	4	0.398 9	0.919 3
		20	5	0.665 9	0.677 1			20	5	0.303 6	0.789 1			20	5	0.377 0	0.902 0

注:ρ 为开孔率;d 为膜孔间距;D 为膜孔直径。

表 2 典型土壤的拟合参数

样本	A	B	R^2
S_1	279.64	0.955	0.982 8
S_2	15.12	0.923	0.985 4
S_3	33.63	0.933	0.968 5
S_4	106.45	0.945	0.986 1
S_5	354.04	0.955	0.983 4
S_6	1.29	0.962	0.987 2
S_7	1.35	0.952	0.985 5
S_8	180.33	0.974	0.983 1
S_9	31.37	0.924	0.986 2
S_{10}	67.66	0.925	0.982 9
S_{11}	48.69	0.943	0.984 6
S_{12}	52.28	0.919	0.983 7
S_{13}	47.38	0.966	0.985 5
S_{14}	2.31	0.852	0.982 4
S_{15}	7.66	0.976	0.983 5
S_{16}	37.47	0.852	0.984 2
S_{17}	31.33	0.976	0.983 3
S_{18}	12.29	0.915	0.986 7
S_{19}	27.96	0.868	0.985 6
S_{20}	18.09	0.910	0.987 8
S_{21}	32.62	0.965	0.986 6

黏粒含量和土壤容重是影响土壤水分入渗的 2 个重要因素,与通用模型系数 A、B 可能存在一定关系。为快速和准确地确定系数 A、B,以提高通用模型的适用性,本研究分析和建立了模型系数 A、B 分别与黏粒含量和土壤容重的函数关系,其关系式如下:

$$A = 160.49 \cdot \gamma_d^{-4.335\,4} \quad (R = 0.332\,2) \tag{4}$$

$$A = 0.749\,9 \cdot \lambda^{-2.351\,9} \quad (R = 0.9183) \tag{5}$$

$$B = 0.083\,7 \cdot \gamma_d + 0.801\,9 (R = 0.110\,4) \tag{6}$$

$$B = 1.013\,4 - 0.462\,6\lambda \quad (R = 0.561\,2) \tag{7}$$

式中:λ 为黏粒含量;γ_d 为土壤容重。黏粒含量较低时,参数 A、B 与 λ 的相关性较差,因此本研究利用黏粒含量较高时($\lambda > 10\%$)的土壤样本数据建立通用模型。

将式(5)和式(7)代入式(3),便可得到不同土壤质地和土壤容重条件下,膜孔灌溉平均入渗水深与灌水时间的通用模型:

$$Z = 0.749\ 9\lambda^{-2.351\ 9}\left(\frac{\rho^{1.12}}{D^{0.68}}\right)t^{1.013\ 4-0.462\ 6\lambda-\rho} \tag{8}$$

2.4 模型验证

为了验证通用模型的适用性,取黄土高原典型土壤(洛川中壤土)对本研究所建模型进行验证。不同膜孔直径和开孔率条件下,洛川中壤土($\lambda = 11.30\%$,$\gamma_d = 1.30\ \text{g}\cdot\text{cm}^{-1}$)的点源入渗模型为:

$$Z = 126.47(\rho^{1.12}/D^{0.68})t^{0.961\ 1-\rho} \tag{9}$$

由图1可以看出,除入渗的初始阶段和个别点不稳定外,洛川中壤土入渗平均水深模拟值与实测值的一致性良好。

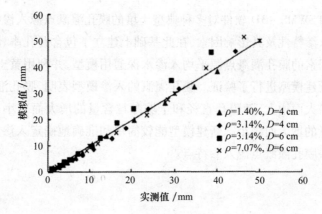

ρ:开孔率;D:膜孔直径

图1 黄土高原典型土壤膜孔点源入渗水深模拟值与实测值的对比

建立本研究模型所依据土样的黏粒含量较高(一般大于10%),土样黏粒含量为29.7%、土壤容重为1.30 g·cm^{-3}、膜孔间距为11.2 cm,该土样符合本研究新建模型的适用条件,单膜孔入渗系数值折算为膜孔控制区域单位面积的入渗系数值[4],然后用式(5)、式(7)分别确定模型系数 A、B 分别为13.03 和0.876,得出该粉土入渗通用模型为:

$$Z = 13.03(\rho^{1.12}/D^{0.68})t^{0.876\ 0-\rho} \tag{10}$$

由表3可以看出,本研究所建模型计算出的 Kostiakov 模型中的入渗参数与文献[4]中通过试验测得的入渗参数数值比较接近,相对误差较小,说明本研究所建模型的适用性较强,模型计算精度较高。

表3   典型土壤膜孔入渗 Kostiakov 模型参数计算值与文献试验值的对比

膜孔直径 /mm	$K/(\mathrm{mm \cdot min^{-1}})$			α		
	文献[4]	模型计算	相对误差/%	文献[4]	模型计算	相对误差/%
2.0	0.029	0.027	4.78	0.827 9	0.850 9	2.78
3.0	0.049	0.051	5.38	0.872 1	0.819 6	6.01
3.6	0.051	0.068	25.09	0.864 6	0.794 9	8.07
5.0	0.090	0.114	21.02	0.852 9	0.719 5	15.64

3   意义

应用 RETC 和 SWMS - 3D 软件对多种典型土壤的膜孔灌溉点源入渗特性进行模拟[2],分析了膜孔灌溉入渗特性及其影响因素,在此基础上建立了包含开孔率、膜孔直径、黏粒含量和土壤容重等因素的膜孔灌溉点源平均入渗水深通用模型,并利用黄土高原典型土壤的室内试验资料对所建模型进行了验证。膜孔灌溉的入渗模型表明,膜孔灌溉条件下的入渗系数随开孔率的增大而增大,随膜孔直径和土壤黏粒含量的增大而减小;入渗指数随开孔率和土壤黏粒含量的增大而减小。新建模型能较简单和准确地确定入渗系数和入渗指数,可以较准确地反映膜孔灌溉点源入渗特点。

参考文献

[1]   Wu JH, Fei LJ, Wang WY. Study on the infiltration characteristics of single filmed hole and its mathematical model under filmed hole irrigation. Advances in Water Science, 2001,12(3): 307 - 311.

[2]   孙秀娟,马孝义,刘继龙,等.膜孔灌溉条件下点源平均入渗水深的数学模拟.应用生态学报.2010,21(3):654 - 660.

[3]   Ma XY, Fan YW, Wang SL, et al. The simplified infiltration model of film hole irrigation and its validation. Transactions of the Chinese Society for Agricultural Machinery, 2009,40(8): 67 - 73.

[4]   Li FW, Fei LJ. Experimental study influential factors of multiple point sources from film holes interference infiltration. Transactions of the Chinese Society for Agricultural Engineering, 2001,17(6): 26 - 30.

玉米的蒸散模型

1 背景

蒸散是植被及地面整体向大气输送的水汽总通量,主要包括植被蒸腾、土壤水分蒸发及截留降水或露水的蒸发[1],作为能量平衡及水循环的重要组成部分,蒸散不仅影响植物的生长发育与产量,还影响大气环流,起到调节气候的作用[2],涡度相关法被公认为测量生态系统尺度陆地表层与大气之间水热通量的标准方法[3]。王宇和周广胜[4]试图利用中国气象局沈阳大气环境研究所锦州农田生态系统野外观测站涡度相关系统与气象梯度观测系统 2007 年全年的观测资料,结合玉米农田生态系统的生物学特性观测,探讨玉米农田实际蒸散动态及作物系数对生物、环境因子的响应,为准确地估算半小时尺度作物实际蒸散、深入了解玉米农田生态水文过程及科学管理农田生态系统提供参考。

2 公式

2.1 参考蒸散计算(半小时尺度)

参考蒸散采用 ASCE(American Society of Civil Engineers)的标准参考蒸散方程:

$$ET_0 = \left[0.408\Delta(R_n - G) + \gamma\frac{G_n}{T + 273}U_2(e_s - e_a) \right] \Big/ \left[\Delta + \gamma(1 + C_d \times U_2) \right] \quad (1)$$

$$e_s = 0.610\exp\left(\frac{17.27T}{237.3 + T}\right) \quad (2)$$

$$e_a = e_s \times RH \quad (3)$$

$$\Delta = \frac{4098\left[0.6108\exp\left(\frac{17.27T}{237.3 + T}\right) \right]}{(237.3 + T)^2} \quad (4)$$

式中:ET_0 为参考蒸散[mm/(30 min)];R_n 为净辐射[MJ/(m² · 30 min)],由辐射仪直接观测得到;G 为土壤热通量[MJ/(m² · 30 min)],由土壤热通量板直接观测得到;γ 为干湿球常数,取值 0.066 7 kPa/℃;U_2 为 2 m 高度风速(m/s),由气象梯度观测资料直接获取;e_s 为饱和水汽压(kPa),由空气温度计算得到;e_a 为实际水汽压(kPa),根据气温和相对湿度计算得到;T 为空气温度(℃),由仪器直接观测得到;RH 为相对湿度(%),由仪器直接观测得到;Δ 为饱和水汽压随温度变化曲线的斜率(kPa/℃),根据气温计算得到;根据 ASCE 标准参考蒸散计算方法[5]，C_n 和 C_d 在本研究中取较高参考植被对应参数，白天 $C_n = 66$、$C_d = 0.25$，夜间 $C_n = 66$、$C_d = 1.7$。

2.2　K 指数模型构建方法

K 指数可反映植被实际状况与参考植被(均匀一致、旺盛生长且完全覆盖地面的植被；植被高度为 0.5 m，供水充足)的差异。因此，K 指数可能受到生物以及环境因子(包括土壤状况及气象因子)的共同影响。

在分析半小时尺度的 K 指数与生物及环境因子的关系时，首先利用实测数据得到 K 指数与 LAI 的拟合方程，从而得到生物因子影响的作物系数 KL，然后利用建立的方程去除生物因子的影响($KE = K/KL$)，分析 KE 与环境因子的关系，得到 KE 的拟合方程，最终利用连乘模型得到 K 指数的简单模型：

$$K = f(LAI) \times f(R_n, T_a, RH, RSWC, \cdots) \tag{5}$$

式中：K 为作物系数；LAI 为叶面积指数；R_n 为净辐射；T_a 为气温；RH 为相对湿度；RSWC 为相对土壤含水量。

多数研究表明[3]，在生长初期，作物快速生长，地表裸土逐渐被作物覆盖，实际蒸散随作物蒸腾量的增加而增加，作物系数(K 指数)也迅速增大；当 LAI 增大到一定程度时，作物逐渐达到郁闭状态，此时实际蒸散及 K 指数又开始主要受环境因子影响，而 LAI 与 K 指数的关系不再明显。据此，本研究采用 Michaelis – Menten 方程来描述 K 指数与 LAI 的关系：

$$Z = \frac{bX}{1 + aX} \tag{6}$$

式中：X、Z 为变量；a、b 为待拟合参数。

2.3　K 指数影响因子

根据 Michaelis – Menten 方程，利用玉米农田生态系统生长季实际叶面积指数观测(5 月 30 日、6 月 27 日、8 月 2 日、8 月 30 日和 9 月 21 日)与涡度相关潜热观测的 5 d 资料，对 K 指数(半小时尺度)与叶面积指数 LAI 进行拟合，得到：

$$KL = \frac{1.028LAI}{1 + 10.203LAI} \quad (R^2 = 0.054, P < 0.01) \tag{7}$$

式中：KL 为仅考虑生物因子影响时的 K 指数。由于日 LAI 对应多个 K 指数(半小时尺度)，故 R^2 较小，但两者之间显著相关($P < 0.01$)。

利用建立的方程去除生物因子的影响，得到 KE($KE = K/KL$)与各环境因子的相关关系(表 1)。可以看出，KE 主要与气温、辐射和表层土壤含水量显著相关。

表1　KE 与各环境因子的相关关系

	KE	T_a	U	$RSWC_{10}$	$RSWC_{20}$	$RSWC_{30}$	$RSWC_{40}$	R_m	RH
KE	1								
T_a	-0.31	1							
U	-0.16	-0.16	1						
$RSWC10$	0.22	0.12	-0.31	1					
$RSWC20$	0.12	0.09	-0.23	0.96**	1				
$RSWC30$	0.22	-0.02	-0.05	0.85**	0.96**	1			
$RSWC40$	0.16	0.11	-0.13	0.82**	0.94**	0.98**	1		
R_n	0.18*	0.59**	-0.22*	0.46**	0.33**	0.19*	0.24**	1	
RH	0.02	-0.69**	0.36**	-0.37**	-0.16	0.07	0.05	-0.76**	1

注:* $P < 0.05$; ** $P < 0.01$; $RSWC_{10}$、$RSWC_{20}$、$RSWC_{30}$、$RSWC_{40}$ 分别表示 10 cm、20 cm、30 cm 和 40 cm 深度的土壤相对含水量; RH:相对湿度。

采用逐步回归方法,分析 KE 与主要影响因子(气温、辐射和土壤含水量)的关系。由表2 可知,温度和净辐射可以解释 KE 变化的30%。

表2　KE 与环境因子逐步回归分析结果

预测因子	相关系数 R	决定系数 R^2	显著性 P
T_a	0.309	0.095	< 0.01
$T_a R_n$	0.547	0.299	< 0.01

由表2 可以得到 KE 与环境因子的多元线性回归方程:

$$KE = -0.371T_a + 0.005R_n + 9.880 \quad (R^2 = 0.30, P < 0.01) \tag{8}$$

由 $KE = K/KL$,可得 K 指数估算模型:

$$K = \frac{1.028LAI}{1 + 10.203LAI}(-0.371T_a + 0.005R_n + 9.880) \tag{9}$$

3　意义

雨养玉米农田生态系统2007年整个生长季的涡度相关通量资料,对蒸散的日、季动态进行分析[4],玉米农田生态系统蒸散的日、季动态均呈单峰型变化,最大值分别出现在12:00 左右和7月。结合修正的 Penman - Monteith 公式与相应的生态、气象观测要素,对作物系数(K 指数)影响因子的分析结果表明,K 指数主要受叶面积指数(LAI)、气温(T_a)、净辐射(R_n)以及表层土壤含水量的影响。初步建立了半小时尺度的作物系数(K 指数)模型。

对模型的验证表明,研究建立的玉米农田生态系统 K 指数模型可以在该区域较准确地估算玉米农田生态系统半小时尺度的实际蒸散。虽然模型是基于特定地区的特定生态系统所建立,但总体上其思路及方程的形式在研究中有一定的普适性。随着涡度相关通量观测的迅猛发展,模型在完善的基础上具有一定的实用性。

参考文献

[1] Zhang JS, Meng P, Yin CJ. Review on methods of estimating evapotranspiration of plants. World Forestry Research, 2001,14(2): 23 – 28.

[2] Sun L, Wu GX. Influence of land evapotranspiration on climate variations. Science in China Series D: Earth Sciences, 2001,31(1): 59 – 69.

[3] Suyker AE, Verma SB. Interannual water vapor and energy exchange in an irrigated maize – based agroecosystem. Agricultural and Forest Meteorology, 2008,148:417 – 427.

[4] 王宇,周广胜. 雨养玉米农田生态系统的蒸散特征及其作物系数. 应用生态学报. 2010,21(3):647 – 653.

[5] Walter IA, Allen RG, Elliott R, et al. The ASCE Standardized Reference Evapotranspiration Equation. Phoenix, USA: American Society of Civil Engineers Press,2005.

逐日气象的插值模型

1 背景

逐日气象数据是作物模型运行所必需的基础数据之一,随着作物模型研究和区域化应用的不断深入,区域气象数据的重要性尤显突出[1]。姜晓剑等[2]在以往研究的基础上,针对作物模型区域化应用的需求,采用常见的 3 种空间插值方法[IDW、协克里格法(co – kriging, CK)和 TPS],对观测数据完整的全国 559 个气象站点的逐月第 15 日 1951—2005 年均(以下称 55 a 平均)气象要素进行插值计算和检验,比较了 3 种插值方法的计算精度,旨在探寻实现逐日气象要素的最优插值方法及栅格化途径,以期为作物模型的区域化应用提供必需的基础数据,并推动模型应用的区域化。

2 公式

2.1 IDW 方法

IDW 方法以插值点和样点间的距离为权重进行加权平均,其算式如下:

$$Z = \left(\sum_{i=1}^{n} \frac{Z_i}{d_i^p} \right) \Big/ \left(\sum_{i=1}^{n} \frac{1}{d_i^p} \right) \tag{1}$$

式中:Z 为估算值;Z_i 为第 i 个样点的观测值;d_i 为插值点到第 i 个样点的距离;n 为参与插值的样点数目;p 为用于计算距离权重的幂指数[3],插值计算时要根据具体的数据分布设定 p 值以获取最佳的插值结果。

2.2 kriging 方法

kriging 方法以变量间的空间平稳性为统计前提,基于包括自相关(已知点之间的统计关系)的统计模型,通过对半变异函数计算的权重系数来进行插值。通常情况下,kriging 可用下式表达:

$$Z(s) = \mu(s) + \varepsilon(s) \tag{2}$$

式中:s 为不同位置点,用经纬度表示点的空间坐标;$Z(s)$ 为 s 处的变量值,可分解为确定趋势值 $\mu(s)$ 和自相关随机误差 $\varepsilon(s)$。当趋势值 $\mu(s)$ 为一个未知常量时,可演化为普通 kriging(ordinary kriging, OK);当存在多个变量时,可演化为协克里格(co – kriging, CK)[4]。

2.3 TPS 方法

TPS 方法基于普通薄盘和局部薄盘样条函数插值理论,局部 TPS 的理论统计模型如下:

$$Z_i = f(X_i) + by_i + e_i \tag{3}$$

式中：Z_i 为位于空间 i 点的因变量；X_i 为 d 维样条独立变量；$f(X_i)$ 为需要估算的关于 X_i 的未知光滑函数；y_i 为 p 维独立协变量；b 为 y_i 的 p 维系数；e_i 为期望值为 0 的自变量随机误差。在对最高气温、最低气温、日照时数和降水量进行插值时，使用三变量局部薄盘光滑样条函数（经度和纬度为自变量，海拔高度为协变量），样条次数设置为 2 或 3[5]。

2.4 空间插值的误差分析

利用独立的气象数据，采用根均方差（root mean square error, RMSE）和平均绝对误差（mean absolute error, MAE）2 个指标来评估不同空间插值方法的效果。

$$RMSE = \sqrt{\frac{1}{2}\sum_{i=1}^{n}(O_i - E_i)^2} \tag{4}$$

$$MAE = \frac{1}{n}\sum_{i=1}^{n}(|O_i - E_i|) \tag{5}$$

式中：O_i 为第 i 个站点的实际观测值；E_i 为第 i 个站点的插值估计值；n 为参与验证的站点数。

2.5 空间插值方法的比较

2.5.1 平均最高气温、平均最低气温

总体上，PS 插值方法对逐月第 15 日 55 a（1951—2005 年）平均最高气温、最低气温进行插值的 RMSE 和 MAE 均最小（图 1），观测值与预测值之间的 R^2 最大（表 1）。

表 1 气象要素观测值与插值结果的相关系数

季节	平均最高气温			平均最低气温			平均日照时数			平均降水量		
	DW	CK	TPS	DW	CK	TPS	DW	CK	TPS	DW	CK	TPS
春季	0.89	0.91	0.98	0.93	0.94	0.99	0.90	0.91	0.92	0.87	0.88	0.87
夏季	0.73	0.76	0.96	0.87	0.89	0.98	0.80	0.84	0.84	0.67	0.63	0.68
秋季	0.93	0.94	0.99	0.95	0.96	0.99	0.90	0.90	0.91	0.75	0.74	0.76
冬季	0.95	0.96	0.98	0.95	0.96	0.99	0.90	0.90	0.93	0.85	0.86	0.87
全年	0.96	0.97	0.99	0.97	0.97	0.99	0.89	0.90	0.91	0.81	0.80	0.81

注：IDW 为距离反比权重法；CK 为协克里格法；TPS 为薄盘样条法。

2.5.2 平均日照时数和平均降水量

3 种插值方法对逐月第 15 日 55 a 的平均日照时数和降水量进行插值的 RMSE 值较气温小，但 3 种插值方法对平均日照时数和降水量的插值精度均低于气温的插值精度（图 1）。

3 意义

姜晓剑等[2]采用距离反比权重法（IDW）、协克里格法（CK）和薄盘样条法（TPS）3 种不

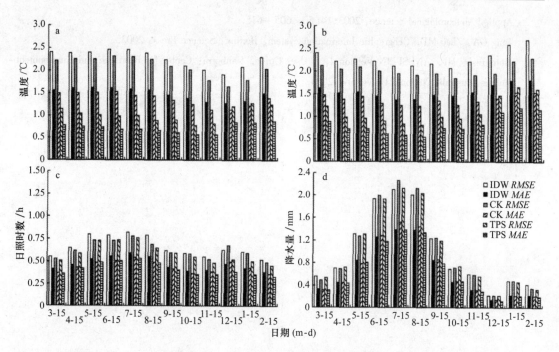

IDW:距离反比权重法；CK:协克里格法 Co-kriging；TPS:薄盘样条法;RMSE:根均方差; *MAE*:平均绝对误差

图 1　3 种插值方法对逐月第 15 日 1951—2005 年平均最高气温(a)、最低气温(b)、
日照时数(c)和降水量(d)进行检验的比较

同的空间插值方法,对我国 1951—2005 年气象数据完整的 559 个气象站点逐月第 15 日的平均基本气象要素进行了插值分析与评价。结果表明:3 种插值方法中,TPS 法对最高气温和最低气温插值的根均方差(*RMSE*)最小、R^2 最大;不同季节中,TPS 法对秋季最高气温、夏季最低气温进行插值的 *RMSE* 均最小,R^2 为秋季最高。对于日照时数和降水量而言,TPS 法的 *RMSE* 最小、R^2 最大;不同季节中,TPS 法对冬季日照时数进行插值的 *RMSE* 最小、R^2 最大,TPS 法对冬季降水量进行插值的 *RMSE* 最小,IDW 法对夏季降水量进行插值的 *RMSE* 最小,CK 法对春季降水量进行插值的 R^2 最大。TPS 法可作为我国大量逐日基本气象要素的最优空间插值方法。

参考文献

[1]　Jones JW, Hoogenboom G, Porter CH, et al. The DSSAT cropping system model. European Journal of Agronomy, 2003,18: 235 – 265.

[2]　姜晓剑,刘小军,黄芬,等. 逐日气象要素空间插值方法的比较. 应用生态学报. 2010,21(3): 624 – 630.

[3]　Zhuang LW, Wang SL. Spatial interpolation methods of daily weather data in Northeast China. Journal of

Applied Meteorological Science, 2003,14(5): 605 – 615.

[4] Tang GA, Zhao MD. Geographic Information System. Beijing: Science Press', 2002.

[5] Hutchinson MF. ANUSPLIN Version 4. 3 User Guide. Canberra: Center for Resource and Environment Studies, Australia National University, 2004.

森林碳的储存通量模型

1 背景

森林生态系统 NEE 取决于生态系统总光合作用(gross primary productivity，GPP)与生态系统呼吸(ecosystem respiration，Re)的差值，Michaelis-Menten 光响应方程和 Lloyd-Taylor 生态系统呼吸方程是当前碳循环生理生态模型、遥感模型估算不同尺度上 GPP 与 Re 的主要方程。准确评价陆地生态系统与大气间的净 CO_2 交换量(net ecosystem exchange，NEE)已成为全球变化背景下碳循环研究的一个焦点问题[1]。张弥等[2]选择长白山阔叶红松林为研究对象，分析该森林生态系统 CO_2 储存通量的日变化动态；不同方法计算的 CO_2 储存通量是否存在显著差异；定量评价 CO_2 储存通量对该森林生态系统不同时间尺度碳收支过程的影响。

2 公式

2.1 生态系统净 CO_2 交换量的定义

在理想的条件下，测定高度 z_r 处的垂直 CO_2 湍流通量(F_c)可以表示为[3]：

$$F_c = \overline{w' \rho'_c}(z_r) \tag{1}$$

式中：w' 为垂直风速的脉动量；ρ'_c 为 CO_2 密度的脉动量；上横线表示在一定时间间隔上的平均。然而，由于 CO_2 储存通量的存在，生态系统的净 CO_2 交换量 NEE 应当定义为垂直方向上的 CO_2 湍流通量(F_c)与观测高度以下 CO_2 储存通量(F_s)的和：

$$NEE = F_c + F_s \tag{2}$$

式(2)是 FLUXNET 估算净生态系统 CO_2 交换量的基本方程[4]。

2.2 CO_2 储存通量的计算

利用 CO_2 浓度廓线方法，计算涡度相关系统观测高度以下的 CO_2 储存通量[5]：

$$F_s = \int_0^z \frac{\partial \overline{c}}{\partial t} \mathrm{d}z \tag{3}$$

式中：F_s 为通量观测高度 40 m 以下的 CO_2 储存通量($mg \cdot m^{-2} \cdot s^{-1}$，以 CO_2 计，后同)；z 为廓线法观测高度；$\overline{c}$ 为观测平台间 CO_2 平均浓度；t 为测定时间间隔。

利用涡度相关观测高度处单点的 CO_2 浓度变化,计算涡度相关系统观测高度以下的 CO_2 储存通量[6]:

$$F_s = \frac{\Delta c}{\Delta t} \cdot h \tag{4}$$

式中:Δc 为涡度相关观测系统在观测高度上前后两次相邻时刻测定的 CO_2 浓度差;Δt 为前后两次测定的时间间隔,本研究中为 30 min;h 为涡度相关观测高度。

摩擦风速是表征大气湍流强弱的有效指标。根据公式计算不同湍流强度条件下,长白山阔叶红松林 CO_2 储存通量 F_s 的变化如图 1 所示。

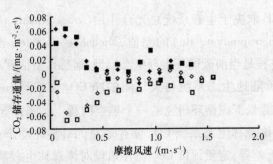

图 1　长白山阔叶红松林 CO_2 储存通量随摩擦风速的变化

2.3　森林生态系统光响应和呼吸方程

森林生态系统光合作用对光的响应可以用 Michaelis – Menten 方程表示[7]:

$$P_{ec} = \frac{\alpha PAR P_{ec,\max}}{\alpha PAR + P_{ec,\max}} - R_e \tag{5}$$

式中:PAR 为光合有效辐射($\mu mol \cdot m^{-2} \cdot s^{-1}$);$\alpha$ 为生态系统的表观初始量子效率($mg \cdot \mu mol^{-1}$ photon);P_{ec} 为生态系统的净光合速率($mg \cdot m^{-2} \cdot s^{-1}$);$P_{ec,\max}$ 为达到光饱和时的最大光合速率($mg \cdot m^{-2} \cdot s^{-1}$);$R_e$ 为白天生态系统的呼吸速率($mg \cdot m^{-2} \cdot s^{-1}$)。

森林生态系统呼吸方程(即森林生态系统呼吸对温度的响应方程)可用 Lloyd – Taylor 方程表示[8]:

$$R_e = R_{ref} e^{E_0[1/(T_{ref}-T_0)-1/(T-T_0)]} \tag{6}$$

式中:R_e 为夜间森林生态系统净 CO_2 交换量($mg \cdot m^{-2} \cdot s^{-1}$);$T$ 为土壤 5 cm 处温度;R_{ref} 为生态系统在参考温度 T_{ref}(283.1 K)下的呼吸值;E_0 为活化能;T_0 为常数(-46.02℃,即 227.13 K)。

2.4　森林生态系统 NEE 的组分拆分

涡度相关法只能直接获取生态系统的 NEE。然而,利用 Lloyd – Taylor 方程(式6)[8]可以估算出生态系统呼吸 R_e。具体方法为:用全年夜间筛选后的有效 NEE 数据与土壤 5 cm 处的温度对式(6)进行拟合,并将拟合得到的方程外推至白天,对白天的 R_e 进行估算。求

得生态系统呼吸 R_e 后,再利用式(7)求得 GPP。

$$GPP = R_e - NEE \tag{7}$$

为了分析 CO_2 储存项对 R_e 和 GPP 估算的影响,利用式(6)分别计算不考虑 CO_2 储存通量影响的 R_e 及考虑 CO_2 储存通量影响的 R_{es},利用式(7)由 R_e 与 F_c、R_{es} 与 NEE 分别求得不计算 CO_2 储存通量的 GPP 以及计算了 CO_2 储存通量的 GPP_s。F_c 与 NEE 为负值时表示 CO_2 从大气进入生态系统,并且数值向负值方向增大表示生态系统吸收的 CO_2 越多。F_c 与 NEE 为正值时表示 CO_2 从生态系统进入大气,数值向正值方向增大表示生态系统释放的 CO_2 越多。

3 意义

以长白山阔叶红松林为研究对象,利用 2003 年的涡度相关观测数据以及 CO_2 浓度廊线数据,分析了 CO_2 储存通量的变化规律及其对碳收支过程的影响[2]。森林碳的储存通量模型表明:涡度相关观测高度以下的 CO_2 储存通量具有典型的日变化特征,其最大变化量出现在大气稳定与不稳定层结转换期。利用涡度相关系统观测的单点 CO_2 浓度变化方法与利用 CO_2 浓度廊线方法计算的 CO_2 储存通量差异不显著。忽略 CO_2 储存通量,在半小时尺度上会造成对夜间和白天的 NEE 分别低估 25% 和 19%,在日和年尺度上,会对 NEE 低估 10% 和 25%;忽略 CO_2 储存通量,会低估 Michaelis – Menten 光响应方程及 Lloyd – Taylor 呼吸方程的参数,并且对表观初始量子效率 α 和参考呼吸 R_{ref} 的低估最大;忽略 CO_2 储存通量,在半小时、日及年尺度上,均会对总光合作用(GPP)和生态系统呼吸(R_e)低估约 20%。

参考文献

[1] Baldocchi D. 'Breathing' of the terrestrial biosphere:Lessons learned from a global network of carbon dioxide flux measurement systems. Australian Journal of Botany, 2008,56:1 – 26.

[2] 张弥,温学发,于贵瑞,等.二氧化碳储存通量对森林生态系统碳收支的影响.应用生态学报.2010,21(5):1201 – 1209.

[3] Moncrieff JB, Malhi Y, Leuning R. The propagation of errors in long – term measurement of land – atmosphere fluxes of carbon and water. Global Change Biology, 1996,2:231 – 240.

[4] Wofsy SC, Goulden ML, Munger JW, et al. Net exchange of CO_2 in a mid – latitude forest. Science, 1993,260:1314 – 1317.

[5] Aubinet M, Berbigier P, Bernhofer CH, et al. Comparing CO_2 storage and advection conditions at night at different Carbo Euro FLUX sites. Boundary Layer Meteorology, 2005,116:63 – 94.

[6] Griffis TJ, Black TA, Morgenstern K, et al. Ecophysiological controls on the carbon balances of three

southern boreal forests. Agricultural and Forest Meteorology, 2003, 117: 53 – 71.

[7] Aubinet M, Chermanne B, Vandenhaute M, et al. Long term carbon dioxide exchange above a mixed forest in the Belgian Ardennes. Agricultural and Forest Meteorology, 2001, 108: 293 – 315.

[8] Lloyd J, Taylor JA. On the temperature dependence of soil respiration. Functional Ecology, 1994, 8: 315 – 323.

景观格局的粒度效应模型

1　背景

景观格局指数能定量描述景观的空间形态、结构和异质性,可以实现同一时段不同景观空间格局的比较研究以及同一景观不同时段空间格局的动态分析和不同景观不同时段空间格局动态的比较研究,在景观空间分析中被普遍应用[1]。尺度(scale)可以用粒度(grain)和幅度(extent)来描述,空间粒度(即空间分辨率)是景观中最小可辨识单元所代表的特征长度、面积和体积[2]。尺度(幅度和粒度)变化对景观指数具有显著的影响[3]。邱扬等[4]在土地利用调查的基础上,采用基于 GIS 的景观格局分析法,研究了 1975—2007 年黄土丘陵沟壑区大南沟小流域景观格局指数在 1～50 m 范围的粒度效应,对景观格局指数粒度效应的类型及其影响因子进行了分析,以期为黄土丘陵沟壑区生态恢复与土地利用规划提供科学依据。

2　公式

2.1　边界长度(total edge, TE)

指景观中所有斑块边界的总长度或景观中各类型斑块边界的总长度(m)。

$$TE = \sum_{k=1}^{N} e_k \quad (TE \geqslant 0)$$

式中: e_k 为景观中斑块 k 的边界长度或景观中某类斑块 k 的边界长度(m); N 为斑块总数。

2.2　边界密度(edge density, ED)

指单位面积中斑块的边界长度(m·hm^{-2}),其算式如下:

$$ED = \frac{E}{A} \quad (ED \geqslant 0)$$

式中: E 为边缘总长度(m); A 为景观总面积(hm^2)。ED 为 0 表示景观中斑块之间没有边缘,即整个景观由 1 个斑块构成。

2.3　景观形状指数(landscape shape index, LSI)

计算公式如下:

$$LSI = \frac{E}{E_{\min}} \quad (LSI \geqslant 1)$$

式中: E 为景观中斑块边缘总长度(包括景观边界和背景边缘,像元数); $E_{\min}$ 为景观中边缘总长度的最小值（像元数），当景观总面积（A）等于正方形边长的平方（n^2）时，$E_{min} = 4n$；当 $n^2 < A \leqslant n(1+n)$ 时，$E_{min} = 4n + 2$；当 $A > n(1+n)$ 时，$E_{min} = 4n + 4$。LSI 为 1 表示景观由一个正方形斑块构成，其值越大，表示景观形状越不规则或景观中的边缘总长度越大。

2.4 分维数（perimeter – area fractaldimension，PAF – RAC）

分维数指景观不规则几何形状的非整数维数，其公式如下：

$$PAFRAC = \cfrac{2}{N \sum\limits_{i=1}^{m} \sum\limits_{j=1}^{n} (\ln p_{ij} \times \ln a_{ij}) - \sum\limits_{i=1}^{m} \sum\limits_{j=1}^{n} \ln p_{ij} \times \sum\limits_{i=1}^{m} \sum\limits_{j=1}^{n} \ln a_{ij}}{N \sum\limits_{i=1}^{m} \sum\limits_{j=1}^{n} \ln p_{ij}^2 - \sum\limits_{i=1}^{m} \sum\limits_{j=1}^{n} \ln p_{ij}}} \qquad (1 \leqslant PAFRAC \leqslant 2)$$

式中：a_{ij} 为第 i 类景观第 j 个斑块的面积（m²）；p_{ij} 为第 i 类景观第 j 个斑块的周长（m）；N 为景观中的总斑块数。PAFRAC 为 1 表示景观形状简单（如正方形），其值越大表示景观斑块形状越复杂。

2.5 破碎度指数（splitting index，SPLIT）

破碎度指数表示景观中斑块的破碎程度，其算式如下：

$$SPLIT = \cfrac{A^2}{\sum\limits_{i=1}^{m} \sum\limits_{j=1}^{n} a_{ij}^2} \qquad (1 \leqslant SPLIT \leqslant 景观总像元数)$$

式中：a_{ij} 为第 i 类景观第 j 个斑块的面积；A 为景观总面积。SPLIT 为 1 表示景观由 1 个大斑块构成，SPLIT 值越大表示景观越分离，景观中小斑块数量越多。

2.6 聚合度指数（aggregation index，AI）

聚合度指数表示景观中同类斑块的聚集程度（%），其算式如下：

$$AI = \left[\sum\limits_{i=1}^{m} \left(\cfrac{g_{ii}}{g_{ii max}} \right) \times P_i \right] \times 100 \qquad (0 \leqslant AI \leqslant 100)$$

式中：P_i 为第 i 类斑块面积占总面积的比例；g_{ii} 为同种斑块类型 i 的所有像元之间的邻接数；$g_{ii max}$ 为同种斑块类型 i 的所有像元之间最大邻接数，$g_{u max} = A_i - n^2$，式中，A_i 为第 i 类斑块的总面积（像元数），n 为正方形的边长（像元数）。当第 i 类斑块总数（m_i）为 0 时，$g_{ii max} = 2n(n-1)$；当 $m_i \leqslant n$ 时，$g_{ii max} = 2n(n-1) + 2m - 1$；当 $m_i > n$ 时，$g_{ii max} = 2n(n-1) + 2m - 2$。对于一定的 P_i 来说，AI 为 0 表示斑块类型聚集度最低（即每类斑块的像元之间都不邻接），其值越大表示同类斑块的聚集度越高，AI 为 100 表示景观由 1 个斑块构成。

2.7 最大斑块指数（largest patch index，LPT）

最大斑块指数指景观最大斑块的比例（%），其算式如下：

$$LPI = \cfrac{a_{max}}{A} \times 100 \qquad (0 < LPI \leqslant 100)$$

式中：a_{max} 为景观或某类斑块中最大斑块的面积（m²）；A 为景观所有斑块或某种斑块类型的

总面积(m^2)。

2.8 分离度指数(landscape division index, DIVISION)

分离度指数指景观中斑块分离的程度,其算式如下:

$$DIVISION = \left[1 - \mp \sum_{j=1}^{n} \left(\frac{a_j}{A}\right)^2\right] \quad (0 \leqslant DIVISION < 1)$$

式中:a_j 为景观中斑块 j 或景观中某类斑块 j 的面积(m^2);A 为景观总面积(m^2)。当景观中仅有 1 个斑块时,景观分离度指数为 0。景观分离度指数值越大,表明景观内斑块组成越破碎、景观越复杂。

2.9 Shannon 多样性指数(Shannon's diversity index, H′)

Shannon 多样性指数算式如下:

$$H' = -\sum_{i=1}^{m} (P_i \times \ln P_i) \quad (H' \geqslant 0)$$

式中:P_i 为斑块类型 i 在景观中所占面积比。H' 为 0 表示景观只有 1 个斑块(没有多样性),其值越大表示景观多样性越高。

2.10 Shannon 均匀度指数(Shannon's evenness index, J)

Shannon 均匀度指数的计算公式如下:

$$J = \frac{-\sum_{i=1}^{m} (P_i \times \ln P_i)}{\ln m} \quad (0 \leqslant J \leqslant 1)$$

式中:m 为景观中斑块类型总数(不包括景观边界)。J 为 0 表示景观只有 1 个斑块(没有多样性),其值越大表示景观均匀性越高(即不同斑块类型所占面积的比例越均匀),J 为 1 表示不同斑块类型面积完全相等。

2.11 蔓延度指数(contagion index, CONTAG)

蔓延度指数指景观中不同斑块类型的非随机性或聚集程度(%)。

$$CONTAG = \left[1 + \frac{\sum_{i=1}^{m} \sum_{k=1}^{m} P_i \left(\frac{g_{ik}}{\sum_{k=1}^{m} g_{ik}}\right) \times \ln P_i \left(\frac{g_{ik}}{\sum_{k=1}^{m} g_{ik}}\right)}{2\ln,}\right] \times 100 \quad (0 < CONTAG \leqslant 100)$$

式中:g_{ik} 为斑块类型 i 与 k 之间的连接数。如果一个景观由许多离散的小斑块组成,其蔓延度值较小;当景观中以少数大斑块为主或同一类型斑块高度连接时,其蔓延度值较大。蔓延度指数表示斑块类型之间的相邻关系,因此能够反映景观组分的空间配置特征。

2.12 黄土丘陵小流域景观格局指数的平稳降低型粒度效应

1975—2007 年,随着粒度的增大,研究区景观的斑块边界长度、斑块边界密度、景观形状指数、聚合度指数和蔓延度指数均呈显著线性降低趋势(图1),且这几项景观格局指数与粒度之间均呈极显著负相关。

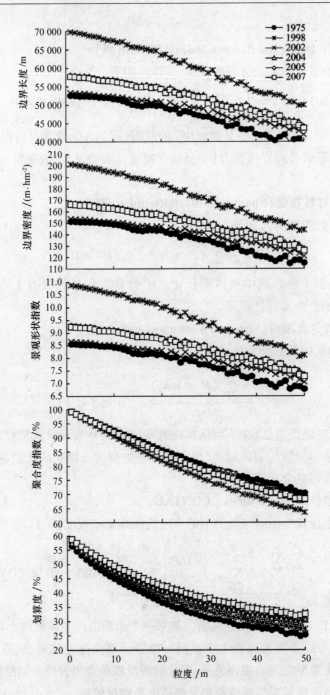

图1　研究区景观格局指数的平稳降低型粒度效应

2.13　黄土丘陵小流域景观格局指数的波动降低型粒度效应

由图2可见,研究期间,小流域景观分维数随粒度增大呈波动递减趋势,属波动降低型指数。尤其是当粒度增大到 3 m 之后,分维数的波幅更加明显。

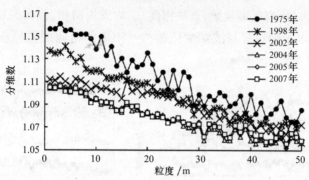

图 2 研究区景观格局指数的波动降低型粒度效应

2.14 黄土丘陵小流域景观格局指数的波幅增强型粒度效应

1975—2007 年,随着粒度的增大,研究区景观总面积、Shannon 多样性指数和 Shannon 均匀度指数的整体变化趋势比较稳定,但呈波幅显著增大式的波幅增强型粒度效应,以景观总面积的波幅增强效应尤为明显(图 3)。

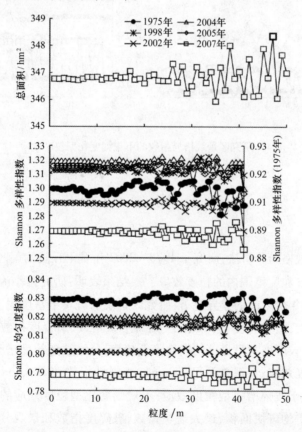

图 3 研究区景观格局指数的波幅增强型粒度效应

2.15 黄土丘陵小流域景观格局指数的不规则变化型粒度效应

随着粒度的增大,研究区斑块数、斑块密度、平均斑块面积、最大斑块指数、破碎度和景观分离度指数的整体变化趋势与波幅变化趋势在不同年份间的差异很大,甚至截然相反（图4）。

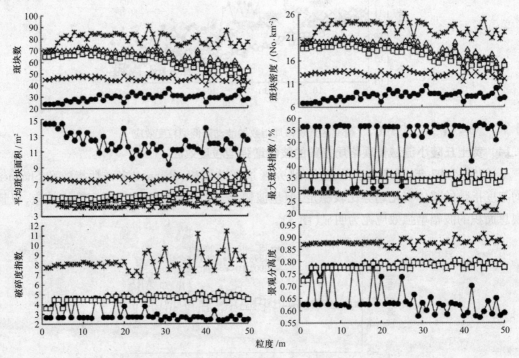

图4　研究区景观格局指数的不规则变化型粒度效应

3 意义

采用 GIS 的景观格局分析法,研究了 1975—2007 年黄土丘陵沟壑区大南沟小流域景观格局指数在 1～50 m 粒度范围内的粒度效应[4]。结果表明:研究区小流域景观格局指数的粒度效应明显,不同年份之间的差异显著;研究区景观的斑块丰富度属于稳定不变型,即随着粒度增大保持不变;边界长度、边界密度、景观形状指数、聚合度指数和蔓延度指数属于平衡降低型,即随着粒度增大呈显著的线性降低趋势;分维数随粒度增大呈波动递减趋势,属于波动降低型粒度效应;景观总面积、Shannon 多样性指数和 Shannon 均匀度指数的波幅呈显著增大趋势,属于波幅增强型粒度效应;不规则变化型粒度效应的景观格局指数包括斑块数、斑块密度、平均斑块面积、最大斑块指数、破碎度指数和景观分离度指数。1975 年研究区上述景观格局指数的粒度效应与其他年份之间的差异显著,甚至截然相反。

参考文献

［1］ Zhang JT, Qiu Y, Zheng FY. Quantitative methods in landscape pattern analysis. Journal of Mountain Science,2000,18(4): 346 – 352.

［2］ Forman RTT. Land Mosaics: The Ecology of Landscapes and Regions. New York: Cambridge University Press,1995.

［3］ Lü YH, Fu BJ. Ecological scale and scaling. Acta Ecologica Sinica, 2001, 21(12): 2096 – 2105.

［4］ 邱扬,杨磊,王军,等. 黄土丘陵小流域景观格局指数的粒度效应. 应用生态学报. 2010,21(5): 1159 – 1166.

刺槐树干的液流公式

1 背景

　　刺槐因其根系发达、生长迅速、耐旱、耐瘠薄和成活率高等特点,是我国黄土高原地区主要水土保持树种[1],在黄土高原植被建设、改善生态环境、防治水土流失中发挥着重要的作用。研究刺槐树木的水分代谢过程,对水资源相对缺乏的黄土高原地区的植被生态建设有着十分重要的意义。胡伟等[2]以黄土丘陵区刺槐为对象,采用热扩散式树干边材液流探针对树干液流进行一个生长季的连续检测,并根据同步监测的气象因子的变化,分析刺槐树干液流特性及规律以及树干液流与气象因子的相互关系,旨在为黄土丘陵区低耗水树种选择和林地水分管理以及宏观生态建设提供理论依据。

2 公式

2.1 计算公式

　　树干液流使用通用的 Granier 公式进行计算[3]:

$$V_s = 0.0119K^{1.231} \tag{1}$$

$$K = \frac{dT_m - dT}{dT} \tag{2}$$

式中:V_s 为液流速率($cm \cdot s^{-1}$);dT_m 为无液流时加热探针与参考探针的最大温差值;dT 为瞬时温差值。

　　为综合反映大气温度与空气相对湿度的协同效应,采用水汽压亏缺(VPD)这一指标。运用以下公式计算水蒸气压[4]:

$$e_s(T) = 0.611 \times \exp\left(\frac{17.502T}{T + 240.97}\right) \tag{3}$$

$$VPD = e_s(T) - e_a = e_s(T) \times (1 - hr) \tag{4}$$

式中:$e_s(T)$ 为 T 温度下的饱和水蒸汽压(kPa);T 为空气温度(℃);e_a 为周围水汽压(kPa);hr 为空气相对湿度(%);VPD 为水汽压亏缺(kPa)。

2.2 刺槐树干边材液流的日动态

　　由于数据较多,故从每月的液流流速数据中选择一天作图(图1)。由图1可以看出,在

230

整个刺槐生长期监测阶段,无论是晴天还是阴天,树干液流均表现出明显的昼夜变化规律。

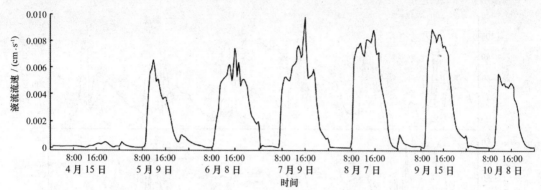

图 1　刺槐树干液流变化

2.3　刺槐树干边材液流的季节动态

由表 1 可以看出,4 月的液流流速平均值最小,为 0.000 549 cm·s⁻¹,主要是由于 4 月中旬刺槐叶子正处在芽期,树木基本上没有蒸腾作用;4 月下旬叶子逐渐展开,树干液流流速逐渐增大。生长旺盛的 5—8 月液流流速平均值呈上升趋势,到 8 月,树木枝叶繁茂,再加上相应的光照增强、温度上升,树木蒸腾作用增强,液流流速达到最大,月平均值为 0.002 610 cm·s⁻¹;进入 9 月后,液流流速开始下降。液流保持较大值(液流流速大于年平均值 0.001 941 cm·s⁻¹)的时间也有相同的规律:6 月、7 月、8 月时间长,5 月、9 月、10 月时间短。

表 1　刺槐树干液流月动态

月份	液流启动时间	液流最大值时间	月均液流值 /(cm·s⁻¹)	液流值大于 年平均值的时间/h
4	10:30—12:00	16:00—18:30	0.000 549	0
5	05:30—07:30	13:00—15:00	0.001 810	10±1.5
6	05:00—06:30	15:00—15:30	0.002 148	12.5±1.5
7	05:00—06:00	15:00—15:30	0.002 531	12±1.5
8	5:30—06:30	15:00—16:30	0.002 610	11±1.5
9	07:00—08:00	12:30—15:30	0.002 033	9±1.5
10	07:00—08:00	13:00—14:30	0.001 904	7±1

2.4　气象因子对刺槐树干边材液流的影响

为了能够直观地显示刺槐生长期树干液流与气象因子的变化关系,选择 6 月 5—10 日的液流数据与气象数据作图,其中 6 月 7 日有 12.2mm 的降雨(图 2)。由图 2 可以看出:树木边材液流速率的日变化规律与光合有效辐射、空气温度、相对湿度、水汽压亏缺和风速等的日变化规律相吻合。

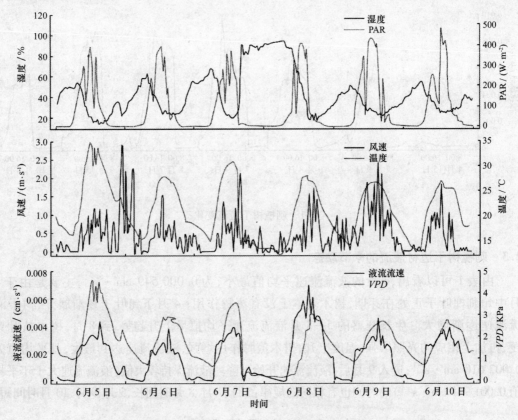

图2 刺槐树干液流速率和气象因子的变化

将6月5—10日的液流数据与气象数据进行相关性分析,结果表明:气象因子与树干液流流速的相关关系由大至小依次为:温度,水汽压亏缺,光合辐射强度,相对湿度,风速(表2)。

表2 刺槐树干液流速率与气象因子的 Pearson 相关系数

	温度	VPD	光合辐射强度	相对湿度	风速
相关系数	0.780	0.691	0.665	−0.513	0.392

3 意义

利用热扩散式液流探针(thermal dissipation probe, TDP)对延安市燕沟流域刺槐生长期树干边材液流进行连续监测,并同步监测光合有效辐射、气温、空气相对湿度、风速和降雨量等气象因子[1]。刺槐树干的液流公式表明:刺槐树干液流流速日变化呈单峰曲线,且不同季节液流的日动态变化存在明显差异。叶芽期(4 月)液流启动时间在 12：00 左右,液流达到峰值的时间为 18：00 左右;5—8 月液流启动时间提前到 5：30—7：30,液流达到峰值的时间提前至 15：00 左右;9 月以后,液流启动时间在 8：00 左右,液流达到峰值的时间提前至 11：30—13：00。树干液流流速月平均值总体上呈"低 – 高 – 低"趋势,其中,4 月的平均液流流速最小,为 $0.000549 \ cm \cdot s^{-1}$,8 月最大,为 $0.002610 \ cm \cdot s^{-1}$。树干液流速率与气象因子密切相关,其相关性程度由大至小依次为:温度,水汽压亏缺,光合辐射强度,相对湿度,风速,且可用光合辐射强度和水汽压亏缺线性表达式来估测,其多元线性回归模型达到极显著水平($P < 0.001$)。

参考文献

[1] Fan M, Ma LY, Wang RH. Variation of stem sap flow of Robinia pseudoacaciain spring and summer. Scientia Silvae Sinicae, 2008,44(1)：41 – 45.

[2] 胡伟,杜峰,徐学选,等. 黄土丘陵区刺槐树干液流动态分析. 应用生态学报. 2010,21(6)：1367 – 1373.

[3] Granier A. Evaluation of transpiration in a Douglas – fir stands by means of sap flow measurements. Tree Physiology, 1987,3：309 – 320.

[4] Sun YJ, Wang JF. A method for computation of regional aerial saturation deficiency. Remote Sensing for Land & Resources,2004(1)：23 – 26.

农业生态经济的耦合态势模型

1 背景

农业生态系统与经济系统之间是一种开放的、非平衡的以及非线性的、相互作用的动态耦合关系[1]，黄土丘陵区纸坊沟流域作为一个完整的小流域，1938年至今，该区的农业生态经济系统耦合过程和态势发生了较大变化，一直处于系统耦合与系统相悖的矛盾运动过程中。刘佳和王继军[2]基于对农业生态经济互动关系的分析，建立了纸坊沟流域农业生态经济系统耦合模型，并分析了1938—2007年间该流域农业生态经济系统的耦合态势，以期为纸坊沟流域农业生态经济可持续发展方案的制订及黄土丘陵区综合治理的研究提供参考。

2 公式

在明确生态系统与经济系统互动关系的基础上[3]，本研究借助系统论中系统演化的思想建立二者之间的动态耦合过程模型，并根据协同论原理[4]，分析由生态与经济复合系统的动态演变及耦合状态。

生态环境系统与社会经济系统的变化过程都是一种非线性过程[5]，其演化方程为：

$$\frac{\mathrm{d}x(T)}{\mathrm{d}t} = f(x_1, x_2, \cdots, x_i) \quad (i = 1, 2, \cdots, n) \tag{1}$$

式中：f 为 x_i 的非线性函数；x_i 为系统要素；t 为系统状态所处的时间。

由于非线性系统运动的稳定性取决于一次近似系统特征根的性质[6]，因此在保证系统运动稳定性的前提下，在原点附近按泰勒级数展开，并略去高次项得到上述非线性系统的近似表达：

$$\frac{dx(T)}{dt} = \sum_{i=1}^{n} a_i x_i \quad (i = 1, 2, \cdots, n) \tag{2}$$

按上述方法建立生态环境（EE）与社会经济（SE）系统的一般函数[3]：

$$f(EE) = \sum_{i=1}^{n} a_i x_i \quad (i = 1, 2, \cdots, n) \tag{3}$$

$$f(SE) = \sum_{j=1}^{n} b_j y_j \quad (j = 1, 2, \cdots, n) \tag{4}$$

式中：x、y 分别为生态环境与社会经济系统的要素（均为时间的变量函数）；a、b 分别为生态

234

环境与社会经济系统各要素的权重。

若将生态环境与社会经济间的互动关系作为一个系统来考虑,且假定该系统只有 $f(EE)$ 与 $f(SE)$ 2 个子系统,按照贝塔兰菲的一般系统理论[7],可知 $f(EE)$ 与 $f(SE)$ 为整个系统的主导部分。则系统演化方程的形式为:

$$A = \frac{\mathrm{d}f(EE)}{\mathrm{d}t} = \alpha_1 f(EE) + \alpha_2 f(SE) , V_A = \frac{\mathrm{d}A}{\mathrm{d}t} \tag{5}$$

$$B = \frac{\mathrm{d}f(SE)}{\mathrm{d}t} = \beta_1 f(EE) + \beta_2 f(SE) , V_B = \frac{\mathrm{d}B}{\mathrm{d}t} \tag{6}$$

式中:A、B 分别为受自身和外来影响下生态环境子系统与社会经济子系统的演化状态;V_A 和 V_B 分别为生态环境子系统和社会经济子系统的演化速度。整个系统的演化速度 V 可以看做是 V_A 与 V_B 的函数,即 $V=f(V_A,V_B)$,以 V_A 与 V_B 为控制变量,通过分析 V 的变化来研究整个系统以及 $f(EE)$ 与 $f(SE)$ 的耦合关系。

由于农业生态环境与农业社会经济系统的演化满足组合 S 型发展机制[8],所以 $V(V_B, V_A)$ 的变化轨迹为坐标系中的一椭圆(图 1)。

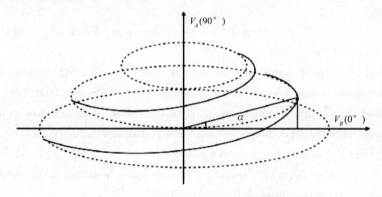

V_A:生态环境系统的演化速度;V_B:社会经济系统的演化速度;α:耦合度

图 1　生态环境系统与经济社会系统耦合发展过程

V_A 与 V_B 的夹角 α 公式为:

$$\alpha = \mathrm{arctg} \frac{V_A}{V_B}$$

根据 α 的取值可确定整个系统的演化状态以及生态经济系统协调发展的耦合程度,因而 α 可称作耦合度[5]。

3　意义

基于 1938—2007 年黄土丘陵区纸坊沟流域的调查资料,通过建立生态环境与社会经济综合评价指标体系和耦合模型[2],对该流域的耦合态势进行了分析。结果表明:研究期间,纸坊沟流域农业生态经济系统经历了经济系统对生态系统的初级再生阶段—消耗阶段—促进阶段—协调阶段以及生态系统对经济系统的初级响应阶段—滞后阶段—恢复阶段—协调阶段的耦合过程。依据耦合度拟合曲线及所划分的耦合类型,目前纸坊沟流域农业生态经济系统仍处于不断协调过程中,有望形成良性耦合态势。

参考文献

[1] Fang CL, Yang YM. Basic laws of the interactive coupling system of urbanization and ecological environment. Arid Land Geography, 2006, 29(1): 1 – 8.

[2] 刘佳,王继军.黄土丘陵区纸坊沟流域农业生态经济系统耦合态势. 应用生态学报. 2010, 21(6): 1511 – 1517.

[3] Liu J, Wang JJ. Interactive relations between agroecosystem and economic system in Loess Hilly Region: A case of Zhifanggou small watershed, Ansai County. Chinese Journal of Applied Ecology, 2009, 20(6): 1401 – 1407.

[4] Wu DJ, Cao L, Chen LH. Principle and Application of Synergetic. Wuhan: Huazhong University of Science and Technology Press, 1990.

[5] Li CM, Ding LY. Study of coordinated development model and its application between the economy and resources environment in small town. Systems Engineering – Theory & Practice, 2004(11): 134 – 144.

[6] Qiao B, Fang CL. The dynamic coupling model of the harmonious development between urbanization and eco – environment and its application in arid area. Acta Ecologica Sinica, 2005, 25(11): 3003 – 3009.

[7] Bretz EA. Clean coal technologies: A status report. Electrical World, 1992, 2: 37 – 42.

[8] Xu XR, Wu ZJ, Zhang JY, et al. Research on the path and early warning of sustainable development. Mathematics in Practice and Theory, 2003, 33(2): 31 – 37.

棉花群体的光合特性公式

1 背景

作物产量的90% ~95% 来自于光合作用,它是形成作物产量的物质基础。研究作物光合作用及其与环境条件的关系,对于揭示作物生长发育规律,指导作物高产优质栽培和培育高产品种具有重要的理论和实践意义。棉花生产是田间条件下的群体生产,由单叶所构成的群体光合已不再是单叶的简单累加,而是有着自己独特的群体光合作用规律[1]。解婷婷等[2]于 2008 年在甘肃省黑河中游临泽县北部边缘绿洲利用 Li – 8100 土壤碳通量测定系统与改进的同化箱联合开展了棉花群体光合特性试验,以期为黑河中游绿洲边缘区棉花的高产栽培提供理论依据。

2 公式

群体光合作用测定系统的工作原理可用图 1 进行描述,在测量开始后,同化箱内的气体经混合风扇混匀后,通过导气管 1 进入 Li – 8100 携带的红外气体分析仪(IRGA)中,测量 CO_2 和 H_2O 的含量后再通过导气管 2 返回到同化箱中,从而构成一个闭路系统。

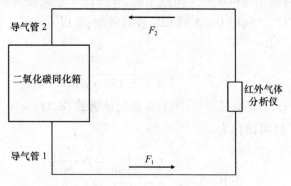

图 1 群体光合作用测定原理示意图

根据质量平衡原理,可以得出以下方程[3]:

$$-A \cdot CAP = V_A \cdot \rho \left(\frac{\partial C}{\partial t} - N \frac{\partial C_s}{\partial t} \right) + F_1 \cdot C_1 - F_2 \cdot C_2 \qquad (1)$$

237

$$A \cdot CAT = V_A \cdot \rho \left(\frac{\partial W}{\partial t} - N \frac{\partial W_s}{\partial t} \right) + F_1 \cdot W_1 - F_2 \cdot W_2 \tag{2}$$

式(1)中，CAP 为群体光合速率($\mu mol \cdot m^{-2} \cdot s^{-1}$，以 CO_2 计)；A 为同化箱内测定的总叶面积(m^2)；VA 是群体光合作用测定系统的总体积(m^3)；ρ 为空气密度($mol \cdot m^{-3}$)；C/t 是进行光合测定过程中使用同化箱测定的 CO_2 变化速率($\mu mol \cdot mol^{-1} \cdot s^{-1}$)；$C_s/t$ 是进行土壤呼吸测定过程中利用 103 气室测定的 CO_2 变化速率($\mu mol \cdot mol^{-1} \cdot s^{-1}$)；$F_1$ 是空气从同化箱流向红外气体分析仪(IRGA)的流速($\mu mol \cdot mol^{-1}$)；F_2 是空气从 IRGA 返回至同化箱的流速($\mu mol \cdot mol^{-1}$)；C_1 和 C_2 分别是流出和进入同化箱的 CO_2 的摩尔浓度($\mu mol \cdot mol^{-1}$)。

式(2)中，CAT 为群体蒸腾速率($mmol \cdot m^{-2} \cdot s^{-1}$，以 H_2O 计)；W/t 是进行光合测定过程中使用同化箱测定的 H_2O 变化速率($mmol \cdot mol^{-1} \cdot s^{-1}$)；$W_s/t$ 是进行土壤呼吸测定过程中利用 103 气室测定的 H_2O 变化速率；W_1 和 W_2 分别是流出和进入同化箱的 H_2O 的摩尔浓度($mmol \cdot mol^{-1}$)，其他参数同前。

N 是转化系数，表示将 103 气室测得的 C_s/t 和 W_s/t 分别转换为在同化箱所覆盖的土壤面积(S_A)上及群体光合作用测定系统的总体积(V_A)内由土壤呼吸所引起的 CO_2 和 H_2O 的变化速率，根据下式进行计算：

$$N = \frac{S_A \cdot V_C}{V_A \cdot S_C} \tag{3}$$

式中：S_A 是同化箱覆盖的土壤面积，为 0.25 m^2；V_A 是群体光合作用测定系统的总体积(m^3)；S_C 是 103 气室底的面积(0.03 m^2)；V_C 是 103 气室的体积($4.82 \times 10^{-3} m^3$)。

因为 Li-8100 与同化箱构成一个闭路系统，并保证了系统的气密性，所以在系统稳定运行一定时间后 $F_1 \approx F_2$。同时 IRGA 对 CO_2 没有吸附，所以 $C_1 \approx C_2$。空气密度根据下式进行计算：

$$\rho = \frac{P}{(T + 273.15) \cdot R} \tag{4}$$

式中：P 是大气压(kPa)；T 是空气温度(℃)；R 是气体常数(8.314×10^{-3} kPa $\cdot m^3 \cdot mol^{-1} \cdot K^{-1}$)，故式(1)和式(2)可简化为：

$$CAP = \frac{-V_A \cdot P \cdot \left(\frac{\partial C}{\partial t} - N \frac{\partial C_s}{\partial t} \right)}{A \cdot (T + 273.15) \cdot R} \tag{5}$$

$$CAT = \frac{V_A \cdot P \cdot \left(\frac{\partial W}{\partial t} - N \frac{\partial W_s}{\partial t} \right)}{A \cdot (T + 273.15) \cdot R} \tag{6}$$

水分利用效率 $WUE[mmol(CO_2) \cdot mol^{-1}(H_2O)]$ 的计算公式如下：

$$WUE = CAP/CAT \tag{7}$$

利用 Li – 8100 土壤碳通量自动测量系统与其配置的 103 气室(8100 – 103)进行土壤呼吸和土壤蒸发测量。在群体光合作用测量植株附近选择土壤表面均匀一致的位置进行土壤呼吸测定。在每次测定前 1 d 将 8100 – 103 土壤环嵌入土壤中,使其上沿高出地面 2 ~ 3 cm。经过 24 h 的平衡后,土壤呼吸速率会恢复到土壤环放置前的水平,此时开始对土壤呼吸速率进行连续测定。观测时间为当地时间 8:00—18:00,测定间隔时间为 1 h,测量时间为 2min,重复 3 次。土壤呼吸速率(SR, μmol · m^{-2} · s^{-1})和土壤蒸发速率(SE, mmol · m^{-2} · s^{-1})的计算公式如下:

$$SR = \frac{V_C \cdot P \cdot \frac{\partial C_s}{\partial t}}{S_C \cdot (T + 273.15) \cdot R} \tag{8}$$

$$SE = \frac{V_C \cdot P \cdot \frac{\partial W_s}{\partial t}}{S_C \cdot (T + 273.15) \cdot R} \tag{9}$$

根据上面公式计算棉田土壤呼吸速率和蒸发速率的日变化(图 2)。可见,不同时期土壤呼吸速率日变化均呈"单峰型"。另外,6 月下旬土壤温度较高,土壤水分条件较好,因而蒸发速率较高。

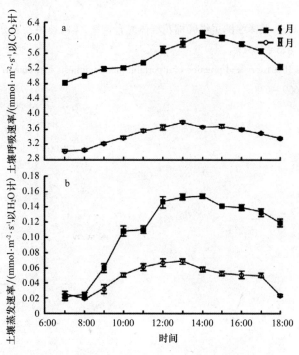

图 2　棉田土壤呼吸速率(a)和蒸发速率(b)的日变化

3 意义

在甘肃河西走廊中部黑河中游绿洲边缘区,于6月下旬和8月上旬,利用Li－8100土壤碳通量测定系统与改进的同化箱联合对田间条件下早熟陆地棉品种新陆早8号的群体光合特性进行了研究[2]。棉花群体的光合特性公式表明:试验地6月下旬的土壤呼吸速率和土壤蒸发速率显著高于8月上旬;棉花群体光合速率日变化均呈"单峰型",6月下旬的群体光合速率显著高于8月上旬,群体蒸腾速率日变化也呈"单峰型",两生育时期棉花群体光合速率与温度、光合有效辐射及土壤含水量均呈正相关关系。表明棉花群体光合速率在6月下旬和8月上旬均没有出现中午光合下调,8月由于土壤水分降低和植物叶片衰老,棉花群体光合速率和蒸腾速率显著降低,但水分利用效率并无显著下降。

参考文献

[1] Qiu X, Pei Y. Study on canopy photosynthesis characteristics of cotton. Acta Agronomica Sinica, 1988,14(4): 315 – 320.

[2] 解婷婷,苏培玺,高松. 临泽绿洲边缘区棉花群体光合速率、蒸腾速率及水分利用效率. 应用生态学报. 2010,21(6):1425 – 1431.

[3] Leuning R, Sands P. Theory and practice of a portable photosynthesis instrument. Plant, Cell and Environment, 1989,12: 669 – 678.

不同林型的土壤呼吸模型

1 背景

　　土壤呼吸是影响大气 CO_2 浓度升高的关键生态学过程。不同植被类型、土壤温度、土壤含水量和地形地貌等都会造成区域微气候效应,进而引起土壤呼吸变化[1]。植被主要通过改变土壤温度和湿度、根系呼吸、光合产物及小气候等途径影响土壤呼吸,但这种效应在不同植被之间差异很大[2],因此,探明同一气候区不同植被类型土壤呼吸的动态变化特征及其影响因子,对于区域土壤碳(C)释放预测和不同时间尺度植被的碳源或汇功能以及研究全球碳平衡及气候变化具有重要的科学意义。姜艳等[3]通过估算 3 种林分类型土壤呼吸特征和土壤碳通量,分析植被类型对土壤呼吸的影响,并采用多种经验模型进行分析、模拟,探讨不同模型在我国亚热带地区森林中的适用性和预测精度。

2 公式

　　采用 Van't Hoff 模型和 Lloyd and Taylor 方程分析土壤呼吸温度敏感性;采用二次项模型与幂函数模型研究土壤呼吸与土壤含水量相关性;利用线性模型和指数模型研究土壤温度和土壤含水量交互作用对土壤呼吸的影响。

$$f(R) = ae^{bT} , \quad Q_{10} = e^{10b} \tag{1}$$

$$f(R) = R_{ref}e^{E_C(\frac{1}{T_{ref}-T_0}-\frac{1}{T+T_0})} \tag{2}$$

$$f(R) = a + b_1W + b_2W^2 \tag{3}$$

$$f(R) = aW^b \tag{4}$$

$$f(R) = a + bT + cW \tag{5}$$

$$f(R) = ae^{bT}W^c \tag{6}$$

式中:a、b 和 c 为待定参数;Q_{10} 为土壤呼吸温度敏感性指数;R_{ref} 为土壤温度在10℃时的土壤呼吸速率;T_{ref} 指标准化土壤温度 283.15 K(10℃);T_0 表示土壤呼吸为 0 时的温度下限,即 227.13 K(-46.02℃)[4];$E_0(K)$ 为活化能,指土壤呼吸速率的指数式温度系数;T 为观测温度(℃);W 为观测土壤含水量。

　　土壤呼吸原始数据采用差异性分析后[5],以每月测定的土壤呼吸平均值代表该月平均土壤呼吸,通过式(7)求得当月土壤呼吸碳通量:

$$f(R) = R_i \times 10^{-4} \times 44 \times 12/44 \times 3600 \times 24 \times 30(31/28) \tag{7}$$

式中,$f(R)$代表每月土壤呼吸碳通量$(t \cdot hm^{-2} \cdot month^{-1})$;$R_i$为实测土壤呼吸速率。

以每月土壤呼吸碳通量平均值代表该月平均值,通过累加求得当年土壤呼吸碳年通量:

$$f(R) = \sum_{i=1}^{n} f(R)_i \tag{8}$$

式中,$f(R)$表示土壤呼吸碳年通量$(t \cdot hm^{-2} \cdot a^{-1})$;$f(R)_i$为式(7)得出的月土壤呼吸碳通量;$n$为1月、2月、…、12月。

根据模型计算不同林型的年和月土壤呼吸碳通量。可见,土壤呼吸碳释放量主要集中在生长季的3—10月。3种林型存在差异,这是因为除了与植被组成、气候状况、生产力和立地条件等有关外,还可能与土壤呼吸年通量的推算模型差异有关。

表1 不同林型的年和月土壤呼吸碳通量 单位:$t \cdot hm^{-2}$

林型	月份												生长季	全年
	3a	4b	5b	6b	7	8	9	10	11	12	1	2		
EB	1.02	0.94	1.10	1.17	1.29	1.57	1.44	1.16	0.68	0.42	0.32	0.57	10.05	11.70
CF	1.18	1.00	1.33	1.28	1.50	1.67	1.34	1.15	0.76	0.50	0.39	0.73	10.79	12.84
MB	0.72	0.63	0.72	0.75	0.76	0.83	0.85	0.56	0.35	0.29	0.24	0.43	5.80	7.11

注:EB为常绿阔叶林;MB为毛竹林;CF为杉木林。a为2007年3月;b为2006—2007年平均值。

3 意义

利用Li-6400-09系统,对我国亚热带地区3种主要林分类型(常绿阔叶林、杉木林和毛竹林)的土壤呼吸和土壤温、湿度进行了野外测定,并采用多种模型对土壤呼吸与土壤温、湿度的关系进行拟合[3]。不同林型的土壤呼吸模型表明:Van't Hoff模型和Lloyd and Taylor方程在描述土壤呼吸与土壤温度的相关性时差异不大,但Lloyd and Taylor模拟得出的土壤呼吸值小于实测值;二次项模型和幂函数模型能较好地模拟土壤呼吸与含水量的关系,土壤含水量对土壤呼吸具有双向调节作用,但只有杉木林二者相关性达到显著水平;土壤水热双因子模型比单因子模型能更有效地描述土壤呼吸对土壤温、湿度协同变化的响应特征;协方差分析消除土壤温度、土壤含水量的影响后,植被类型对土壤呼吸的影响达到显著水平($R^2 = 0.541$);空气温度、空气相对湿度和光合辐射也在不同程度上影响着土壤呼吸变化,且空气温度的影响达到显著水平。

参考文献

［1］ Lloyd J, Taylor JA. On the temperature dependence of soil respiration. Functional Ecology, 1994, 8: 315 – 323.

［2］ Kang S, Doh S, LeeD, et al. Topographic and climatic controls on soil respiration in six temperate mixed – hard – wood forest slopes, Korea. Global Change Biology, 2003, 9: 1427 – 1437.

［3］ 姜艳, 王兵, 汪玉如, 等. 亚热带林分土壤呼吸及其与土壤温湿度关系的模型模拟. 应用生态学报. 2010, 21(7): 1641 – 1648.

［4］ Khomik M, Arain M, McCaughey JH. Temporal and spatial variability of soil respiration in a boreal mixed – wood forest. Agricultural and Forest Meteorology, 2006, 40: 244 – 256.

［5］ Almagro M, Lope ZJ, Querejeta JI, et al. Temperature dependence of soil CO_2 efflux is strongly modulated by seasonal patterns of moisture availability in a Mediterranean ecosystem. Soil Biology and Biochemistry, 2009, 41: 594 – 605.

柽柳的耗水量模型

1 背景

20 世纪 50 年代以来,由于黑河中游下泄水量减少,下游绿洲面积以每年 2600 hm² 的速度减小,导致土地沙漠化发展迅速,沙尘暴频繁发生且危害加剧[1],严重地影响下游绿洲的生存,制约着整个流域社会、经济与生态环境的可持续发展。柽柳属植物耐盐碱、耐旱、耐沙蚀和沙埋、耐贫瘠,在防风固沙、维护生态安全、改善生态环境方面发挥着巨大的作用。彭守璋等[2]对柽柳进行研究,其目的是:①采用数量化法与高分辨率遥感数据相结合来估算生物量,即在"点"尺度寻求灌木地上生物量与简便易测因子间的关系,利用高分辨率的遥感图像提取易测因子,以此来推算区域生物量的空间分布;②根据柽柳蒸腾系数结合生物量的空间分布,计算柽柳种群耗水量的空间分布,旨在为旱区植被耗水的区域估算提供方法,为黑河下游水资源分配方案提供数据支撑。

2 公式

2.1 柽柳生物量模型

根据单枝柽柳的基径和高,建立单枝生物量与单枝柽柳的基径和高之间的关系式为[3]:

$$w = a + b(d^2 h)^c \tag{1}$$

式中,w 为单枝柽柳的生物量(g);d、h 分别为单枝柽柳的基径(cm)和高(cm)。在 91 枝样本中选 61 枝建立模型,拟合出式(1)中的系数 a、b 和 c,用剩余 30 枝对模型进行验证。

根据 16 丛所有枝条的基径和高数据,利用式(1)获得每丛柽柳生物量。然后利用 13 丛已获生物量建立丛生物量与丛高和冠幅周长之间的关系,用有实测生物量数据的 3 丛进行验证。其表达式为[4]:

$$W = a + b(P^2 H)^c \tag{2}$$

式中,W 为单丛柽柳的生物量(干质量,kg);H 为丛高(m),P 为冠幅周长(m)。

柽柳丛高与冠幅周长的关系式为:

$$H = a + bP^c \tag{3}$$

式中,H 为丛高(m);P 为冠幅周长(m)。在 57 丛柽柳中选取 36 丛,拟合出式(3)中的系数

a、b 和 c,用剩余的 21 丛柽柳的丛高与冠幅周长数据对模型进行验证。

以上回归方程均用决定系数(R^2)对拟合程度进行评判并进行 F 检验以及 RMSE 分析,所用数据分析在 Matlab 软件中进行。

由于式(2)和式(3)只适用单丛柽柳生物量计算,成片分布的柽柳则采用下式计算生物量(W_s,干质量,kg):

$$W_s = SH_SW_v \tag{4}$$

式中:S 为柽柳连续分布时冠幅投影在地面所占的面积(m^2);W_v 为单位体积的生物量(kg·m^{-3}),为一常数;H_S 为测量的所有丛高的平均值(2.63 m)。

2.2 柽柳生物量模型

选取 61 个单枝样本,根据式(1)对柽柳单枝的生物量与基径和高进行拟合,获得的拟合方程为:

$$w = 13.67 + 0.5003d^2h \quad (R^2 = 0.903, F = 550.9) \tag{5}$$

用剩余的 30 个单枝样本对线性模型进行验证,均方误差(RMSE)为 108.1g,实测值与模拟值的拟合线与 1:1 线十分接近(图 1a)。

根据式(5)计算单丛生物量,利用丛生物量与丛高和冠幅周长建立如下关系式:

$$W = -5.753 + 0.09792P^2H \quad (R^2 = 0.951, F = 267.8) \tag{6}$$

由 3 丛生物量的观测值与模拟值的误差分析得出,模型精度达到 90%(图 2)。假设单丛柽柳为柱形,则柱形体积为:$V = H \times \pi \dfrac{P^2}{4\pi^2}$,代入式(6):

$$W = -5.753 + 1.23V \tag{7}$$

系数 1.23 为柽柳单位体积的生物量,即 1.23 kg·m^{-3},即常数 w_v 的值。式(4)则为:

$$W_s = 3.2349 \times S \tag{8}$$

利用 36 个单丛样本建立单丛丛高与冠幅周长的模型,获取式(3)的系数,其模型如下:

$$H = 0.9356 \times P^{0.4572} \quad (R^2 = 0.981, F = 126) \tag{9}$$

用其余 21 个样本对模型进行验证,实测值与模拟值的拟合线与 1:1 线接近(图 1b),$RMSE$ 为 0.37 m。由式(9)可以看出,随着冠幅周长的增大,丛高增大的速率减小。根据式(6)建立时自变量的适用范围(3.17~18.5 m)确定单丛和成片柽柳,在 P 的定义域内为单丛计算,P 大于 18.5 m 时为成片计算。

利用野外调查的 77 个样地和 10 个农田定点数据进行土地利用/覆盖类型分类验证,柽柳丛分类精度为 94%(图 3)。由图 3 可以看出,胡杨主要分布在河道两侧,而柽柳在研究区内大面积分布。同时,由于人类的开垦,在柽柳林中出现了大片的农用地。在柽柳分布区选择任何一点放大,从中可以看出柽柳的斑块分布格局。

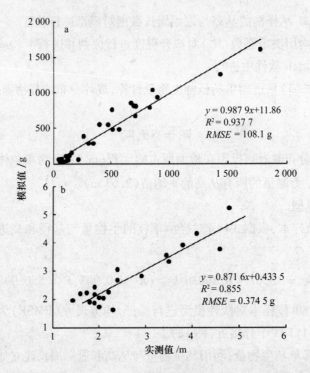

图1　柽柳单枝生物量(a)和单丛高(b)实测值与模拟值散点图

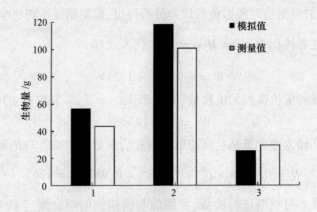

图2　3丛柽柳生物量观测值与模拟值比较

　　在ArcGIS中提取所需参数后,根据式(6)、式(8)和式(9)计算出整个研究区柽柳的地上生物量(图4a)。由于影像的空间分辨率为0.6 m,因此计算出生物量和耗水量空间分布都是在栅格尺度上,栅格大小为0.6 m×0.6 m。从柽柳生物量的空间分布上看,由于河水的补给,河道边的柽柳长势良好,成片连续分布,且生物量高。

　　根据黑河下游绿洲植被蒸腾系数(300)和柽柳的地上生物量(69644.7 t)可以推算出整

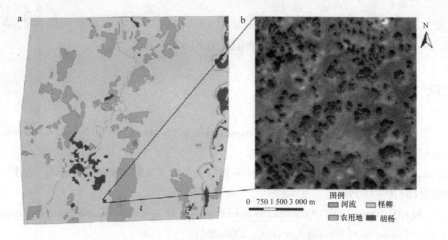

图3 研究区内土地利用类型分类(a)及柽柳分布(b)

个研究区柽柳所蒸散的总水量为 $2.1 \times 10^7 \, m^3$。根据 Xiao 等[5]拟合的黑河下游多枝柽柳高度与年龄的关系式和本研究计算的柽柳高度,可以推算出柽柳的年龄,最后计算出柽柳多年平均的耗水量在 30 ~ 386 mm(图4b)。

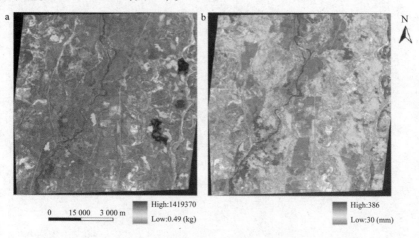

图4 研究区内柽柳生物量(a)和多年平均耗水量(b)空间分布

3 意义

以黑河下游柽柳种群为研究对象,通过野外观测,建立柽柳地上生物量与简便易测因子间的关系[2],利用研究区的高分辨率影像进行决策树分类,提取出柽柳易测因子的空间分布,估算研究区柽柳生物量的空间分布,借助于柽柳的蒸腾系数(300)计算出整个研究区内柽柳的耗水量。柽柳的耗水量模型表明:研究区柽柳地上生物量为 69 644.7 t,单位面积生物量为 0.78 kg·m^{-2};河岸边柽柳生境适宜,生物量较大;研究区柽柳蒸散的总水量为 2.1 × 10^7 m^3,多年平均耗水量的空间分布范围在 30 ~ 386 mm。

参考文献

[1] Li S, Li F, Sun W, et al. Modern desertification process in EjinaOasis and its dynamicmechanism. Scientia Geographica Sinica, 2004, 24(1): 61 – 67.

[2] 彭守璋,赵传燕,彭焕华,等. 黑河下游柽柳种群地上生物量及耗水量的空间分布. 应用生态学报. 2010, 21(8): 1940 – 1946.

[3] Cai Z, Liu QJ, Ouyang QL. Estimation model for biomass of shrubs in Qianyanzhou experiment station. Journal of Central South Forestry University, 2006, 26(3): 15 – 23.

[4] Zeng HQ, Liu Q, Feng ZW, et al. Estimation models of understory shrub biomass and their applications in red soil hilly region. Chinese Journal of Applied Ecology, 2007, 18(10): 2185 – 2190.

[5] Xiao SC, Xiao HL, Si JH, et al. Growth characteristics of Tamarix ramosissima in arid regions of China. Acta Botanica Boreali – Occidentalia Sinica, 2005, 25(5): 1012 – 1016.

贵州倒春寒的演变模型

1 背景

气候系统的变暖伴随着全球平均气温和海温的升高、大范围冰雪的融化以及海平面上升等一系列现象[1]，气候条件是限制农业生产的最重要因素之一[2]。贵州省位于中国西南地区，地处低纬度山区，地势高低悬殊，属副热带东亚大陆季风区，天气气候特点是在垂直方向的差异较大，立体气候明显，李勇等[3]运用 GIS、Mann - Kendall 和 Morlet 小波等工具，结合倒春寒强度指数指标和倒春寒评估指标，从倒春寒发生频率、站次比、趋势变化、年代际变化、气候突变和周期变化等方面，分析了气候变化背景下贵州省 1959—2007 年倒春寒时间演变趋势及空间分布特征，旨在为贵州省农业产业结构的合理调整提供科学依据。

2 公式

2.1 倒春寒强度指数

倒春寒强度指数(K_i)的计算公式[4]：

$$K_i = 100(N_i/10 - T_i/10 + H_i/20) \qquad (1)$$

式中：i 为年份；N_i 为最长倒春寒过程的持续天数，若 N_i 大于 15，则取值为 15；T_i 为 3 月 21 日至 4 月 20 日期间滑动 10 d 平均气温距平的最低值(℃)；H_i 为倒春寒总天数，若 H_i 大于 20，则令 H_i 等于 20。根据表 1 的倒春寒等级划分标准[4]确定年度倒春寒等级。区域平均倒春寒强度指数值以区域内各站点倒春寒强度指数值的平均值来表达。

表 1　年度倒春寒等级标准

倒春寒等级	倒春寒强度指数	灾害等级
I	< 38	无
II	$38 \leqslant K_i < 65$	轻级
III	$65 \leqslant K_i < 111$	中级
IV	$111 \leqslant h_i < 148$	重级
V	≥ 148	特重级

用式(1)求 K_i 时,有时会出现因 T_i 出现的 K_i 虚假增值问题,导致计算出的某年度倒春寒等级 K_i 对应的年度倒春寒点天数小于倒春寒定义中的同级单站单次倒春寒天数的情形发生,所以,本研究将式(1)作如下限定:当 $H_i < 3$ 且 $K_i \geq 38$,则令 $K_i = 37$;当 $3 \leq H_i < 5$ 且 $K_i \geq 65$,则令 $K_i = 64$;当 $5 \leq H_i < 7$ 且 $K_i \geq 111$,则令 $K_i = 110$;当 $7 \leq Hi < 10$ 且 $K_i \geq 148$,则令 $K_i = 147$。通过以上限定,可以避免对各站年度倒春寒等级的高判。

2.2 倒春寒发生频率(F_i)

$$F_i = n/N \times 100\% \tag{2}$$

式中:N 为某站气象资料的年数;n 为该站发生倒春寒的总年数。可按不同等级的倒春寒发生年数计算不同等级倒春寒频率。

2.3 倒春寒发生站次比(P_i)

$$P_i = m/M \times 100\% \tag{3}$$

式中:M 为某区域内气象台站数;m 为发生倒春寒的台站数。P_i 大小代表发生倒春寒的区域大小。

为分析气候变化背景下不同等级倒春寒在研究区发生比重的逐年变化情况,本研究以站次比为载体进行分析。逐年某等级倒春寒的站次比为逐年发生该等级倒春寒的站点数占全省总站点数的比例(图1)。

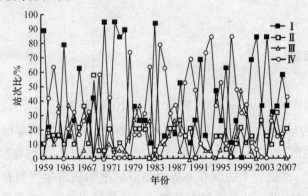

图1 贵州省无倒春寒(Ⅰ)和轻级(Ⅱ)、中级(Ⅲ)、重级(Ⅳ)以上年倒春寒的站次比

2.4 气候倾向率

用 $\hat{X}_i$ 表示样本量为 n 的某一气候变量,用 t_i 表示 $\hat{X}_i$ 所对应的时间,建立 $\hat{X}_i$ 与 t_i 之间的一元线性回归方程:

$$\hat{X}_i = a + bt_i \quad (i = 1, 2, \cdots, n) \tag{4}$$

式中:a 为回归常数;b 为回归系数。a 和 b 可用最小二乘法进行估计。以 b 的 10 倍作为气候倾向率[5]。

250

2.5 Mann – Kendall 法

Mann – Kendall 法是一种非参数统计检验方法。其优点是不需要样本遵从一定的分布规律,也不受少数异常值的干扰,适合于类型变量和顺序变量。

对于具有 n 个样本量的时间序列 x,构造一秩序列:

$$s_k = \sum_{i=1}^{k} r_i \quad (k = 2,3,\cdots,n) \tag{5}$$

$$r_i = \begin{cases} +1 & (c_i > c_j) \\ 0 & (c_i \leqslant c_j) \end{cases} \quad (j = 1,2,\cdots,i) \tag{6}$$

式中:秩序列 s_k 是第 i 时刻数值大于 j 时刻数值个数的累计数。

在时间序列随机独立的假定下,定义统计量为:

$$UF_k = \frac{[s_k - E(s_k)]}{\sqrt{var(s_k)}} \quad (k = 1,2,\cdots,n) \tag{7}$$

式中:$UF_1 = 0$;$E(s_k)$、$var(s_k)$ 是分别为累计数 s_k 的均值和方差,在 x_1、x_2、$\cdots$、x_n 相互独立,且有相同连续分布时,可由下式求出:

$$E(s_k) = \frac{k(k-1)}{4} \tag{8}$$

$$var(s_k) = \frac{k(k-1)(2k+5)}{72} (2 \leqslant k \leqslant N) \tag{9}$$

UF_i 为标准正态分布,它是按时间序列 x 顺序 $(x_1, x_2, \cdots, x_n)$ 计算出的统计量序列。当 $|UF_i|$ 大于 U_a(给定的显著水平)时,则表明序列存在明显的趋势变化。

按时间序列 x 逆序 $(x_n, x_{n-1}, \cdots, x_1)$ 再重复上述过程,同时使 UB_k 等于 $-UF_k(k = n, n-1, \cdots, 1)$,则 UB_1 为 0。

当 UB_k 与 UF_k 两条曲线相交于正负信度线之间时,此相交点表示突变的开始。

2.6 Morlet 小波分析法

小波分析目前已广泛用于气温、降水等气候要素变化、要素场空间结构、多尺度分析、洪涝期间的气象要素分析等,并取得了一些成果[6]。气候变化在时域中存在多层次时间尺度结构和局部化特征,而传统的傅里叶分析却不能分析出这一特征,近年来在应用数学中迅速发展的小波分析方法可研究信号序列不同尺度(周期)随时间的演变情况[7]。

Morlet 小波是常用的复数形式的小波函数,其定义为[8]:

$$\Psi(x) = e^{x^2/2} \cdot e^{ik\phi(x)} \tag{10}$$

其小波变换式为:

$$W_f(a,b) = \int_{-\infty}^{+\infty} f(x) \frac{1}{\sqrt{a}} \overline{\Psi}\left(\frac{x-b}{a}\right) dx \tag{11}$$

小波方差可定义为:

$$V_{av}(a) = \int_{-\infty}^{+\infty} |w_f(a,b)|^2 db \qquad (12)$$

式中,$\psi(x)$为基本小波或母小波函数;x为取样间隔;$W_f(a,b)$为小波变换函数;$f(x)$为时间信号或函数;a为频率参数;b为时间参数;$V_{ar}(a)$为小波方差,其能反映各个尺度的波动能量,可判别出序列变化的显著周期。

根据小波方差的计算(表2)可以看出:在年际尺度上,研究区7个站的年际第一主周期为4年,11个站为2~3年;年际第二主周期以2~5年和7~9年为主。在年代际尺度上,研究区8个站的年代际第一主周期为13~15年,8个站为27~29年,2个站为16~17年;年代际第二主周期以14~15年和29年为主。

表2 贵州省各站点倒春寒强度指数年际和年代际主周期及其第一主周期的小波方差

站点	年际		年代际	
	周期①/a	小波方差②	周期③/a	小波方差④
威宁	2,7	241	13,22	162
盘县	2,7	233	15,29	237
桐梓	4,2	257	17,29	84
习水	2,4	369	14,29	180
毕节	2,8	242	29,14	213
遵义	2,4	196	29,16	162
湄潭	4,7	257	29,15	200
思南	3,2	207	15,27	279
铜仁	4,7	225	29,15	310
黔西	4,9	231	15,29	243
安顺	9,3	214	14,29	149
贵阳	2,4	201	29,14	69
凯里	4,7	298	29,15	139
三穗	4,2	200	28,15	261
兴义	3,5	254	16,13	224
望谟	3,8	230	14,26	229
罗甸	3,8	198	24,14	258
独山	4,2	286	29,15	124
榕江	2,5	260	15,10	135

注:①为第一、第二年际主周期;②为第一年际主周期的小波方差,值的大小表示该周期信号的强;③为第一、第二年代际主周期;④为第一年代际主周期的小波方差。

3 意义

基于 1959—2007 年贵州省 19 个气象台站的逐日平均气温资料,结合倒春寒强度指数指标和灾害等级划分标准,从倒春寒发生频率、站次比、年代际变化、气候突变、周期变化等方面,分析了贵州省倒春寒的时空演变特征[3]。贵州倒春寒的演变模型表明:1959—2007年,研究区无倒春寒发生的频率最大,其次为重级以上倒春寒,中级和轻级倒春寒的发生频率接近;在全球变暖背景下,研究期间贵州省发生中级倒春寒的站次比变化最明显,其气候倾向率达 1.4% · (10a)$^{-1}$,而无倒春寒、轻级和重级以上倒春寒的站次比则略微减少;贵州省倒春寒强度在 20 世纪 90 年代最强,20 世纪 80 年代次强,2000—2007 年最弱,20 世纪 70年代次弱,20 世纪 60 年代居中;研究期间贵州省西部和西北部高海拔地区、中部和北部地区的倒春寒强度呈增强趋势,而东部、南部地区的倒春寒强度呈略微降低的趋势;贵州省西部、西北部、中部和北部地区的倒春寒强度在 1975 年发生由低值向高值的突变;贵州省倒春寒存在明显的周期波动特征,年际周期以 2 ~ 4 年为主,年代际周期以 13 ~ 15 年和 27 ~ 29年为主。

参考文献

[1] Qin DH, Luo Y, Chen Z L, et al. Latest advances in climate change sciences: Interpretation of the synthesis report of the IPCC fourth assessment report. Advances in Climate Change Research, 2007,3(6): 311 – 314.

[2] Moonen AC, Ercoli L, Mariotti M, et al. Climate change in Italy indicated by agrometeorological indices over 122 years. Agricultural and Forest Meteorology,2002,111: 13 – 27.

[3] 李勇,杨晓光,代姝玮,等. 气候变化背景下贵州省倒春寒灾害时空演变特征. 应用生态学报. 2010, 21(8):2099 – 2108.

[4] Xu BN. The division standard of the meteorological disaster in Guizhou Province. Journal of Guizhou Meteorology, 1999,23(3): 42 – 47.

[5] Wei FY. Technology of Modern Climate Statistics Diagnosis and Forecast. Beijing: China Meteorological Press, 2007.

[6] Sonechkin DM, Datsenko NM. Wavelet analysis of non – stationary and chaotic time series with an application to the climate change problem. Pure and Applied Geophysics, 2000,157: 653 – 677.

[7] Liu Y, Yang XY, Duan XH. Multiple – time – scale features of summer and autumn rainfall in Chongqing region. Meteorological Science and T echnology, 2005,33(1): 37 – 44.

[8] Cheng ZX. Algorithm and Application of Wavelet Analysis. Xi'an: Xi'an Jiaotong University Press, 2003.

陕北植被覆盖的演变模型

1 背景

生态恢复有效性评估是当前生态学研究的前沿和热点问题。植被恢复是陆地生态系统恢复的重要途径。评估植被的恢复情况,是生态恢复有效性评估的重要环节,能够揭示生态建设工程所取得的实效,可为工程的顺利实施提供理论参考和科学支撑。植被覆盖状态是半干旱地区重要的生态指标,是植被生产力变化的重要反映[1]。王朗等[2]利用2000—2008 年的 MODIS – NDVI 遥感数据,通过 NDVI 像元二分模型对植被覆盖度进行估算,分析了陕北地区植被的时空变化规律及其驱动因子,并从植被覆盖角度分析评价了区域生态恢复与治理效果,以期为黄土高原地区生态系统恢复和重建提供决策参考。

2 公式

2.1 研究模型

像元二分模型[3]原理是将遥感传感器所观测到的信息(R)表达为由绿色植被部分所贡献的信息(R_v)和由裸土部分所贡献的信息(R_s)两部分:

$$R = R_v + R_s \tag{1}$$

如果一个像元中植被覆盖部分所占的面积比例(即这个像元的植被覆盖度)为f_c,那么非植被覆盖部分的面积比例为 $1 - f_c$。如果该像元全部由植被所覆盖,则所得的反射率为R_{veg};如果该像元无植被覆盖,则反射率为 R_{soil}。植被部分的反射率(R_v)和非植被部分的反射率(R_s)的算式如下:

$$R_v = f_c \times R_{veg} \tag{2}$$

$$R_s = (1 - f_c) \times R_{soil} \tag{3}$$

f_c 的算式如下:

$$f_c = (R - R_{soil})/(R_{veg} - R_{soil}) \tag{4}$$

归一化植被指数($NDVI$)又称为标准化植被指数,它是植被生长状态及植被覆盖度最直接的指示因子[4],经过验证发现 $NDVI$ 与植被覆盖度具有很好的相关性,模拟植被覆盖度的灵敏度较高。根据像元二分模型,一个像元的 $NDVI$ 值可表达为有植被覆盖部分的 $NDVI$ 值($NDVI_{veg}$)和无植被覆盖部分的 $NDVI$ 值($NDVI_{soil}$)[5],其算式如下:

$$f_c = (NDVI - NDVI_{soil})/(NDVI_{veg} - NDVI_{soil}) \tag{5}$$

对于大多数类型的裸地表面，$NDVI_{soil}$ 理论上应接近 0，且不易变化，但由于受众多因素影响，$NDVI_{soil}$ 会随空间而变化，其变化范围一般在 $-0.1 \sim 0.2$[6]。同时，$NDVI_{veg}$ 值也会随植被类型和植被的时空分布而变化。因此，需要土地覆盖类型图和土壤图辅助判断，而不能采用固定值[7]。

2.2 陕北地区植被覆盖度的年内变化

一年内陕北地区植被覆盖度(f_c)的最大值出现在 8 月，为 48.7%，最小值出现在 3 月，为 12.2%，两者相差 36.5%（图1）。

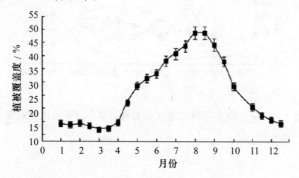

图1 2000—2008 年陕北地区平均植被覆盖度(f_c)的月变化(平均值±标准误)

2.3 陕北地区最大植被覆盖度的年变化

2000—2008 年，陕北地区最大植被覆盖度总体呈波动式上升趋势(图2)。其中，2001 年的最大植被覆盖度最差，为 43.0%；2007 年最好，为 57.4%。线性回归方程的斜率是 1.7，判定系数 R^2 为 0.85，P 小于 0.001，表明陕北地区的植被覆盖度呈极显著的增加趋势，说明期间陕北地区的植被状况得到了显著改善。

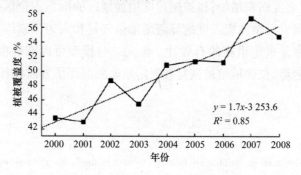

图2 2000—2008 年陕北地区最大植被覆盖度(f_c)的变化

2.4 陕北地区植被覆盖度等级及其变化的空间分异

2000年,陕北地区各覆盖度等级植被的分布极不均匀,表现为低和中低植被覆盖度比例最大、中高植被覆盖度所占比例最小,至2008年,转变为中等植被覆盖度占主导、各等级均匀分布的格局(图3)。

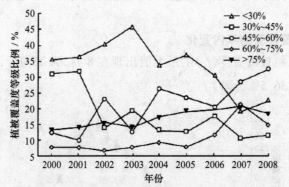

图3 2000—2008年陕北地区植被覆盖度(f_c)等级比例的变化

3 意义

基于2000—2008年的MODIS影像,通过归一化植被指数(NDVI)像元二分模型对退耕还林(草)、水土流失综合治理等生态恢复措施驱动下陕北黄土高原生态脆弱区的植被覆盖度进行了动态评估[2]。结果表明:2000—2008年,陕北地区植被覆盖度年内呈波动趋势,3月的植被覆盖度最差,8月最好;植被覆盖度空间分布的总体趋势是从西北向东南逐渐增加;年最大植被覆盖度在研究期间表现为明显增加;植被覆盖度组成中,低等植被覆盖度面积减少,中等植被覆盖度面积增加;植被覆盖度增加地区的面积占全区一半以上,以研究区东北部尤为明显。研究区植被覆盖度的显著增加是气候和人为因素综合作用的结果,一定程度上反映了生态恢复重建措施的有效性。像元二分模型可以准确模拟区域尺度上植被覆盖度的时空变化趋势,在区域植被恢复效果定量监测与评估方面具有适用性。

参考文献

[1] Liu LM, Lin P. Research on sustainable land use system in the Loess Plateau region. Resources Science, 1998,20(1): 54 – 61.

[2] 王朗,傅伯杰,吕一河,等. 生态恢复背景下陕北地区植被覆盖的时空变化. 应用生态学报. 2010,21(8):2109 – 2116.

[3] Chen J, Chen YH, He CY,et al. Sub – pixel model for vegetation fraction estimation based on land cover

classification. Journal of Remote Sensing, 2001,5(6): 416 – 423.

[4] Zhao YS. Theory and Method in Remote Sensing Application. Beijing: Science Press, 2003.

[5] Leprieur C, Verstraete MM, Pinty B. Evaluation of the performance of various vegetation indices to retrieve vegetation cover from AVHRR Data. Remote Sensing Reviews, 1994,10: 265 – 284.

[6] Carlson TN, Ripley DA. On the relation between NDVI, fractional vegetation cover, and leaf area index. Remote Sensing of Environment, 1997,62: 241 – 252.

[7] Kaufman YJ, Tanre D. Atmospherically resistant vegetation index (ARVI) for EOS – MODIS. IEEE Transactions on Geoscience and Remote Sensing, 1992,30: 261 – 270.

碳通量的数据处理模型

1 背景

通量数据处理通常由不同的数据处理步骤组成,且每个步骤存在着不同的方法,针对同一方法,其参数的选择又存在差异,从而导致处理后的通量资料存在一定的不确定性,其精度和代表性难以得到保证,难以对不同生态系统/年份碳收支状况进行科学的比较和评价,影响了通量资料的共享和相关研究的开展。刘敏等[1]依托 China FLUX 通量数据处理系统,以 2003—2006 年 China FLUX 4 个站点(长白山站、千烟洲站、当雄站、海北站)30 min CO_2 通量观测数据为基础,重点分析了 CO_2 通量数据处理过程中异常值剔除、夜间数据处理参数设置以及数据插补模型选择对 CO_2 通量组分估算的影响,定量评价了 CO_2 通量数据在数据处理过程中的不确定性,为形成统一规范的 China FLUX 通量数据处理流程奠定基础。

2 公式

2.1 异常值剔除

由于受到生物物理因素(通量贡献区的改变或湍流条件的快速变化等)及仪器本身的影响,涡度相关技术获取的观测数据中存在着偏离正常数据变化范围的"野点"。目前通常以一定时间段内的数据偏离平均值方差或标准差的大小为标准对"野点"进行剔除。以 13 d 为窗口,通过定义连续 3 个数据点中位数的差异(d_i)判别"野点"数据(对白天、夜间数据分别进行处理)[2],具体算法如下:

$$d_i = (NEE_i - NEE_{i-1}) - (NEE_{i+1} - NEE_i) \tag{1}$$

式中:NEE 为净生态系统碳交换量($mg \cdot m^{-2} \cdot s^{-1}$,以 CO_2 计);i 为半小时观测数据的序数;当 d_i 满足 $Md + \left(\dfrac{z \times MAD}{0.6745}\right) > d_i > Md - \left(\dfrac{z \times MAD}{0.6745}\right)$ 时,对应的第 i 个观测数据为正常值,否则定义为"野点"并进行剔除;Md 为所有相邻两点间 NEE 差值的中位数;$MAD = $ median($|d_i - Md|$),为 13 d 窗口中所有 $|d_i - Md|$ 的中位数;z 为人为定义的异常值识别的敏感性,z 值越大敏感性越低、剔除的数据越少,z 的参考取值为 4、5.5 或 7,本研究主要通过 z 的不同取值来讨论异常值剔除对 CO_2 通量组分估算的影响。

258

2.2　数据插补及 CO_2 通量组分拆分

为了分析异常值剔除及夜间 u_c^* 确定对 CO_2 通量组分估算的影响,需对处理后的 *NEE* 缺失数据进行插补及组分拆分。通常总生态系统碳交换量(*GEE*)为净生态系统碳交换量(*NEE*)与生态系统呼吸(R_{eco})之差[3],即:

$$GEE = NEE - R_{eco} \qquad (2)$$

白天 *NEE* 缺失数据利用 Michaelis – Menten 方程进行插补[4],插补时间尺度为 10 d。

$$NEE = -\left(\frac{\alpha A_{max} Q_p}{\alpha A_{max} + Q_p}\right) + R_{eco,d} \qquad (3)$$

式中: α 为表观初始光能利用效率($mg \cdot \mu mol^{-1}$ photon); A_{max} 为光饱和时生态系统 CO_2 同化能力(最大光合速率, $mg \cdot m^{-2} \cdot s^{-1}$); Q_p 为入射到植被上方的光合有效辐射($\mu mol \cdot m^{-2} \cdot s^{-1}$); $R_{eco,d}$ 为表观暗呼吸速率($Q_p = 0$ 时的生态系统呼吸量, $mg \cdot m^{-2} \cdot s^{-1}$,以 CO_2 计)。

温度和土壤水分条件是控制生态系统呼吸的重要环境因子,分别选取基于温度响应的 Lloyd & Tayor 模型(式 4)和温度水分响应的连乘模型[式(5)和式(6)]描述生态系统呼吸[5]。在全年尺度对呼吸缺失数据进行插补,进而分析呼吸模型对 CO_2 通量组分估算的影响。

$$R_{eco} = R_{e,ref} e^{E_0\left(\frac{1}{T_{ref}-T_0} - \frac{1}{T_{soil}-T_0}\right)} \qquad (4)$$

$$R_{eco} = R_{e,ref} f(T) f(S_w) \qquad (5)$$

$$f(T) = e^{E_0\left(\frac{1}{T_{ref}-T_0} - \frac{1}{T_{soil}-T_0}\right)} \qquad (6)$$

$$f(S_w) = e^{(bS_w + cS_w^2)} \qquad (7)$$

式中: R_{eco} 为生态系统呼吸($mg \cdot m^{-2} \cdot s^{-1}$,以 CO_2 计); $R_{e,ref}$ 为参考温度(T_{ref})下的生态系统呼吸($mg \cdot m^{-2} \cdot s^{-1}$,以 CO_2 计); T_{ref} 为参考温度,取 15℃,即 288.15K; E_0 为活动能量,取 309 K; T_{soil} 为土壤温度(℃),取 5 cm 深处的土壤温度; T_0 为生态系统呼吸为零时的 5 cm 深处土壤温度(K); S_w 为土壤 5 cm 深处的含水量($m^3 \cdot m^{-3}$); b、c 为试验参数。

3　意义

刘敏等[1]基于中国陆地生态系统通量观测研究网络(China FLUX)4 个站点(2 个森林站和 2 个草地站)的涡度相关通量观测资料,分析了 CO_2 通量数据处理过程中异常值剔除参数设置、夜间摩擦风速(u^*)临界值(u_c^*)确定及数据插补模型选择对 CO_2 通量组分估算的影响。碳通量的数据处理模型表明:3 种数据处理方法均对净生态系统碳交换量(*NEE*)年总量估算有显著影响,其中 u_c^* 确定是影响 *NEE* 估算的重要因子;异常值剔除、u_c^* 确定及数据插补模型选择导致 *NEE* 年总量估算偏差分别为 0.62 ~ 21.31 $g \cdot m^{-2} \cdot a^{-1}$(0.84% ~ 65.31%)、4.06 ~ 30.28 $g \cdot m^{-2} \cdot a^{-1}$(3.76% ~ 21.58%)和 0.69 ~ 27.73 $g \cdot m^{-2} \cdot a^{-1}$

(0.23%～55.62%),草地生态系统 *NEE* 估算对数据处理方法参数设置更敏感;数据处理方法不确定性引起的总生态系统碳交换量和生态系统呼吸年总量估算相对偏差分别为3.88%～11.41%和6.45%～24.91%。

参考文献

[1] 刘敏,何洪林,于贵瑞,等.数据处理方法不确定性对 CO_2 通量组分估算的影响.应用生态学报.2010,21(9):2389-2396.

[2] Papale D, Reichstein M, Aubinet M, et al. Towards a standardized processing of net ecosystem exchange measured with eddy covariance technique: Algorithms and uncertainty estimation. Biogeosciences, 2006, 3: 571-583.

[3] Dixon RK, Brown S, Houghton RA, et al. Carbon pools and flux of global forest ecosystems. Science, 1994, 263: 185-190.

[4] Falge E, Baldocchi D, Olson R, et al. Gap filling strategies for defensible annual sums of net ecosystem exchange. Agricultural and Forest Meteorology, 2001, 107: 43-69.

[5] Zhang XQ, Xu DY. Physiological Model of Forest Growth and Yield. Beijing: China Science and Technology Press, 2002.

毛白杨的水肥耦合效应模型

1 背景

水分和养分是植物生长最重要的环境影响因子[1]。在农林业生产中,当土壤水分和养分供应不足时,通常采用灌溉和施肥来满足农作物和树木对水分和养分的需求[2],但是,单纯灌溉或施肥则往往不能大幅度改善林木生长状况。水肥耦合效应可以提高水分和肥料利用率,防止不合理施肥造成的土壤和水体污染与肥料流失,使生态环境得到良性循环[3]。毛白杨作为我国北方的优良乡土杨树,生长迅速、材质优良,是华北地区速生丰产用材林、农田防护林和城市绿化的主要树种[4]。水、肥是毛白杨栽培中两大生产制约因素,也是促进毛白杨速生、高产的两大技术措施[5]。董雯怡等[2]通过水肥耦合试验,研究土壤含水量和施肥量对毛白杨苗木生长期生物量的影响,确立最佳水肥组合,以期为木本植物苗期水肥耦合管理提供理论依据。

2 公式

2.1 毛白杨生物量回归模型建立与模拟

根据试验设计所得结果(表1),以毛白杨苗木生物量为目标函数,土壤水分、氮肥和磷肥为自变量,通过回归模拟,得到生物量(y)与土壤水分(x_1)、氮肥(x_2)、磷肥(x_3)三因素之间的回归方程:

$$y = 55.663 + 11.17x_1 + 6.552x_2 + 4.076x_3 + 5.678x_1x_2 - 0.788x_1x_3 + 1.568x_2x_3 - 5.575x_1^2 - 7.154x_2^2 - 10.658x_3^2$$

对回归方程进行显著性检验,$F = 13.867 > F_{0.01}(9, 10) = 4.94$,$R^2 = 0.926$,说明回归方程极显著,模拟结果与实际情况拟合很好。对回归系数进行显著性检验,得:

$$t_0 = 21.127, t_1 = 6.391, t_2 = 3.749, t_3 = 2.332, t_{12} = 2.484, t_{13} = 0.345,$$

$$t_{23} = 0.686, t_{11} = 3.276, t_{22} = 4.204, t_{33} = 6.232$$

剔除不显著因素,回归方程为:

$$y = 55.663 + 11.171x_1 + 6.552x_2 + 4.076x_3 + 5.672x_1x_2 - 5.575x_1^2 - 7.154x_2^2 - 10.658x_3^2 \tag{1}$$

表1　试验结构矩阵和各处理毛白杨苗木生物量

处理	设计矩阵									生物量 /(g·plant^{-1})
	x_1	x_2	x_3	x_1x_2	x_1x_3	x_2x_3	x_1^2	x_2^2	x_3^2	y
1	1	1	1	1	1	1	1	1	1	57.57 ± 1.35
2	1	1	-1	1	-1	-1	1	1	1	45.25 ± 1.86
3	1	-1	1	-1	1	-1	1	1	1	26.06 ± 0.99
4	1	-1	-1	-1	-1	1	1	1	1	32.88 ± 2.29
5	-1	1	1	-1	-1	1	1	1	1	24.55 ± 1.55
6	-1	1	-1	-1	1	-1	1	1	1	21.95 ± 1.41
7	-1	-1	1	1	-1	-1	1	1	1	28.60 ± 0.83
8	-1	-1	-1	1	1	1	1	1	1	19.40 ± 1.64
9	1.682	0	0	0	0	0	2.828	0	0	65.60 ± 1.75
10	-1.682	0	0	0	0	0	2.828	0	0	14.88 ± 2.04
11	0	1.682	0	0	0	0	0	2.828	0	49.78 ± 1.85
12	0	-1.682	0	0	0	0	0	2.828	0	21.77 ± 1.32
13	0	0	1.682	0	0	0	0	0	2.828	37.27 ± 0.96
14	0	0	-1.682	0	0	0	0	0	2.828	14.46 ± 2.31
15	0	0	0	0	0	0	0	0	0	57.55 ± 1.67
16	0	0	0	0	0	0	0	0	0	62.27 ± 2.37
17	0	0	0	0	0	0	0	0	0	51.92 ± 2.06
18	0	0	0	0	0	0	0	0	0	51.12 ± 1.85
19	0	0	0	0	0	0	0	0	0	54.30 ± 2.14
20	0	0	0	0	0	0	0	0	0	56.70 ± 1.04

2.2　生物量回归模型的解析

2.2.1　单因素效应

为了更直观地找出水、氮、磷因素对生物量的影响效应,采用降维法分析各因素与生物量的关系[6]。

(1)土壤水分对生物量的影响。

令 $x_2 = x_3 = 0, x_2 = x_3 = 1, x_2 = x_3 = -1$,代入方程(1),得:

$$y_{W_1} = 55.663 + 11.101x_1 - 5.575x_1^2 \tag{2}$$

$$y_{W2} = 48.479 + 16.843x_1 - 5.575x_1^2 \tag{3}$$

$$y_{W_3} = 27.223 + 5.499x_1 - 5.575x_1^2 \tag{4}$$

式中,W_1、W_2、W_3 分别表示施氮量为 2.50 g·plant^{-1}、4.00 g·plant^{-1} 和 1.00 g·plant^{-1},施磷量为 1.25 g·plant^{-1}、2.00 g·plant^{-1} 和 0.50 g·plant^{-1} 时生物量与土壤水分的定量关系。

将式(2)~式(4)的关系曲线绘图(图1),从中可以看出,不论将施用氮肥和磷肥的量固定在高值还是低值,土壤水分对毛白杨生物量的影响均呈抛物线状,其对生物量有明显的增产效应,图中各抛物线的顶点是相应土壤含水量水平对应的最大生物量增量。

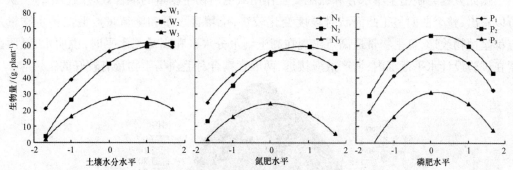

W_1,W_2,W_3:施氮量分别为 2.50 g·plant^{-1}、4.00 g·plant^{-1} 和 1.00 g·plant^{-1},施磷量分别为 1.25 g·plant^{-1}、2.00 g·plant^{-1} 和 0.50 g·plant^{-1};N_1,N_2,N_3:土壤含水量分别为田间持水量的 55%、67% 和 43%,施磷量为 1.25 g·plant^{-1}、2.00 g·plant^{-1} 和 0.50 g·plant^{-1};P_1,P_2,P_3:土壤含水量分别为田间持水量的 55%、67%、43%,施氮量为 2.50 g·plant^{-1}、4.00 g·plant^{-1} 和 1.00 g·plant^{-1}.

图 1 土壤水分、氮、磷肥对毛白杨生物量的影响

(2)氮肥对生物量的影响。

令 $x_1 = x_3 = 0$,$x_1 = x_3 = 1$,$x_1 = x_3 = -1$,代入方程(1),得:

$$y_{N_1} = 55.663 + 6.552x_2 - 7.154x_2^2 \tag{5}$$

$$y_{N_2} = 54.677 + 12.224x_2 - 7.154x_2^2 \tag{6}$$

$$y_{N_3} = 24.183 + 0.88x_2 - 7.154x_2^2 \tag{7}$$

式中:N_1、N_2、N_3 分别表示土壤含水量为田间持水量的 55%、67% 和 43%,施磷量为 1.25 g·plant^{-1}、2.00 g·plant^{-1} 和 0.50 g·plant^{-1} 时,生物量与施氮量的定量关系。

(3)磷肥对生物量的影响。

令 $x_1 = x_2 = 0$,$x_1 = x_2 = 1$,$x_1 = x_2 = -1$,代入方程(1),得:

$$y_{P_1} = 55.663 + 4.076x_3 - 10.658x_3^2 \tag{8}$$

$$y_{P_2} = 66.329 + 4.076x_3 - 10.658x_3^2 \tag{9}$$

$$y_{P_3} = 30.883 + 4.076x_3 - 10.658x_3^2 \tag{10}$$

式中:P_1、P_2、P_3 分别表示含水量为田间持水量的 55%、67%、43%,施氮量为 2.50 g·plant^{-1}、4.00 g·plant^{-1} 和 1.00 g·plant^{-1} 时,生物量与施磷量的定量关系。

2.2.2 水肥耦合效应

从式(1)可以看出,x_1x_2、x_1x_3 和 x_2x_3 交互项系数分别为5.672、0.788 和 1.568,对其进行 t 检验,结果表明,x_1x_2 项达到极显著水平,即土壤水分和氮肥对毛白杨生物量交互作用显著。因此将施磷量固定在 0 水平,得出土壤水分和氮肥对生物量的回归模型为:

$$y = 55.663 + 11.171x_1 + 6.552x_2 + 5.672x_1x_2 - 5.575x_1^2 - 7.154x_2^2$$

据此方程绘制出土壤水分和氮肥交互作用对毛白杨生物量的耦合效应图(图2)。从中可以看出,整个曲面呈正凸面状且坡度变化较快,土壤含水量和施氮量对毛白杨生物量效应都呈抛物线形,且生物量最高点出现在高土壤水分水平和高氮肥水平时,说明水、氮两因素在试验设计水平范围内,增产效应接近,两因素耦合对毛白杨生物量有较好的正效应。

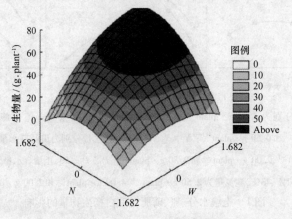

图2 各因素对生物量的耦合效应

3 意义

以毛白杨杂种无性系87 号嫁接苗为试材,采用水、氮、磷三因素五水平二次回归通用旋转组合设计,于 2008 年 3—10 月在北京林业大学苗圃进行盆栽试验,研究了不同水肥耦合水平对毛白杨苗木生物量的影响,并建立了毛白杨生物量的水肥耦合回归模型[2]。土壤水分是影响毛白杨生物量的主要因素,其次为氮肥和磷肥.随着三者投入量的增加,毛白杨生物量增加;当三者增加到一定程度时,继续投入则使其生物量下降。土壤水分与氮肥交互作用显著,且有较好的正效应;而氮肥与磷肥、土壤水分与磷肥交互作用不明显。经模型寻优,水肥调控的最佳组合为:土壤水分控制在田间持水量的73.37%,氮肥和磷肥的施用量分别为 4.14 g·plant^{-1} 和 1.41 g·plant^{-1};此时的毛白杨苗木生物量达到 68.30 g·plant^{-1}。

参考文献

[1] Al – Kaisi MM, Yin XH. Effects of nitrogen rate, irrigation rate, and plant population on corn yield and water use efficiency. Agronomy Journal, 2003,95: 1475 – 1482.

[2] 董雯怡,赵燕,张志毅,等. 水肥耦合效应对毛白杨苗木生物量的影响. 应用生态学报. 2010,21(9): 2194 – 2200.

[3] Mu XM. Coupling Effects and Collaborative Management of Water and Fertilizer. Beijing: China Forestry Press, 1999.

[4] Xue CB. China White Poplar. Beijing: China Forestry Press, 1981.

[5] Wang WQ, Zhang LJ, Li WB,et al. Analysis of the benefit of water – saving irrigation in young plantation of Populus tomentosa. Hebei Journal of Forestry and Orchard Research, 1997,12(3): 284 – 289.

[6] Wang L, Shao MA, Hou QC,et al. Effect of different water, N and P content on the biomass of poplar. Journal of Northwest A&F University(Natural Science), 2004,32(3): 53 – 58.

技术开发区的评价模型

1 背景

综合开发区属于典型的以人为主体、自然环境为依托、资源流动为命脉、社会体制为经络的社会－经济－自然复合产业生态系统。该系统通过生产、消费不同的资源向社会提供各种产品和服务,并通过不同基础设施处理各种废物来进行新陈代谢。开发区内各子系统通过各自的运行及相互作用影响区内整体结构、功能及演变过程,进而影响其生态系统的健康。因此,需要开展开发区新陈代谢分析来识别其物质流与能量流特征,揭示其发展的驱动力,并在此基础上提出优化系统新陈代谢效率的路径,促进区域循环经济的发展。耿涌等[1]应用 MuSIASEM 方法评价了大连经济技术开发区的可持续发展状况,以探讨采用该方法分析综合类开发区新陈代谢效率的可行性。

2 公式

MuSIASEM 理论中的变量主要有两大类[2]:一类变量可从统计年鉴及相关的统计报告中获取,被称为外延变量,是新陈代谢过程中,投入(人类活动时间、体外能投入量)和产出(国内生产总值 GDP)的总量值;另一类变量为内涵变量,是外延变量的比值,用于反映新陈代谢过程中的经济效率和生物物理效率[3]。

常用的外延变量包括:

(1)人类活动时间(human activities,HA)。

该变量是社会经济系统新陈代谢的主体,是 MuSIASEM 方法的核心变量,一般以小时(h)为单位,包括社会总活动时间(total human activities,THA)和各部门活动时间。

社会总活动时间指一年中开发区社会经济系统中全部人口的活动总量(包括睡觉和休息时间),其大小取决于开发区人口数,算式如下:

$$THA = P \times 8760 \tag{1}$$

式中:P 为开发区人口数量;8760 为一年的小时数。

部门活动时间(HA)指一年中分配到社会系统中各个部门的人类活动时间。本研究将整个开发区社会经济系统划分为居民生活部门(HH)、生产部门(PS)和服务与管理部门(SG)。其中,生产部门和服务与管理部门是生产增加值的部门,合称为付薪部门(PW),而

266

居民生活部门则是消费增加值的部门。社会总活动时间与各部门活动时间之间的关系可表示为：

$$THA = HA_{HH} + HA_{PS} + HA_{SG} = HA_{HH} + HA_{PW} \qquad (2)$$

式中：HA_{HH}、HA_{PS}、HA_{SG}、HA_{PW}分别代表投入到居民生活部门、生产部门、服务与管理部门以及付薪部门的人类活动时间，每个部门的活动时间按照各自部门的实际劳动时间进行核算。需要说明的是，开发区居民活动时间在各部门的分配情况与开发区人口结构和社会发展有直接关系，包括年龄和性别结构、社会制度（退休年龄、必须受教育时间、教育水平、法定工作时间等）等[2]。

根据我国基本情况，将大连开发区社会经济系统划分为 4 个部门：第一产业、第二产业、第三产业和居民生活部门。按以上公式计算 4 个部门的活动时间（表 1）。可见，4 个部门的人类活动时间呈现不同的变化趋势。

表1　研究区各部门人类活动时间的分配

年份	人类活动时间				
	HA_{HH}	HA_1	HA_2	HA_3	THA
2000	8.58E+08	1.91E+07	1.67E+08	5.32E+07	1.10E+09
2001	9.10E+08	1.89E+07	1.701+08	5.14E+07	1.15E+09
2002	1.21E+09	3.36E+07	1.87E+08	5.30E+07	1.48E+09
2003	1.30E+09	3.45E+07	2.13E+08	5.23E+07	1.60E+09
2004	1.50E+09	3.09E+07	2.41E+08	5.37E+07	1.82E+09
2005	1.49E+09	3.68E+07	2.75E+08	6.00E+07	1.86E+09
2006	1.60E+09	3.13E+07	2.95E+08	7.18E+07	2.00E+09
2007	1.68E+09	2.82E+07	3.27E+08	6.14E+07	2.10E+09

HA_{HH}：居民生活部门人类活动时间；HA_1：第一产业人类活动时间；HA_2：第二产业人类活动时间；HA_3：第三产业人类活动时间；THA：人类活动时间。

（2）体外能投入量（exosomatic energy throughput，ET）。

ET 指一年中开发区新陈代谢消耗的体外能，以焦耳（J）为单位，包括社会总的体外能投入量（total exosomatic energy throughput，TET）和各部门体外能投入量（ET）。其表达式为：

$$TET = ET_{HH} + ET_{PS} + ET_{SG} = ET_{HH} + ET_{PW} \qquad (3)$$

式中：ET_{HH}、ET_{PS}、ET_{SG}、ET_{PW}分别代表开发区居民生活部门、生产部门、服务与管理部门以及付薪部门的体外能投入量。

根据公式计算各部门体外能投入量，见图 1。可以看出，2002—2007 年，大连开发区社会体外能代谢总量增长了 85%，年均增长 17%；居民生活部门、第二产业及第三产业的体外能投入量呈增长趋势,第一产业则有所降低。

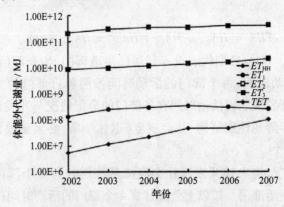

图1 研究区各部门体外能投入量的变化

ET_{HH}:居民生活部门体外能投入量;ET_1:第一产业体外能投入量;

ET_2:第二产业体外能投入;ET_3:第三产业体外能投入量;TET:体外能投入量

(3)增加值(add value)。

该变量指在一定时期内生产活动新创造的价值,一般用开发区国内生产总值(GDP)表示。值得注意的是,增加值只产生于付薪部门,即生产部门和服务与管理部门,而居民生活部门没有产生增加值[2]。

常用的内涵变量包括:

(1)体外能代谢率(exosomatic metabolic rate, EMR)。

该变量是体外能投入量与人类活动时间的比值,本研究中指开发区居民每小时活动消耗的体外能量(J·h⁻¹)。整个开发区社会体外能代谢率(EMR)可表示为:

$$EMR = TET/THA \tag{4}$$

开发区社会各部门的体外能代谢率(EMR_i)可表示为:

$$EMR_i = ET_i/HA_i \tag{5}$$

$$EMR = \sum EMR_i = EMR_{HH} + EMR_{PS} + EMR_{SG} \tag{6}$$

EMR 反映了开发区各种经济活动的技术系数组合和资本化水平。其值越高,表明经济活动的技术系数组合和资本化水平越高;反之,表明技术系数组合和资本化水平越低[3]。

根据公式计算该指标,结果见表2。虽然大连开发区内第一产业人类活动时间与体外能投入量逐年降低,但第一产业的体外能代谢率反而呈增长态势。

表 2 研究区各部门体外能代谢率

年份	体外能代谢率/(MJ·h⁻¹)				
	EMR_{HH}	EMR_1	EMR_2	EMR_3	EMR
2002	0.005	4.18	1 328.00	180.19	174.48
2003	0.010	8.19	1 403.45	198.68	192.76
2004	0.016	10.92	1 443.82	225.97	197.88
2005	0.036	9.36	1 274.74	225.56	195.78
2006	0.031	10.14	1 289.86	232.30	198.32
2007	0.067	10.30	1 396.78	349.51	228.19

EMR_{HH}：居民生活部门体外能代谢率；EMR_1：第一产业体外能代谢率；EMR_2：第二产业体外能代谢率；EMR_3：第三产业体外能代谢率；EMR：体外能代谢率。

（2）社会生产率（economic societal productivity，ESP）。

该变量指社会总增加值与社会总活动时间的比值，本研究中指在给定的年份中，开发区居民每小时活动产生的增加值，其表达式为：

$$ESP = GDP/THA \tag{7}$$

ESP 反映了开发区整个社会经济系统生产力水平。其值越高，生产力水平越高；反之，生产力水平越低。

（3）劳动生产率（economic labor productivity，ELP）。

与 ESP 相对，该变量指在开发区产生增加值的部门中，即生产部门和服务与管理部门，每小时人类活动产生的增加值，其公式为：

$$ELP_i = GDP_i/HA_i \tag{8}$$

ELP 反映了开发区各个付薪部门生产力水平。其值越高，说明该部门的生产力水平越高；反之，其生产力水平越低。

（4）能源密度（energy intensity，EI）。

该变量指社会总的体外能投入量与增加值的比值，是开发区产生单位增加值所消耗的体外能，其公式为：

$$EI = TET/GDP \tag{9}$$

开发区各付薪部门能源密度（EI_i）可表示为：

$$EI_i = ET_i/GDP_i \tag{10}$$

EI_i 是能源效率的重要指标。其值越高，说明该部门能源效率越高；反之，其能源效率越低。

根据公式计算各部门能源效率，见图 2。可以看出，2004—2007 年，研究区付薪部门能源密度有所下降，第二产业能源密度发生了明显变化，3 年间降低 33%。

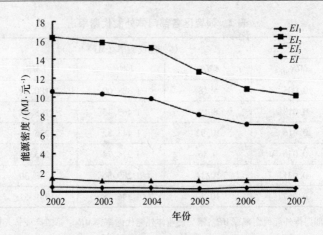

图2　研究区各部门能源密度的变化

EI_1:第一产业能源密度;EI_2:第二产业能源密度;EI_3:第三产业能源密度;EI:能源密度

3　意义

　　基于社会生态系统代谢多尺度综合评估(MuSIASEM)理论,对2000—2007年大连经济技术开发区人类活动时间、体外能投入量和增加值进行综合评价[1]。结果表明:2000—2007年,大连开发区居民生活水平逐年提高;农业逐渐萎缩;第二产业仍为区域支柱产业,能耗较大;第三产业发展落后于第二产业;区域整体和各个产业的体外能代谢率明显提高,能源密度不断下降;人类活动时间与体外能投入量不断减少的情况下,经济增加值稳步增长,区域整体发展呈可持续态势。采用MuSIASEM理论对于综合性开发区的整体发展进行评价能够揭示其在发展过程中出现的问题,特别是产业结构问题和可持续发展中的主要制约因素,为决策者制订科学发展政策提供理论依据。而且,这种方法与其他区域发展评价方法相比能充分反映出开发区能源消耗问题的复杂性,对于开展开发区的节能减排也具有重要意义。

参考文献

[1] 耿涌,刘晓青,张攀,等.基于MuSIASEM理论的大连经济技术开发区可持续发展评价.应用生态学报.2010,21(10):2615-2620,

[2] Giampietro M,Mayumi K, Bukkens GF. Multiple-scale integrated assessment of societal metabolism:An analytical tool to study development and sustainability. Environment, Development and Sustainability, 2001,3:275-307.

[3] Giampietm M,Mayumi K,Munda G. Integrated assessment and energy analysis:Quality assurance in multic-riteria analysis of sustainability. Energy. 2006,31:59-86.

农田环境的损益公式

1 背景

目前全球生态系统功能已出现下降趋势,如果这种趋势持续下去,将会严重影响农田生态系统提供产品的能力[1]。为了合理判断农田的重要性,有必要将农田环境效益和环境成本转换为货币的形式,从而使决策者有更准确和客观的决策依据。海河流域约46%的土地是农田,其中华北平原是我国重要的粮食主产区之一。白杨等[2]利用市场价值法、影子工程法和机会成本法等,对2005年海河流域农田生态系统的各项服务进行了定量评价,并对农业生产的环境成本进行了初步探讨,旨在为保护农田及农村生态环境、促进农业可持续发展、保障国家粮食安全等提供决策依据。

2 公式

2.1 固碳释氧

农作物光合过程中吸收 CO_2 制造碳氢化合物,以有机物的形式将大气中的 CO_2 固定于作物体内,同时释放出 O_2[3]。但作为食物,农作物当年就会被消耗掉,作物固定的 CO_2 很快释放到生物圈中,没有生物质累积。因此光合作用固定的 CO_2 并没有真正被固定在农田生态系统中。本研究采用农田土壤固碳速率($0.165\ t \cdot hm^{-2} \cdot a^{-1}$[4])来反映农田生态系统固碳效益。光合过程中 O_2 直接释放到大气中,可以被人类直接利用。尽管秸秆在用作燃料和露天焚烧过程中需要消耗 O_2,但这方面属于人类活动对生态系统的影响,本研究未予考虑。固碳价值公式为:

$$V_o = Sk_cP_c \tag{1}$$

式中:V_o 为固碳总价值;S 为农田总面积;k_c 为农田土壤固碳速率;P_c 为市场固碳的价格。释氧价值公式为:

$$V_o = 1.2\sum_{j=1}^{m} NPP_jP_o \tag{2}$$

$$NPP_j = \sum_{j=1}^{m} Y_j(1 - W_j)/f_i \tag{3}$$

式中:V_o 为释氧总价值;NPP_j 为第 j 类农产品或农副产品的净初级生产力;Y_j 为第 j 类农产

271

品或农副产品的产量;f_j 为第 j 类农产品或农副产品的经济系数;W_j 为第 j 类农产品或农副产品含水率;P_o 为市场制造 O_2 价格。

固碳释氧总价值(V_q)公式为:

$$V_q = V_c + V_o \tag{4}$$

2.2 营养物质循环

生态系统的营养物质循环主要在生物库、凋落物库和土壤库之间进行,其中,农田生态系统凋落物极少[5],生物与土壤之间的养分交换过程是最主要的过程[6],本研究只考虑土壤库和生物库。本研究对参与评价的生物库和土壤库中的营养元素仅考虑含量相对较大的氮、磷、钾[7]。生物库参与营养元素循环的价值公式为:

$$V_n = \sum_{j=1}^{m} NPP_j (C_{nj}P_n + C_{pj}P_p + C_{kj}P_k) \tag{5}$$

式中:V_n 为生物库中营养物质循环的总价值;C_{nj} 为第 j 类农产品生物质中含 N 的百分比;C_{pj} 为第 j 类农产品生物质中含 P 的百分比;C_{kj} 为第 j 类农产品生物质中含 K 的百分比;P_n、P_p、P_k 分别对应于 N、P、K 的市场价格。

土壤库中参与营养元素循环的价值公式为:

$$V_s = \sum_{j=1}^{m} M_j (S_{nj}P_n f_n + S_{pj}P_p f_p + S_{kj}P_k f_k) \tag{6}$$

式中:V_s 为土壤库中营养物质循环的总价值;M_j 为第 j 类农产品土壤库总量;S_{nj} 为第 j 类农产品土壤库中含 N 的百分比;S_{pj} 为第 j 类农产品土壤库中含 P 的百分比;S_{kj} 为第 j 类农产品土壤库中含 K 的百分比;f_n、f_p、f_k 分别为 N、P、K 在土壤中的周转率,其值分别为 0.08、0.01 和 0.01[8]。

营养物质循环总价值的公式如下:

$$V_e = V_n + V_s \tag{7}$$

根据公式计算基于研究区农田生物库和土壤库中氮、磷、钾含量比例及其价值(表3)。

表1 海河流域农田生态系统营养元素保持量及其价值

库	营养元素	营养元素含量比例/%	总含量/($\times 10^4$ t·a^{-1})	总价值/$\times 10^8$ 元
生物库	N	3.09	215.7	18.4
	P	0.74	51.4	0.7
	K	3.28	0.5	23.1
土壤库	N	0.06	426.37	36.32
	P	0.05	44.33	0.65
	K	1.83	1 717.19	173.94

2.3 涵养水源

农田生态系统可通过农作物截留水和土壤持水来保持降雨过程中的一部分水分,从而减少径流,起到涵养水源的作用。本研究采用降水储存量法来计算农田涵养水源的潜力,即与裸地相比,农田保持水分的增加量。其价值采用替代成本法估算,即修建相应库容的水库成本来进行计算。涵养水源价值(V_w)的公式为:

$$V_W = P_W \sum_{i=1}^{l} \sum_{j=1}^{m} \sum_{k=1}^{n} (S_{ijk} J_i R_j K_k) \qquad (8)$$

式中,S_{ijk} 为第 i 种降雨分区中第 j 类农产品的面积;J_i 为第 i 类降雨分区;R_j 为与裸地相比,第 j 类农田生态系统减少径流的效益系数;K_k 为第 k 个区域产流降雨量占降雨总量的比例[7]。

2.4 土壤保持

降雨时裸地输出的大量泥沙带走土壤中大量的 N、P、K 和有机质,造成土层变薄、土壤肥力降低以及河流和水库淤积[9]。农田的存在起到了一定的土壤保持作用,减少了泥沙输出。本研究采用通用水土流失方程,模拟了降雨情况下与裸地相比,农田所具有的潜在土壤保持效益。从减少土地废弃和减少土壤肥力损失两个方面评价农田土壤保持的价值。通用水土流失方程如下:

$$A = R \times K \times L \times S \times C \times P \qquad (9)$$

式中,A 为年土壤流失量;R 为降雨侵蚀因子;K 为土壤可蚀性因子;LS 为坡长坡度因子;C 为植被覆盖因子;P 为水土保持措施因子。

土壤保持物质量的计算公式为:

$$T_h = \sum_{j=1}^{m} S_j (E_{pj} - E_{rj}) \qquad (10)$$

式中:T_h 为土壤保持总量;S_j 为第 j 类农作物面积;E_{pj} 为第 j 类农作物潜在土壤侵蚀模数;E_{rj} 为第 j 类农作物的现实土壤侵蚀模数。

保持土壤养分价值公式如下:

$$V_a = T_h \sum (C_i \times P_i) \qquad (11)$$

式中:V_a 为保持土壤养分价值;C_i 为土壤中第 i 类养分含量;P_i 为第 i 类土壤养分的市场价格。减少土地废弃价值的计算公式为:

$$V_b = T_h \times h \times P/(10\ 000 d) \qquad (12)$$

式中:V_b 为减少土地废弃价值;d 为土壤容重;h 为土壤厚度;P 为土地年均收益。

总的土壤保持价值算式如下:

$$V_s = V_a + V_b \qquad (13)$$

2.5 废弃物净化

中国传统农业的无废弃物生产模式和我国农户分散经营的土地利用方式,使中国农田生态系统担负了重要的环境净化功能[10]。人畜粪便被作为有机肥料直接进入农田,一方面保持了农田的养分平衡;另一方面为减少这部分废弃物的处理节约了大量成本。本研究中仅考虑牲畜(只包括大牲畜和小牲畜,不包括禽类)废弃物的净化。研究区农田生态系统废弃物净化功能的价值(V_e)算式如下:

$$V_e = \sum_{i=1}^{n} W_i \times r_i \times P \tag{14}$$

式中,V_e为废弃物降解总价值量;P为人工降解废弃物所需的价格;i为牲畜型(大牲畜和小牲畜);W为不同类型的牲畜数量;r为不同类型牲畜个体年粪便量。

根据公式计算海河流域农田生态系统废弃物净化量及其价值,结果见表2。

表2　海河流域农田生态系统废弃物净化量及其价值

地区	大牲畜存栏数	小牲畜存栏数	大牲畜废弃物总量 /($\times 10^4$ t·a^{-1})	小牲畜废弃物总量 /($\times 10^4$ t·a^{-1})	废弃物总量 /($\times 10^4$ t·a^{-1})	总价值/亿元
北京	26.60	344.80	52.14	113.78	165.92	1.79
天津	44.40	340.140	87.02	112.25	199.27	2.15
河北	1 013.05	5 587.43	1 985.58	1 843.85	3 829.43	41.36
山西	185.79	916.51	364.15	302.45	666.60	7.20
内蒙古	480.62	399.51	942.02	131.84	1 073.85	11.60
辽宁	8.20	20.70	16.07	6.83	22.90	0.25
山东	466.62	1 311.62	914.58	432.83	1 347.41	14.55
河南	105.50	539.80	206.78	178.13	384.91	4.16

2.6　农田生态系统总服务价值

研究区农田生态系统各项服务的总价值算式如下:

$$V_t = \sum_{i=1}^{n} \sum_{j=1}^{m} V_{ij} \tag{15}$$

式中:V_{ij}为第j类农作物类型的第i种服务价值。

根据式(15)计算的生态系统服务价值分布,结果见图1。

3　意义

根据生态系统服务的内涵,建立了海河流域农田生态系统服务功能评价指标体系,并利用市场价值法、影子工程法和机会成本法等,定量评价了海河流域农田生态系统服务的经济价值和农田环境成本[2]。农田环境的损益公式表明:2005年,海河流域农田生态系统环境效益总价值为1 802.64亿元;其中,调节功能的价值(794.16亿元)占44.06%,支持功

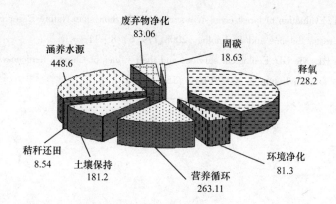

图1 海河流域农田生态系统服务价值分布(亿元)

能的价值(1 008.48 亿元)占 55.94% ,提供产品和文化功能未进行核算。从不同的功能类型来看,其价值量由大至小依次为释氧,涵养水源,营养元素循环,土壤保持,废弃物净化,环境净化,固碳,秸秆还田。2005 年,海河流域化肥流失和温室气体排放的环境成本较大,为 422.93 亿元。其中,化肥流失量为 427.42×10^4 t,成本为 151.91 亿元;产生的温室气体折算为 CO_2 的量为 $3\ 599.65 \times 10^4$ t,成本为 271.02 亿元。

参考文献

[1] Millennium Ecosystem Assessment. Ecosystems and Human Well – being: Biodiversity Synthesis. Washington,DC: World Resources Institute,2005.

[2] 白杨,欧阳志云,郑华,等.海河流域农田生态系统环境损益分析.应用生态学报.2010,21(11): 2938 – 2945.

[3] Mao FL,Guo YR,Liu YX. Evaluation of forest ecosystem services of Wuling Mountain Nature Reserve. Hebei Journal Forestry and Orchard Research. 2005,20(3):220 – 223.

[4] Han B,Wang XK,Lu F,et al. Soil carbon sequestration and its potential by cropland ecosystems in China. Acta Ecologica Sinca. 2008,28(2):612 – 619.

[5] Yang ZX,Zheng DW,Wen H. Studies on service value evaluation of agricultural ecosystem in Beijing region. Journal of Natural Resources,2005,20(4):564 – 571.

[6] Ouyang ZY,Zhao TQ,Zhao JZ, et al. Ecological regulation services of Hainan Island ecosystem and their valuation. Chinese Journal of Applied Ecology. 2004,15(8):1395 – 1402.

[7] Zhao TQ,Ouyang ZY,Zheng H,et al. Forest ecosystem services and their evaluation in China. Journal of Natural Resources. 2004,19(4):480 – 491.

[8] Lu RK,Liu HX,Wen DZ,et al. Nutrient cycling and balance of agro – ecosystem in typical areas of China. Chinese Journal of Soil Science. 1996,27(5):193 – 196.

[9] Dong Q,Li XW. Evaluation of forest ecosystem services of Dazhongshan Nature Reserve in Yunnan. Journal of Shandong Forestry Science and Technology. 2008,179(6):8 –11.

[10] Sun XZ,Zhou HL,Xie GD. Ecological services and their values of Chinese agroecosystem. China Population Resources and Environment. 2007,17(4):55 –60.

城市景观的生态安全评价模型

1 背景

生态安全是实现城市可持续发展的基础。城市是受人类活动干扰最剧烈的生态系统，城市在扩大建设规模的同时很大程度上改变了景观生态系统的结构和功能，导致生态过程发生改变，从而影响区域生态安全。这种影响随着城市规模的快速扩大而变得更加显著。宋豫秦和曹明兰[1]以生态安全和景观生态学理论为基础，以遥感（RS）和地理信息系统（GIS）为技术手段，从景观尺度分析了 1988—2004 年北京市域范围内的景观生态安全度及其时空动态，以期为管理和维护生态环境以及保障生态安全提供科学依据。

2 公式

以生态安全和景观生态学理论为基础，以反映景观结构、景观功能和景观动态为原则，同时考虑其空间特性和可操作性，初步构建了景观生态安全评价指标体系[2]。利用景观格局指数描述景观格局结构，利用生态系统服务反映人类对生态系统功能的利用，利用归一化植被指数表示植被景观活力，利用景观压力反映人类活动对景观格局和过程的影响，利用生态敏感性反映生态系统对人类活动干扰和自然环境变化的响应程度。结合研究区实际和相关研究成果[3]，选取各评价指标，并通过专家打分获得指标权重（表1）。

表1　北京市景观生态安全评价指标体系

目标层	项目层（权重）	指标层（权重）
景观生态安全	景观结构（0.3）	景观破碎度指数（0.3）
		景观多样性指数（0.3）
		分维数（0.2）
		脆弱度指数（0.2）
	生态系统服务（0.2）	生态服务价值
	景观活力（0.15）	归一化植被指数
	生态敏感性（0.15）	水土流失敏感指数（0.6）
		土壤类别敏感指数（0.4）
	景观压力	城市开发利用强度（0.5）
		人口密度（0.5）

2.1 景观结构

景观格局是各生态过程在不同尺度上作用的最终结果,因而区域景观空间格局研究是揭示区域生态状况及空间变异的有效手段[4]。景观指数能定量地描述景观格局结构组成和空间配置特征。根据景观指数的特点,结合本研究的尺度和内容,选择公式简单、生态学意义明确、足以描述景观异质性特征但又不冗余的景观破碎度、景观多样性指数和分维数等指标,并运用 Fragstats 软件计算得到各指标值[5]。

景观破碎度(C_i)指景观被分割的破碎化程度,反映了景观空间结构的复杂性。其公式如下:

$$C_i = N_i/A_i$$

式中:C_i 为第 i 类景观的破碎度;N_i 为第 i 类景观的斑块个数;A_i 为第 i 类景观的面积(km^2)。

多样性指数(SHDI)指景观元素或生态系统在结构、功能以及随时间变化方面的多样性,可反映景观异质性。其公式如下:

$$SHDI = -\sum_{i=1}^{n} P_i \log_2 P_i$$

式中:P_i 为景观类型 i 所占的面积比例;n 为景观类型数。

分维数(D)是定量描述具有自相似性、复杂的分形集合的参数,可反映斑块边界的不规则程度、复杂程度和稳定性,其与景观格局的形成过程密切相关。公式如下:

$$D = 2\ln(P/4)/\ln 4$$

式中,P 为斑块周长;A 为斑块面积。

2.2 生态系统服务

生态系统服务是通过生态系统结构、过程和功能直接或间接得到的生命支持产品和服务。自然资产含有多种与其生态服务相应的价值,本研究基于 Costanza 等[6]建立的公式,采用 Xie 等[7]建立的生态服务价值表,对照不同土地利用类型及其相对应的生态系统,计算研究区生态服务价值量,公式为:

$$V = \sum_{i=1}^{n} A_i \times E_i$$

式中:V 为生态服务总价值(元);A_i 为第 i 种土地利用类型面积(hm^2);E_i 为第 i 种土地利用类型的单位面积生态价值系数(元·hm^{-2}·a^{-1});n 为土地利用类型数。

2.3 生态敏感性

生态敏感性是生态系统对人类活动干扰和自然环境变化的响应程度,可反映发生生态环境问题的难易程度和可能性大小[8]。

参考水土流失方程(USLE),从降水、地形、植被 3 方面计算水土流失敏感性指数(S)。其公式如下:

$$S = [P \times s(1 - NDVI) \times l]^{-4}$$

式中:P 为 6—9 月降水量;s 为坡度;l 为土地利用类型。

2.4 综合指标

综合指标通过加权求和下一级指标得到,计算公式为:

$$X = \sum_{i=1}^{n} W_i \times X_i$$

式中,X 为综合指标;W_i 为第 i 个评价指标的权重;X_i 为第 i 个指标的值;n 为评价指标的个数。由于各指标的量纲不同,利用归一化方法对各指标值进行无量纲处理后计算综合指标。其中,正安全趋向性指标的值即为指标值 X_i,负安全趋向性指标的值为 $1 - X_i$。

为反映城市生态环境的优劣程度、体现城市生态环境建设和环境保护的要求程度,需划分生态安全等级。由于生态安全是个相对的概念,其分级尚未有统一标准。本研究结合文献[2]和研究区概况,对各指标均划分为 5 个安全等级(表 2)。

表 2   景观生态安全评价指标分级

指数	I	II	III	IV	V
景观结构指数	<0.07	0.07 ~ 0.15	0.15 ~ 0.22	0.22 ~ 0.30	>0.30
生态服务价值	<0.01	0.01 ~ 0.012	0.012 ~ 0.016	0.016 ~ 0.025	>0.025
景观活力指数	<0.15	0.15 ~ 0.30	0.30 ~ 0.45	0.45 ~ 0.60	>0.60
生态敏感性	<0.22	0.22 ~ 0.27	0.27 ~ 0.31	0.31 ~ 0.35	>0.35
景观压力指数	<0.01	0.02 ~ 0.03	0.03 ~ 0.04	0.04 ~ 0.30	>0.30
景观生态安全	<0.31	0.31 ~ 0.35	0.35 ~ 0.46	0.46 ~ 0.57	>0.57

注:I 为最低;II 为较低;III 为中等;IV 为较高;V 为最高。

3   意义

结合 RS、GIS 和景观生态学方法,基于景观结构、功能、活力、生态敏感性和景观压力构建了景观生态安全评价指标体系,并分析 1988 年和 2004 年北京市景观生态安全程度及其时空分布规律[1]。城市景观的生态安全评价模型表明:1988—2004 年,北京市生态服务价值处于较高水平,景观活力和景观压力处于较低水平,景观结构稳定性下降,生态敏感度则处于较低水平;1988 年和 2004 年北京市景观生态安全度均处于中级水平,其景观生态安全指数平均值分别为 0.410 和 0.403,表明研究期间北京市景观生态安全整体水平呈稳中稍降的趋势。在今后的城市发展过程中,需加强研究区景观生态建设和保护管理,逐步减小景观压力,重点优化景观生态安全较低地区的景观结构,维护景观生态安全度较高、对景观格局具有支撑作用的林地和农地,促进植被盖度的增加,逐步消除不安全的隐患,促进生态环境向良好方向发展。

参考文献

[1] 宋豫秦,曹明兰.基于 RS 和 GIS 的北京市景观生态安全评价.应用生态学报. 2010,21(11):2889-2895.

[2] Zeng H,Liu GJ. Analysis of regional ecological risk based on landscape structure. China Environmental Science. 1999,19(5):454-457.

[3] Chen P. Ecological health assessment at the landscape scale based on RS and GIS:A case study from the new district of a bay - type city. Acta Scientiae Circumstantiae. 2007,27(10):1744-1752.

[4] Wang J,Cui BS,Yao HR, et al. The temporal and spatial characteristic of landscape ecological security at Lancang River Watershed of longitudinal range gorge region in Southwest China. Acta Ecologica Sinica. 2008,28 (4):1681-1690.

[5] Mcgarigal K,Cushman SA,Neel MC. FRAGSTATS:Spatial Pattern Analysis Program for Categorical Maps [EB/OL]. (2002 - 10 - 16)[2010 - 03 - 12]. www. umass. edu/landeco/research/fragstats/fragstats. html.

[6] Costanza R,d'Arge R,de Groot R, et al. The value of the world's ecosystem services and natural capital. Nature,1997,387:253-260.

[7] Xie GD,Lu CX,Leng YF. et al. Ecological assets valuation of the Tibetan Plateau. Journal of Natural Resources. 2003,18(2):189-195.

[8] Ouyang ZY,Wang XK,Miao H. China's eco - environmental sensitivity and its spatial heterogeneity. Acta Ecologica Sinica, 2000,20(1):9-12.

森林冠层的地面叶面积模型

1 背景

叶面积指数(leaf area index，LAI)指单位地表面积上所有绿色植物器官表面积的一半[1]。作为表征植被冠层结构的核心参数之一,LAI 控制着植被冠层的多种生物物理和生理过程,目前 LAI 已广泛应用于森林生长及生产力模型、作物生长模型、净初级生产力模型、大气模型、水文模型等模型以及林学、植物学、生态学、农学等领域[2]。邹杰和闫广建[3]综述了光学测量方法的理论基础、测量森林冠层地面 LAI 的主要光学测量仪器和方法以及森林冠层地面 LAI 光学测量方法误差来源和定量评估现状,旨在为森林冠层 LAI 的高精度地面间接测量提供参考。

2 公式

2.1 叶面法线分布函数和投影函数

仅考虑冠层组分单次散射时,森林冠层内光合有效辐射(photosynthetically active radiation, PAR, 400~700 nm)的辐射传输仅与冠层几何结构(即冠层组分空间分布)相关。假设叶片上表面法线方向为叶片空间取向,用 $r_L(\theta_L \varphi_L)$ 表示,其中 θ_L、φ_L 分别为叶片上表面法线天顶角和方位角。在冠层高度 z 处,单位体积元内落在以 r_L 为中心的单位立体角内叶面积概率为 $(1/2\pi)g_L(z,r_L)$,则:

$$\frac{1}{2\pi}\int_\Omega g_L(z,r_L)\,\mathrm{d}\Omega_L = 1 \tag{1}$$

式中: $g_L(z,r_L)$ 为冠层高度 z、叶片法线方向 r_L 处的叶片法线分布函数,Ω_L 为叶片立体角。

由于 $\dfrac{g_L(z,r_L)}{2\pi}$ 为 $\mathrm{d}\Omega_L$ 立体角内单位叶面积在 r 方向的投影,则投影函数:

$$G(r_L,r) = \int_\Omega \frac{g_L(z,r_L)}{2\pi}|\cos r_L r|\,\mathrm{d}\Omega_L \tag{2}$$

式中: $G(r_L,r)$ 为单位叶面积在 r 方向的投影,其中 $|\cos r_L r| = \cos\theta\cos\theta_L + \sin\theta\sin\theta_L\cos(\varphi-\varphi_L)$,$r$ 为任意法线方向,θ、φ 分别为 r 法线方向的天顶角和方位角。当叶片方位角与天顶角相互独立时,叶片法线分布函数可分解为方位角概率分布与天顶角概率分布的乘积,即:

$$\frac{1}{2\pi}g_L(z,r_L) = g_L(z,\theta_L) \times \frac{h_L(z,\varphi_L)}{2\pi} \tag{3}$$

式中：$h_L(z,\varphi_L)$ 和 $g_L(z,r_L)$ 分别为冠层高度 z、叶片法线方向 r_L 处的叶片法线方位角和天顶角概率分布函数，其分别满足[4]：

$$\frac{1}{2\pi} = \int_0^{2\pi} h_L(z,\varphi_L)d\varphi_L = 1$$

$$\int_0^{\pi/2} g_L(z,\theta_L)\sin\theta_L d\theta_L = 1 \tag{4}$$

2.2　LAI 计算模型

森林冠层 LAI 光学测量方法计算模型均由植被冠层辐射传输方程推导而来，目前有 3 种不同的表达形式，即泊松模型（间隙率模型）、正二项式分布模型、负二项式分布模型。其中，泊松模型可表示为：

$$P = \frac{I_b}{I_a} = e^{-KL} \tag{5}$$

式中：P 为冠层间隙率或透过率；I_b 和 I_a 分别为冠底和冠顶辐射强度；L 为叶面积指数；K 为消光系数，$K = G(\theta)/\cos\theta$，θ 为天顶角，$G(\theta)$ 为投影函数。

正二项式分布模型、负二项式分布模型可分别表示为：

$$P = \left[1 - \frac{\Delta LG}{\cos\theta}\right]^{L/\Delta L}$$

$$P = \left[1 + \frac{\Delta LG}{\cos\theta}\right]^{-L/\Delta L} \tag{6}$$

式中：L 为 N 层总叶面积指数；ΔL 为各单元层叶面积指数。正、负二项式分布模型均将森林冠层在高度方向划分为相互独立 N 个单元层，两者之间的区别在于正二项式分布模型假设单元层内各叶片相互不重叠，而负二项式分布模型假设单元层内各叶片之间最大限度地重叠[5]。

Chen 等[6]提出了可消除冠层基本组分（包括树叶、树干、树枝、花、果等冠层内部所有组分）聚集效应、冠层基本组分内部聚集效应、非光合作用组分（树干、树枝、花、果等不参与光合作用的冠层组分，又称为木质组分）影响等误差来源的高精度地面 LAI 计算方法：

$$P = e^{[-PAI_eK(1-\alpha)\Omega_e/\gamma]} \tag{7}$$

式中：α 为木质总面积比；Ω_e 为冠层基本组分聚集指数；γ 为束簇面积比；PAI_e 为有效总面积指数，是采用指 LAI-2000、DHP、SunScan 等传统光学方法的测量结果。

2.3　森林冠层地面 LAI 光学测量仪器及方法

2.3.1　LAI-2000

LAI-2000 是由美国 LI-COR 公司开发的一款叶面积测量仪，它配备具有 148°视场角

282

的鱼眼镜头并在 5 个中心环感应器成像,感应器波谱响应范围为 320 ~ 490 nm。LAI - 2000 采用间隙率模型计算有效总面积指数和平均叶倾角,其理论模型有 4 个基本假设:①叶片为黑体;②冠层组分大小远小于同心环投影面积,外业测量时传感器与叶片间距离为叶片大小的 4 倍以上;③叶片空间随机分布;④叶片方位角随机分布。各同心环在冠层底部及顶部的辐射测量值之比即为冠层间隙率 $P(\theta)$,其 LAI 计算公式如下:

$$PAI_c = -2 \sum_{i=1}^{5} \ln [P(\theta_i)] \cos(\theta_i) w(\theta_i) \qquad (8)$$

式中:$w(\theta_i) = \sin(\theta_i) d\theta_i$ $(i = 1, 2, \cdots, 5)$,其在 5 个中心角(7°、23°、38°、53°、68°)的值分别为 0.034、0.104、0.160、0.218、0.494[7]。

LAI - 2000 是目前应用最广泛的地面 LAI 光学测量方法,可较好地应用于连续均匀冠层的测量[8],但在非均匀、不连续森林区及复杂地形区的测量结果往往不理想[2]。

2.3.2 AccuPAR Ceptometer 和 SunScan 探测器

AccuPAR Ceptometer 和 SunScan 探测器均由线性规则排列的传感器组成,其中,AccuPAR 探测器包含 80 个光电二极管,SunScan Ceptometer 探测器由 64 个光电二极管组成,光电二极管波谱感应范围在 400 ~ 700 nm。线性传感器在冠层上、下方测量值的比值即为冠层间隙率或光斑比例,AccuPAR Ceptometer 和 SunScan 测量原理基于间隙率模型并假设冠层叶倾角椭球分布,其 LAI 计算公式为:

$$P = e^{-K(x,\theta) \cdot PAI_e} \qquad (9)$$

式中:$K(x, \theta)$ 为消光系数。

$$K(x, \theta) = \frac{\sqrt{x^2 + \tan \theta^2}}{x + 1.702(x + 1.12)^{-0.708}} \qquad (10)$$

式中:x 为椭球纵轴与横轴比值,0.1 ~ 10,球体分布的 $x = 1$[9]。

2.4 冠层基本组分内部聚集效应

γ 为针叶束与针叶簇表面积的比值。$\gamma = A_n/A_s$,式中,A_n 为针叶簇内针叶束表面积的一半。γ 测量的难点在于针叶束表面积的测量,常见的测量方法有体积替代法、光学求积仪测量法。体积替代法将针叶簇置于装有洗涤剂浓度为 5% 的水容器,溢出容器的溶液质量即为针叶束体积,结合针叶簇中各束长度、半径等参数可计算针叶簇中针叶束表面积[6]。光学求积仪测量法采用光学求积仪测量针叶簇最大投影面积,从而推算其表面积,其算式为:

$$A_s = \frac{1}{\pi} \int_0^{2\pi} \int_0^{\pi/2} A_p(\theta, \varphi) \cos \theta d\theta d\varphi \qquad (11)$$

式中:θ 为投影天顶角,φ 为投影方位角,$A_p(\theta, \varphi)$ 为 (θ, φ) 方向针叶簇投影面积;针叶束表面积的算式为:$A_n = \beta(Vnl)^{\frac{1}{2}}$,式中,$V$ 为针叶束体积,n 为针叶束数量,l 为针叶束平均长度,β 为形状相关因子[10]。

3　意义

作为表征植被冠层结构的核心参数之一,叶面积指数(LAI)控制着植被冠层的多种生物物理和生理过程,如光合、呼吸、蒸腾、碳循环、降水截获、能量交换等。邹杰和闫广建[3]建立了森林冠层地面 LAI 光学测量方法的理论基础和数学模型,确定主流光学测量方法的测量原理及其优缺点和主要误差来源(聚集效应、非光合作用组分、观测条件和地形效应),并应用聚集效应、非光合作用组分和地形效应的定量评估,为以后更加科学严谨地测量森林冠层地面叶面积指数提供了理论基础。

参考文献

[1]　Chen JM,Black TA. Defining leaf area index for non – flat leaves. Plant,Cell and Environment,1992,15:421 – 429.

[2]　onckheere I,Fleck S,Nackaerts K,et al. Review of methods for in situ leaf area index determination. I. Theories,sensors and hemispherical photography. Agricultural and Forest Meteorology,2004,121:19 – 35.

[3]　邹杰,闫广建. 森林冠层地面叶面积指数光学测量方法研究进展. 应用生态学报. 2010,21(11):2971 – 2979.

[4]　Zhang RH,Sun XM,Su HB,et al. A speedier measuring technology for leaf area index:A calibration tool in quantitative remote sensing of vegetation. Remote Sensing for Land and Resource,1997(1):54 – 60.

[5]　Ross J. The Radiation Regime and Architecture of Plant Stands. Hague:Kluwer Academic Publishers,1981.

[6]　Chen JM, Rich PM, Gower ST. et al. Leaf area index of boreal forests:Theory, techniques and measurements. Journal of Geophysical Research. 1997,102:29429 – 29443.

[7]　LI – COR Incorporation. LAI – 2000 Plant Canopy Analyzer Instruction Manual. Nebraska:LI – COR Incorporation. 1992.

[8]　Levy PE,Jarvis PG. Direct and indirect measurements of LAI in millet and fallow vegetation in HAPEX – Sahel. Agricultural and Forest Meteorology. 1999,97:199 – 212.

[9]　Campbell GS. Extinction coefficients for radiation in plant canopies calculated using an ellipsoidal inclination angle distribution. Agricultural and Forest Meteorology,1986,36:317 – 321.

[10]　Chen JM. Optically – based methods for measuring seasonal variation of leaf area index in boreal conifer stands. Agricultural and Forest Meteorology. 1996,80:135 – 163.

植物叶片的滞尘模型

1 背景

随着工业化和城市化的迅猛发展,颗粒物污染已成为城市环境问题之一。植物叶片可以截取和固定大气颗粒污染物而成为消减城市大气污染的重要过滤体[1]。不同植物的滞尘能力、滞尘累积量和作用机理存在较大差异。研究绿化植物的滞尘机理,选择和优化城市绿化植物的种类,对降低城市大气颗粒污染物和提高空气质量具有重要的意义。王会霞等[2]采用人工降尘方法测定了西安市常见的 21 种绿化植物叶片的最大滞尘量以及叶面与液态水、二碘甲烷的接触角,依据 Young 方程和 Owens－Wendt－Kaelble 法计算了叶片的表面自由能及其极性和色散分量,初步探讨了叶片的表面特征如绒毛、润湿性、表面自由能及其极性和色散分量对绿化植物叶片滞尘能力的影响,希望从叶片润湿性和表面能量特征的角度理解植物叶片的滞尘机理,旨在为城市绿化植物的选择提供科学依据。

2 公式

Young[3]建立了理想状态下纯净液体在一个光滑、均一的固体表面形成接触角的理论:在其饱和蒸汽(g)中,一滴液体(l)滴在理想固体(s)表面上平衡时,液滴呈球冠状,在液体所接触的固体与气相的分界点处做液滴表面的切线,此切线在液体一方与固体表面的夹角称为接触角(θ),如图 1 所示。

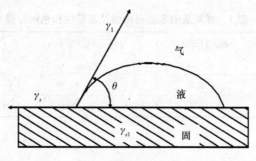

图 1　接触角示意图

根据图 1 所示的三相体系,以此推导出平衡状态时接触角与三个相界面表面自由能的定量关系，即 Young 方程：

$$\gamma_{sg} = \gamma_{sl} + \lambda_{1g}\cos\theta \tag{1}$$

式中：γ_{lg}、γ_{sg}、γ_{sl} 分别为与液体饱和蒸汽呈平衡时的液体表面自由能、固体表面自由能及固液间的界面自由能。

Fowkes[4] 将表面自由能分为极性分量（γ_p）和色散分量（γ_d）两部分，即：

$$\gamma = \gamma^d + \gamma^p \tag{2}$$

认为固/液界面上只有色散力起作用：

$$\gamma_{sl} = \gamma_1 + \gamma_s - 2\sqrt{\gamma_s^d\gamma_l^d} \tag{3}$$

结合式（1）和式（3），得：

$$\gamma_1(1 + \cos\theta) = 2\sqrt{\gamma_s^d\gamma_1^d} \tag{4}$$

由于只考虑了色散作用，其应用受到很大限制，Owens 和 Wendt[5] 拓展了式（3），认为 γ_{sl} 可以表示为色散分量与极性分量几何均值的函数：

$$\gamma_{sl} = \gamma_1 + \gamma_s - 2\sqrt{\gamma_s^d\gamma_1^d} - 2\sqrt{\gamma_s^p\gamma_1^p} \tag{5}$$

式中，γ_s^d 和 γ_1^d 分别为固体和液体表面自由能的色散分量；γ_s^p 和 γ_1^p 分别为固体和液体表面自由能的极性分量。将式（1）和式（5）合并可得：

$$\gamma_1(1 + \cos\theta) = 2(\sqrt{\gamma_1^p\gamma_s^p} + \sqrt{\gamma_1^d\gamma_s^d}) \tag{6}$$

因此，如果已知两种探测液（γ_1、γ_1^d、γ_1^p 已知）在固体表面所形成的接触角，即可根据式（6）计算得到固体表面自由能的色散分量（γ_s^d）和极性分量（γ_s^p），进而求出固体的表面自由能：$\gamma_s = r_s^d + \gamma_s^p$。用此种方法计算固体表面能要求探测液一种为强极性而另一种为非极性。如两个探测液均是可形成氢键的液体（如蒸馏水和甘油），则测出的 γ_s^p 值偏高而 r_s^d 和 γ_s 值偏低。根据此原则，本研究中选择非极性的二碘甲烷（分析纯，北京化学试剂厂）和强极性的蒸馏水作为探测液，探测液的表面自由能（γ_1）、极性分量（γ_1^p）和色散分量（γ_1^d）值见表1。

表1　探测液的表面自由能及其极性和色散分量

探测液	表面自由能 γ_1 /(mJ·m⁻²)	极性分量 γ_1^p /(mJ·m⁻²)	色散分量 γ_1^d /(mJ·m⁻²)
蒸馏水	72.8	51.0	21.8
二碘甲烷	50.8	2.3	48.5

3　意义

以西安市21种常见绿化植物为对象，采用人工降尘方法测定植物叶片的最大滞尘量[2]，研究植物叶片表面绒毛、润湿性、表面自由能及其分量对滞尘能力的影响。植物叶片的滞尘模型表明：不同树种最大滞尘量差异显著，物种间相差 40 倍以上。叶片表面绒毛数量及其形态、分布特征对滞尘能力具有重要影响，可能与绒毛和颗粒物间的作用方式有关。叶片表面自由能主要表现分子间色散力的作用，而极性分量对表面自由能的贡献低于20%，可能与叶片表面含有的非极性或弱极性物质有关。最大滞尘量与叶片表面自由能及其色散分量呈显著正相关，而与极性分量的相关关系不显著。

参考文献

［1］ Wang ZH, Li JB. Capacity of dust uptake by leaf surface of Euonymus japonicus Thunb. and the morphology of captured particle in air polluted city. Ecology and Environment. 2006,15(2):327 – 330.

［2］ 王会霞,石辉,李秧秧. 城市绿化植物叶片表面特征对滞尘能力的影响. 应用生态学报. 2010,21(12): 3077 – 3082.

［3］ Young T. An essay on the cohesion of fluids. Philosophical Transactions of the Royal Society of London, 1805,95:65 – 87.

［4］ Fowkes FM. Determination of interfacial tensions, contact angles, and dispersion forces in surfaces by assuming additivity of intermolecular interactions in surfaces. The Journal of Physical Chemistry. 1962, 66:382.

［5］ Owens DK, Wendt RC. Estimation of the surface free energy of polymers. Journal of Applied Polymer Science. 1969, 13:1741 – 1747.

林冠的降雨截留模型

1 背景

森林是陆地生态系统的主体。但由于人类的过度利用,全球范围的森林面积持续下降,迄今为止,约有50%的原始林已经消亡[1]。落叶松林作为辽宁人工林的主要林型,对维持辽宁东部山区的水源涵养能力具有重要意义[2],林冠截留是森林分配降雨的首要过程[3],正确了解落叶松人工林截留降雨过程特征并开展模型模拟研究,对准确理解该林型的生态水文功能,评价辽宁东部山区森林变化对流域水文过程与区域水资源安全的影响起到关键作用。盛雪娇等[4]基于 Gash 模型,采用 2005—2008 年 6—8 月辽宁省五龙林场落叶松人工林林冠降雨截留观测结果,推导确定模型参数,探讨落叶松人工林冠截留特征以及该模型模拟林冠截流特征的模拟精度。

2 公式

2.1 气象要素的获取与计算

研究采用的日平均温度、水汽压和风速以及日降雨量和日照时数等气象数据均来自距离研究地分别为 65 km、30 km 和 77 km 的抚顺市、清原满族自治县和新宾满族自治县气象观测站(图 1)。取 3 个站的平均值作为气象要素。太阳净辐射计算公式[5]:

$$R_n = a + bQ$$

式中:Q 为天文辐射,根据经纬度和日照时数求出;经验参数 a、b 可用平均水汽压 e 表示:$a = -83.75 - 6.24e$, $b = 0.45 + 0.03e$。

2.2 GASH 模型的建立

Gash 模型基于 Horton 林冠降雨截留模型[6]的过程机制,将林冠截留分为林冠吸附、树干吸附和附加截留,并根据截留过程中林冠和树干是否达到饱和持水,有区别地计算林冠截留量。

该模型通过分项求和方式估算林冠截留[7]:

$$I = n(1 - p - p_t)P_G - nS + (E/R) \sum_{i=1}^{n} (P_i - P_G) + (1 - p - p_t) \sum_{i=1}^{m} P_i + qS_t + \sum_{i=1}^{m+n-1} P_i \tag{1}$$

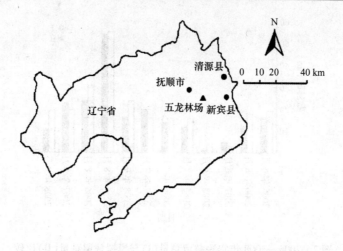

图1　研究地示意图

其中,各分项的意义见表1。

表1　Gash 模型的组成

林冠截留的组成部分	表达式
林冠未饱和的 m 次降雨	$n(1-p-p_t)P_G - nS$
林冠达到饱和的 n 次降雨的林冠加湿过程	$(1-p-p_t)\sum\limits_{i=1}^{m} P_i - nS$
降雨停止前饱和林冠的蒸发	$(E/R)\sum\limits_{i=1}^{n}(P_i - P_G)$
降雨停止后的林冠蒸发	nS
树干蒸发,其中 q 次降雨树干达到饱和,其余 $m+n-q$ 次树干未饱和	$qS_t + P_t\sum\limits_{i=1}^{m+n-q}$

式中:I 为林冠截留量(mm);n 为林冠达到饱和的降雨次数;m 为林冠未达到饱和的降雨次数;p 为自由穿透降雨系数,即不接触林冠直接降到林地的降雨的比率;P 为树干径流系数;R 为平均降雨强度(mm·h^{-1});E 为平均林冠蒸发速率(mm·h^{-1});PG 为单次降雨事件的降雨量(mm);P 为使林冠达到饱和的降雨量(mm);S_t 为树干持水能力(mm)。

利用实测数据计算得到的林冠截留总量和 Gash 解析模型模拟结果对比(图2)。可见,Gash 模型得到的模拟值与实测值基本吻合。它们的线性相关性,如图3所示。

使林冠达到饱和所必需的降雨量(P_G)可根据式(2)求出[8]:

$$P_G = (-RS/E)\ln[1 - E/R(1-p-p_t)^{-1}] \qquad (2)$$

式中:S 为林冠枝叶部分的持水能力(mm)。

饱和林冠的平均蒸发速率(E)由 Penman – Monteith 公式[9]来计算:

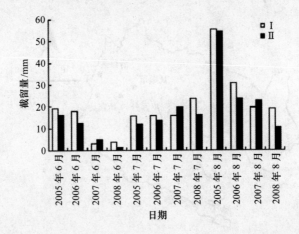

图 2　2005—2008 年实测截留总量(I)与模拟截留总量(II)比较

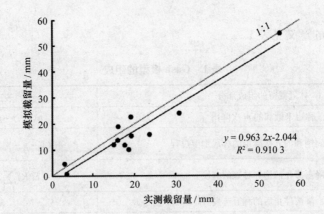

图 3　实测截留量与模拟截留量相关关系

$$\lambda E = (\Delta R_n + \rho c_p D / r_\alpha)(\Delta + \gamma)^{-1} \tag{3}$$

式中:λ 为水的汽化潜热(20℃时,2 454 J·g);E 为林冠蒸发速率(mm·h^{-1});Δ 为饱和水汽压曲线随气温变化的斜率(hPa·℃);R 为大气净辐射(W·m^{-2});ρ 为空气密度(20℃时为 1 204 g·m);c_p 为空气在常压下的比热(1.004 8 J·g·℃);D 为饱和水汽压差(hPa),即气温(T)对应的饱和水汽压(ET)与同温度对应的水汽压(e)之差($D = ET - e$)。

空气动力学阻力(r_a)按下式计算:

$$r_a = \frac{\{\ln[(z - d)/z_0]\}^2}{k^2 U} \tag{4}$$

式中:z 为风速观测高度(m);D 为零位移高度;z_0 为粗糙长度(m);k 为 von Karman 常数($k = 0.4$);U 为 z 高度的风速(m·s^{-1})。

Gash 模型所描述的林冠截留过程与降雨特征、林冠结构、林地空气温湿状况以及风速大小有关,具有以下特点:①模型的应用以一系列的降雨事件为基础,假设降雨事件间有足够的时间使林冠干燥,且不考虑间隔期内可能发生的降雨;②模型需要次降雨的总雨量和穿透雨量;③需要计算降雨过程中的平均降雨强度和平均蒸发速率。

3 意义

盛雪娇等[2]利用2005—2008年辽东山区落叶松人工林林冠降雨截留观测数据,并选取Gash解析模型模拟林冠截留过程。林冠的降雨截留模型表明:落叶松人工林林内穿透雨量与林外降雨量呈显著正相关关系($R^2 = 0.98$),年均穿透雨量占总降雨量的77.64%;林冠截留量与降雨量和降雨强度之间呈正相关关系;除2007年由于降雨间隔时间短导致模拟截留量大于实测截留量外,模型模拟的林冠截留量均小于实测林冠截留量;模型模拟的绝对误差与林外降水量呈负指数相关,为1.26% ~68.96%,平均值为29.09%;模拟值与实测值之间的相关系数为0.91,模型模拟结果与实测结果相吻合。

参考文献

[1] Guan BJ. The present situation and analysis of world forest resources. World Forestry Research,2003,16 (5):1–5.

[2] Wang LH,Zhang SY,Ding ZF. Technology Platform of Water Conservation Forest in the Eastern Mountainous Area of Liaoning. Shenyang:Northeastern University Press,2001.

[3] Pei TF,Zheng YC. The simulation and model of distribution rainfall process in forest canopy. Scientia Silvae Sinicae,1996,32(2):1–10.

[4] 盛雪娇,王曙光,关德新,等.辽宁东部山区落叶松人工林林冠降雨截留观测及模拟.应用生态学报. 2010,21(12):3021–3028.

[5] Weng DN,Gao QX,Yao ZG. Climatic features of atmospheric net radiation over China. Journal of Nanjing Institute of Meteorology,1996,19(4):450–455.

[6] Horton RE. Rainfall interception. Monthly Weather Review,1919,47:603–623.

[7] Gash JHC,Lloyd CR,Lachaud G. Estimating sparse forest rainfall interception with an analytical model. Journal of Hydrology,1995,170:79–86.

[8] Gash JHC,Morton AJ. An application of the Rutter model to estimation of the interception loss from the ford forest. Journal of Hydrology,1978,38:49–58.

[9] Monteith JL. Evaporation and environment. Symposia of the Society for Experimental Biology,1965,19: 205–234.

天气环境的预测模型

1 背景

　　生态系统是现代生态学的核心问题之一,天气是最重要的或最基本的环境条件。要对生态系统进行深入广泛的定性和定量的分析,用计算机模拟其所处的天气环境是很有必要的。天气模拟模型不是回答短期或中长期内天气将怎样变化,变化的结局如何,而是研究某个地区或生态地理范围的天气的一般特征,或气候特征,然后根据这些特征模拟出该地区一年四季每天的最高温度、最低温度、太阳辐射量和降水量等要素。沈佐锐等[1]介绍了WGEN 模型的应用。

2 公式

　　某一日是旱日还是湿日绝对地影响着该日的温度和太阳辐射量。WGEN 首先独立地构造一个产生旱湿日序列子模型,即用马尔柯夫链达到此目的。然后根据该日是旱日还是湿日产生相应的降水量、最高温度、最低温度和太阳辐射量,其中降水量的产生采用 Γ —分布,后 3 个气象要素的产生是采用弱平稳随机过程模型,同时结合了 3 个气象要素之间的相关分析和傅立叶分析,其总体结构如图 1 所示。

　　Γ —分布的概率密度函数为:

$$f(x) = \begin{cases} 0 & \text{当 } x \leqslant 0 \\ [\beta^{\alpha}/\Gamma(a)]x^{\alpha-1}e^{-\beta x} & \text{当 } x > 0 \end{cases}$$

　　其中,α 和 β 称为形状参数,皆取正值且主要与分布的离散程度有关,亦称尺度参数(Scaleparameter),α 则决定了分布的形状(图 2)。

　　Matalas 用下式表达多变量弱平稳生成过程,由此产生一个时段内(如一个月,一个季节,一年甚或千年)的每日最高温度($T_{\max}$)、最低温度($T_{\min}$)和太阳辐射量($Srad$)的合成序列:

$$X_i(j) = AX_{i-1}(j) + B\varepsilon_i(j) \tag{1}$$

式中:$X_i(j)$,$X_{i-1}(j)$ 和 $\varepsilon_i(j)$ 都是 $3 \times l$ 矩阵,A 和 B 是 3×3 矩阵,$X_i(j)$ 和 $X_{i-1}(j)$ 中的元素分别是 3 个变量($T_{\max}$,当 $j=1$;$T_{\min}$,当 $j=2$;$Srad$,当 $j=3$)在第 i 日和第 $i-1$ 日的标准化且无量纲化残差:

292

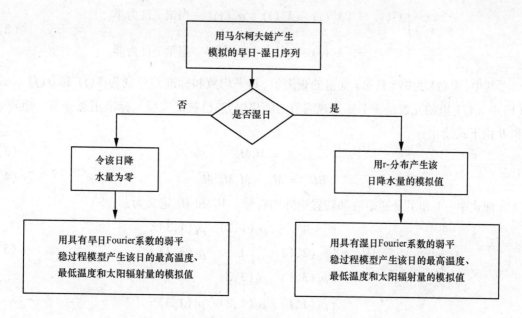

图1 天气模拟模型的主体结构

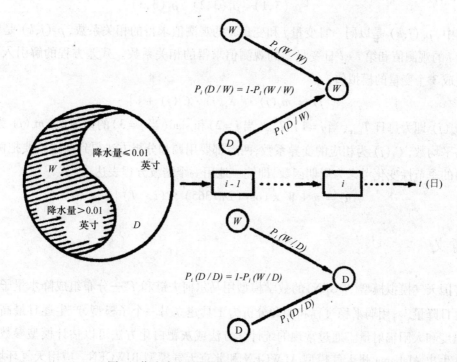

图2 作为降水模拟模型的一阶马尔夫柯链图解

$$\begin{cases} X_i^0(j) = [X_i^0(j) - \overline{X}^0(j)]/\sigma^0(j) & \text{当第 } i \text{ 日为旱} \\ X_i^1(j) = [X_i^1(j) - \overline{X}^1(j)]/\sigma^1(j) & \text{当第 } i \text{ 日为湿} \end{cases} \tag{2}$$

其中,$X_i(j)$ 为第 i 日第 j 变量的观测值,其平均数和标准差分别为 $\overline{X}(j)$ 和 $\sigma(j)$。式(1)中 $\varepsilon_i(j)$ 里的元素是 3 个变量观测值的随机误差,已被证实服从标准正态分布。矩阵 A 和 B 由下式给出:

$$A = M_1 M_0^{-1} \tag{3}$$

$$BB^T = M_0 - M_1 M_0^{-1} M_1^T \tag{4}$$

两式中 -1 和 T 是逆矩阵和转置矩阵的符号。M_0 和 M_1 定义为:

$$M_0 = \begin{bmatrix} 1 & \rho_0(1,2) & \rho_0(1,3) \\ \rho_0(2,1) & 1 & \rho_0(2,3) \\ \rho_0(3,1) & \rho_0(3,2) & 1 \end{bmatrix} \tag{5}$$

$$M_1 = \begin{bmatrix} \rho_1(1,1) & \rho_1(1,2) & \rho_1(1,3) \\ \rho_1(2,1) & \rho_1(2,2) & \rho_1(2,3) \\ \rho_1(3,1) & \rho_1(3,2) & \rho_1(3,3) \end{bmatrix} \tag{6}$$

其中,$\rho_0(j,k)$ 是以同一日变量 j 和变量 k 的观测值求得的相关系数,$\rho_1(j,k)$ 是以第 i 日变量 j 的观测值和第 $i+l$ 日变量 k 的观测值求得的相关系数。残差方程的解引入下式,即可生成 3 个变量的模拟值:

$$t_i(j) = m_i(j) \cdot [X_i(j) \cdot C_i(j) + 1] \tag{7}$$

式中:$t_i(j)$ 即为每日 $T_{\max}$(当 $j = 1$),$T_{\min}$(当 $j = 2$)和 siad(当 $j = 3$)的模拟值,$m_i(j)$ 为 3 个变量的平均数,$C_i(j)$ 为相应的变异系数,两者都要用调和分析方法得到。这就要把两者在一年内的季节性变化考虑为周期函数,即统一地用一个谐波方程表达:

$$u_i = \overline{u} + W \times \cos[(2\pi/365) \times (i - T)] \tag{8}$$

3 意义

美国天气模拟模型(WGEN)的数学模型用马尔柯夫链和 Γ 一分布组成降水量子模型,产生逐日降量[1],用弱平稳过程和调和分析为工具建立另一个子模型,产生逐日最高温度、最低温度和太阳辐射量。通过常规的统计学方法或灰靶白化方法可以估计模型参数,可由 WGEN 生出 Alabama 州天气模型 ALWGEN 和北京天气模型 BJWGEN。应用天气环境的预测模型,如 IPM 研究中的风险分析,生态系统管理决策,农业生态区域规划等课题,对天气模型都有现实的或潜在的需要。

参考文献

[1]　沈佐锐,管致和,林而达,等.生态系统的天气环境模拟模型.应用生态学报.1990,1(1):20-25.

捕食者与猎物的关系模型

1 背景

捕食者种群和猎物种群之间的相互关系问题,长期以来一直是动物种群生态学研究的中心课题,不仅具有重大的理论意义,而且也具有极大的实用价值。对该课题的研究常常从 3 个不同的角度进行,即理论研究、实验种群研究和田间种群研究。理论研究是用联立微分方程模拟捕食者和猎物间的相互关系并建立数学模型。实验种群研究是在实验室内选用便于进行实验的动物实际观察捕食者和猎物间的相互作用,并将观察结果与理论模型加以比较,田间种群研究主要是在农业害虫的生物防治实践中观察害虫及其天敌间自然存在的相互关系,并利用从理论研究和实验种群研究中所总结出来的各种基本原理对观察资料进行分析。尚玉昌[1]总结概括了捕食者 – 猎物关系的模型及改进模型,详细介绍了各种模型的优点和不足。

2 公式

描述捕食者和猎物相互关系的第一个经典模型是由 Lotka 和 Voltea 提出的,他们采用了下面一组联立微分方程:

$$\begin{cases} \dfrac{\mathrm{d}x}{\mathrm{d}t} = f(x) - g(x,y) \\ \dfrac{\mathrm{d}y}{\mathrm{d}t} = u[g(x,y),y] - v(y) \end{cases} \tag{1}$$

式中:x 和 y 分别代表猎物和捕食者的种群密度,f 和 g 分别代表猎物种群的生殖率和因捕食而导致的死亡率;u 和 v 分别代表捕食者种群的生殖率和死亡率。

该模型建立的基本前提条件是:①猎物种群在无捕食者存在时将呈指数增长;②捕食者种群在无猎物存在时将呈指数下降;③捕食者采用随机搜寻方式,并对遇到的猎物具有无限攻击能力;④因捕食而获得的能量可导致有更多的捕食者出生。

第二个经典模型是由 Nicholson 和 Bailey[2] 于 1935 年建立的,该模型实际上是对 Lotka – Volterra 模型的改进:

$$\begin{cases} x_{t+1} = F[x_t - G(x_t,y_t)] \\ y_{t+1} = U[G(x_t,y_t),y_t] \end{cases} \tag{2}$$

296

模型描述了猎物种群和捕食者种群某一特定世代密度与下一世代密度之间的关系,即(x_t, y_t)世代密度与$(x_{t+1}:, y_{t+1})$世代密度之间的关系。

在方程(1)中,曾假定每头猎物的生殖率$[f(x)/x]$是一个常数(为$b-d$)并与猎物种群密度无关,这一假定显然忽视了因环境负荷量有限而产生的个体拥挤效应。为了解决这一问题,可以采用逻辑斯谛表达式,即:

$$f(x) = (b-d)x - hx^2 \tag{3}$$

其中的h是一个规定每头拥挤效应强度的参数,该表达式还经常采用另一种形式,即:

$$f(x) = r(1 - x/K)x$$

这里的$r = b-d$,K是环境负荷量。

但是,作为描述种群增长的一个总的模型,方程(3)仍然是不完善的,因为它没有把过疏效应考虑在内,为此,Kuno[3]于1987年采用了下述方程式:

$$b(x) = bx/(S_x + x) \tag{4}$$

该式用b的函数取代了方程(3)中的b(出生率)。其中的S_x是一个稀疏系数,代表着过疏效应的强度。方程(4)所给出的曲线是一条初始时上升,后来渐趋于上限b的曲线。

在Lotka – Volterra模型中还假定$g(x, y) = axy$,这一前提条件也常与现实情况不符,因为这意味着捕食者具有无限的能力可以杀死它所遇到的所有猎物,然而当猎物密度很高时,捕食者往往作不到这一点,因此,Holling提出了著名的圆盘方程:

$$g(x, y) = axy/(1 + ax/f) \tag{5}$$

式中:a是捕食者的搜寻效率,f是每个捕食者在单位时间内所能杀死的猎物的最大数量。当猎物密度x很低时,$g(x, y)$约等于axy,但在y值固定不变的情况下,$g(x, y)$的增长速度将随着x值的增加而逐渐下降。

另一方面,捕食者种群的过疏效应也可以通过把捕食者方程中的$u[g(x, y), y]$予以改写的办法加以解决,即:

$$u[g(x, y), y] = c \cdot g(x, y) \cdot y/(S_x + y) \tag{6}$$

由于捕食者的死亡率是一个常数,因此$v(y)$可以简单地写为:

$$v(y) = ey \tag{7}$$

至此,我们可以把方程(3)~方程(7)纳入方程(3)的框架,于是得到了一个描述捕食者—猎物相互关系的新的微分方程模型:

$$\begin{cases} \dfrac{dx}{dt} = \dfrac{bx^2}{S_x + x} - dx - hx^2 - \dfrac{axy}{1 + ax/f} \\ \dfrac{dy}{dt} = \dfrac{cax\,y^2}{(1 + ax/f)(S_x + y)} - ey \end{cases} \tag{8}$$

在该模型中包含有9个基本参数,而且每一个参数都具有明确的生态学含意,即

b和d:猎物种群的出生率和死亡率(可用R取代,表示总体生殖率);

h:猎物种群的拥挤效应系数;

S_x:猎物种群的过疏效应系数;

a:捕食者的搜寻效率;

f:捕食者的最大攻击率;

c 和 e:捕食者的生殖效率和死亡率(可用 C 取代,表示总体生殖效率);

S_x:捕食者种群的过疏效应系数。

以上是关于捕食者—猎物关系的几个基本模型,后来,在这些基本模型的基础上,由于考虑到许多新的情况,又在这些模型的基础上提出了一些更为复杂和实用的模型。这些新的情况概括起来说主要有以下几个方面:

(1)猎物种群存在避难所。

猎物种群避难所的存在相当于猎物种群中的一部分个体比其他个体更难于被捕食者发现,这是符合自然种群的特点的,因为无论是猎物种群本身还是其生存环境在结构上都不是匀质的。为了能描述这种情况,对基本模型加以改进并不困难,只要用 $x(1-P)$ 替换方程(8)中的 x 就可以了,在这里,p 是猎物种群中受到避难所保护而不受捕食者攻击的部分。改进后的方程为:

$$\begin{cases} \dfrac{dx}{dt} = \dfrac{bx^2}{S_x + x} - dx - hx^2 - \dfrac{a(1-p)xy}{1 + a(1-p)x/f} \\ \dfrac{dy}{dt} = \dfrac{a(1-p)xy^2}{[1 + a(1-p)x/f](S_x + y)} - ey \end{cases} \tag{9}$$

(2)捕食者个体间存在相互干扰。

这种干扰主要是指捕食者在搜寻猎物和捕到猎物后取食猎物时的相互干扰,为了把这种情况包括在模型之中,可以对基本模型稍加改进,改进方面主要是在方程(5)的 $g(x,y)$ 项上添加一个分母 $m_s y$,结果所导出的微分方程是:

$$\begin{cases} \dfrac{dx}{dt} = \dfrac{bx^2}{S_x + x} - dx - hx^2 - \dfrac{axy}{1 + m_s y + ax/f} \\ \dfrac{dy}{dt} = \dfrac{caxy^2}{(1 + m_s y + ax/f)(S_x + y)} - ey \end{cases} \tag{10}$$

式中:m_s 是一个表明相互作用强度的参数。

(3)捕食者对猎物密度具有功能反应。

捕食者的功能反应与有限攻击能力相结合,通常会导致产生 Holling 型功能反应曲线(即 s 形曲线),这在生物学上是有现实根据的,而且已被用各种动物(包括脊椎动物和无脊椎动物)所作的试验加以证实。在数学上最简单而合理地描述这一反应的方法是在最初的模型中用 $ax/(q+x)$ 取代搜寻效率 a,其中的 q 表示在猎物密度低时 a 的衰减程度。因此,改进后的微分方程如下:

$$\begin{cases}\dfrac{dx}{dt} = \dfrac{bx^2}{S_x + x} - dx - hx^2 - \dfrac{ax^2y/(q+x)}{1 + ax^2/f/(q+x)}\\[3mm]\dfrac{dy}{dt} = \dfrac{cax^2y^2/(q+x)}{(1+ax^2)/f/(q+x)(S_x+y)}\end{cases}\tag{11}$$

（4）捕食者和猎物个体对系统的不断补充。

在有害动物的生物防治中，捕食者和猎物总是不断地得到补充，以便成功地维持该系统的存在。对自然系统来说，猎物和捕食者也经常会从相邻生境迁入，使本地的种群得到补充。为了把这样一种情况引入基本方程，只要在方程（8）的猎物方程中增加一个常数 w_x 就足够了，因此，猎物方程就变成了：

$$\frac{dx}{dt} = \frac{bx^2}{S_x + x} - dx - hx^2 - \frac{axy}{1 + ax/f} + w_x\tag{12}$$

其中，w_x 代表猎物补充率。至于捕食者方程则应相应地增加一个常数 w_{ij}（捕食者补充率），使方程改进为：

$$\frac{dy}{dt} = \frac{caxy^2}{(1 + ax/f)(S_{ij} + y)} - ey + w_{ij}\tag{13}$$

（5）系统中存在另一种可捕猎物。

自然界纯单食性的动物极为少见，因此把存在另一种可捕猎物的情况包括在基本模型之中便具有很大的实用意义。这里可能有两种情况：一种是捕食者有食物转移现象，即当一种猎物变得稀少时便转而捕食另一种数量更多的猎物。另一种情况是捕食者无食物转移现象。在后一种情况下，模型处理比较简单，只要在方程的猎物密度项中增加一个 z（代表另一种对捕食者有效的猎物密度）即可，改进后的微分方程是：

$$\begin{cases}\dfrac{dx}{dt} = \dfrac{bx^2}{S_x + x} - dx - hx^2 - \dfrac{axy}{1 + a(x+z)/f}\\[3mm]\dfrac{dy}{dt} = \dfrac{ca(x+z)y^2}{[1 + a(x+z)/f](S_x+y)} - ey\end{cases}\tag{14}$$

在捕食者有食物转移情况下的模型处理则比较复杂一点，最简单的一种处理方法是将模型中的捕食项乘以 $x^2/(x^2 + z^2)$，从而将方程（8）修改为下述微分方程：

$$\begin{cases}\dfrac{dx}{dt} = \dfrac{bx^2}{S_x + x} - dx - hx^2 - \dfrac{a(x+z)y}{1 + a(x+z)/f} \cdot \dfrac{x^2}{x^2 + z^2}\\[3mm]\dfrac{dy}{dt} = \dfrac{ca(x+z)y^2}{[1 + a(x+z)/f](S_x+y)} - ey\end{cases}\tag{15}$$

式中：P 为猎物种群中受到避难所保护而免遭捕食者攻击的部分；m_s 为捕食者个体间相互干扰的强度；q 为猎物种群低密度时捕食者搜寻效率的下降程度；w_x 为猎物种群个体补充率；w_{ij} 为捕食者种群个体补充率；z 为系统中另一种可捕猎物的有效密度。

3　意义

捕食者—猎物关系的模型及改进模型[1]表明，生境的异质性是实现捕食者和猎物共存的一个基本条件，但是在制订具体的生物防治计划时，往往并不需要考虑这一点。相反，有时适当地降低生境的异质性反而更加可取，因为生境异质性虽然有利于保持系统的稳定性，但却降低了捕食者的搜寻效率。实践证明，生境的异质性对于保持系统的稳定性往往是绰绰有余的，为了提高捕食者的搜寻效率而采取适当降低生境异质性的措施通常不会影响系统的稳定性。

参考文献

[1]　尚玉昌. 捕食者—猎物关系的理论和应用研究. 应用生态学报. 1990,1(2):177 – 185.

[2]　Nicholson A J, Bailey V A. The balance of animal populations. Part I. Proc zool. Soc. Lond,1935,3: 551 – 598.

[3]　Kuno E. Mathematical models for Predator – prey interaetion. Advances in ecological research. 1987,16: 252 – 262.

林冠截留与降水的关系模型

1 背景

林冠截留降水是森林水量平衡的重要因素,对此提出了很多描述截留量与降水量关系的数学模型[1],这些模型大多将截留量与降水量之间的关系看做是一种饱和关系,即认为当降雨量很大时,则林冠截留达到饱和,此时达到最大的截留量(或饱和截留量)。但在实际测定中,当有蒸发存在时,截留量随降雨量的变化并非是一个饱和曲线关系,而是一种非饱和的缓慢上升关系。蒸发导致了这种非饱和的缓慢上升关系,只有忽略蒸发,才会有饱和曲线关系。孔繁智等[2]总结概括了一种新的林冠截留与大气降水关系模型。

2 公式

大气降水通过林冠有一个再分配的过程,即一部分穿透冠层降落到地面或沿枝干流到地面,称为林内雨量;另一部分则在该段时间内附着在枝叶表面或从树体、枝叶表面蒸发到大气中的雨量,称为林冠截留量,简称截留量。

大气降水(或林外雨量) = 截留量 + 林内雨量。

林内雨量与林外雨量之比为林内雨量率;林冠截留量与林外雨量之比为林冠截留率(截留率)。

林内雨量率 + 截留率 = 100%

从以往的野外观测及实验室内模拟的结果来看,一般林内雨量率、截留率与林外雨量的关系如图 1。

从图 1 可明显看出,L/p 曲线在 $P \in [P_0, \infty]$ 域内与从物理化学中溶液吸附理论[3]引申出的上升—饱和函数关系曲线型非常相似,在开始部分曲线上升很快,之后逐渐趋向饱和。根据这个描述上升—饱和函数关系曲线的最简单的公式为 $Y = \dfrac{\mu_m}{k + X}$,则可导出在 $L/P - 0 - P$ 坐标系下,L/p 曲线在 $P \in [P_0, \infty]$ 域内的数学形式为:

$$L/P = \frac{\mu_m (P - P_0)}{k + (P - P_0)}$$

在 $L/P - 0 - P$ 坐标系下得到林内雨量率 L/P 随林外雨量 $P \in [P_0, \infty]$ 变化的数学模

301

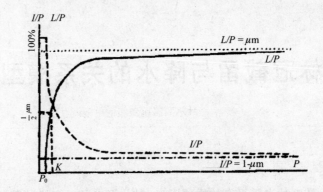

——表示林内雨量率曲线（L/P）；----表示截留率曲线（I/P）；……表示
L/P 曲线渐近线，为 $L/P = \mu m$；-·-·-表示 I/P 曲线渐近线，为 $I/P = 1 - \mu_m$

P：林外雨量；L：林内雨量；I：截留量

图 1 林内雨量率、截留量与林外雨量间的关系

型为：

$$\begin{cases} L/P = 0 & 0 < P \leqslant P_0 \\ L/P = \dfrac{\mu_m(P - P_0)}{k + (P - P_0)} & P > P_0 \end{cases} \tag{1}$$

则截留率 I/P 随林外雨量 p 变化的数学模型为：

$$\begin{cases} I/P = 1 & 0 < P \leqslant P_0 \\ I/P = 1 - \dfrac{\mu_m(P - P_0)}{k + (P - P_0)} & P > P_0 \end{cases} \tag{2}$$

式中：μ_m、P_0、k 为参数。因为截留量 $I = I/P \cdot P$，故截留量 I 随林外雨量 P 变化的数学模型为：

$$\begin{cases} I = P & 0 < P \leqslant P_0 \\ I = \dfrac{k + (1 - u_m)(P - P_0)}{k + (P - P_0)} \cdot P & P > P_0 \end{cases} \tag{3}$$

从公式（3）中可以看出，在有蒸发的情况下（$\mu_m \neq 1$），由于 $\lim\limits_{P \to \infty} I =$
$\lim\limits_{P \to \infty} \left[\dfrac{k + (1 - \mu_m)(P - P_0)}{k + (P - P_0)} \cdot P \right] = (1 - \mu_m) \cdot P$，故当林外雨量 P 很大时，截留量 I 与 P 呈一斜率较小 [为 $(1 - \mu_m)$] 的直线关系。当无蒸发存在时（$\mu_m = 1$），则公式（3）有其特例：

$$\begin{cases} I = P & 0 < P \leqslant P_0 \\ I = \dfrac{kP}{(k - P_0) + P} & P > P_0 \end{cases} \tag{4}$$

由公式(4)可见 $\lim\limits_{P\to\infty}I = \lim\limits_{P\to\infty}\dfrac{kP}{(k-P_0)+P} = k$，说明在无蒸发的情况下，当林外雨量 P 很大时，则林冠截留达到饱和，此时达到最大的截留量(或饱和截留量)，此时 $I_{max} = k$。

以下是根据公式计算的几种树林林冠截留量:樟子松林(表1);日本赤松林(表2)。

表1 樟子松林不同降雨量级的林冠截留量

降雨量级/mm	降雨次数/次	林外雨量/mm	林内雨量/mm	截留量/mm	林内雨量率/%
0~1	10	0.4	0	0.4	0
1~2	10	1.5	0.1	1.4	6.7
2~4	11	2.9	0.8	2.1	27.6
4~6	6	4.7	2.3	2.4	48.9
6~8	10	6.9	3.6	3.3	52.2
8~12	8	9.5	6.1	3.4	64.2
12~16	8	14.5	9.2	5.4	63.4
16~20	1	16.6	11.9	4.7	71.7
20~24	3	22.9	17.8	5.1	77.7
40~44	2	42.2	33.2	9.0	78.7
50~54	2	50.9	39.2	11.7	77.0
56~60	1	59.9	48.0	11.9	80.1
>150	1	182.5	151.3	31.2	82.9

表2 日本赤松林不同降雨量级的林冠截留量

降雨量级/mm	降雨次数/次	林外雨量/mm	林内雨量/mm	截留量/mm	林内雨量率/%
0~1	64	0.6	0.1	0.5	16.7
1~3	77	1.7	0.6	1.1	35.3
3~6	41	4.2	2.5	1.7	59.5
6~10	43	7.3	4.8	2.5	65.8
10~15	40	12.2	9.5	2.7	77.9
15~20	34	17.2	14.2	3.0	82.6
20~30	30	24.5	20.9	3.6	85.3
30~40	20	35.8	31.2	4.6	87.2
40~60	13	46.7	40.9	5.8	87.6
60~80	3	63.3	56.5	6.8	89.3
80~100	4	90.4	79.0	11.4	87.4
100~150	2	107.1	97.2	9.9	90.8
>150	1	163.9	150.4	13.5	91.8

3 意义

依据实测数据及有关资料,对林冠截留进行了深入细致的分析,并以物理化学中溶液吸附理论引申出的上升—饱和函数关系曲线为类比[2],提出了一组关于林内雨量率、截留率、截留量与大气降水关系的新的数学模型。模型中的 3 个参数 u_m、P_0、k 水文学意义明确,一般影响 u_m 大小的主要因子是蒸发,影响 P_0 大小的主要因子是郁闭度及降雨前林冠枝、叶本身的湿润程度,k 则是表征林冠截留能力的综合指标,而这 3 个参数又都会受到气候条件的影响。拟合效果好,对深入研究林冠截留具有一定的现实意义。

参考文献

[1]　崔启武等. 林冠对降水的截留作用. 林业科学. 1980. 16(2):141 - 146.

[2]　孔繁智,宋波,裴铁潘. 林冠截留与大气降水关系的数学模型. 应用生态学报. 1990,1(3):201 - 208.

[3]　Hinshelwood C N. The chemical kinetics of the bacterical cell. Clarendon Press, Oxford. 1947.

气候变暖的生态环境模型

1 背景

目前,全球气候变暖引起了全世界许多科学家、政府首脑和公众的极大关注。由于人类大量使用石油、煤炭和天然气等燃料,使大气中二氧化碳等温室气体浓度逐年增加。气候变暖对全球或区域生态系统,对农业、水资源、海岸设施和国民经济许多部门将产生长期而深远的影响。毕伯钧[1]从气候变暖对我国东北三省农业生态环境产生的影响进行探讨,并且提出为适应气候变暖应采取的农业对策。

2 公式

2.1 气候变暖可能对热量条件的影响

东北三省南北相差 15 个纬度,各地气温差异较大,即气温南高北低,平原高山区低。区域气温宏观分布与纬度、经度和海拔高度有关,其线性关系式为:

$$T = a_0 + a_1\phi + a_2\lambda + a_3 h \tag{1}$$

式中:a_0 为常数,a_1、a_2、a_3 分别为纬度(ϕ)、经度(λ)和海拔高度(h)影响系数。

本文使用东北区内 57 个国家基本站的多年平均气温资料,建立了生长季平均气温($\bar{T}_{5-9}$)与纬度、经度、海拔高度的回归方程式:

$$\bar{T}_{5-9} = 47.88 - 0.382\,9\phi - 0.091\,3\lambda - 0.006\,3h \tag{2}$$

复相关系数 $R = 0.974\,1$,达到 0.001 显著水平。

东北三省年 不小于10℃积温为 1 480 ~ 3 600℃。分析得出,东北三省生长季平均气温与年 不小于10℃积温关系密切,相关系数 $r = 0.9571$,达极显著水平,其回归方程式为:

$$\sum \bar{T}_{\geq 10} = -1\,245.08 + 222.12\,\bar{T}_{5-9} \tag{3}$$

2.2 气候变暖可能对作物生育期的影响

东北三省无霜期为 92 ~ 202 d。分析得出,东北三省无霜期与生长季平均气温关系密切,相关系数 $r = 0.892$,达极显著水平,其回归方程式为:

$$无霜期(F) = 3.794\,5 + 7.458\,1\,\bar{T}_{5-9} \tag{4}$$

2.3 气候变暖可能对积雪期的影响

分析得出,东北三省积雪期与冬季平均气温关系密切,相关系数 r 为 0.914 1,达极显著

水平,其回归方程式为:

$$积雪期(S) = 124.114 - 4.252\,\overline{T}_{12-2} \tag{5}$$

3 意义

气候是农业生态环境,又是自然资源的一部分。随着未来气候变暖,东北地区农业生态环境将发生较大的变化,因此,要在气候变暖进程中,开展农业生态环境的动态监测,在已有的农业资源调查和区域的基础上,开展动态区划的研究,以适应气候变暖对农业生态环境的影响。毕伯钧[1]总结概括了气候变暖可能对东北三省农业生态环境的影响模型,计算了对东北三省农业生态环境的影响,为以后进一步的研究奠定了理论基础。

参考文献

[1] 毕伯钧.气候变暖可能对东北三省农业生态环境的影响及其对策.应用生态学报.1991,2(4):334 – 338.